高等教育新工科电子信息类系列教材

U0159760

电路与电子技术实验
（微课版）

主　编　张妙瑜　刘　昕　颜　瑾　宋　阳
副主编　仵　杰　刘升虎　吴银川
主　审　崔占琴

微课视频

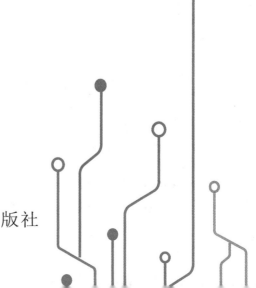

西安电子科技大学出版社

内容简介

　　本书是根据中华人民共和国教育部关于"电路分析基础""电子技术基础（模拟）""电子技术基础（数字）"等课程的基本要求编写的实验教材。全书共 8 章，内容涵盖电路与电子技术实验基础知识、常用电子元器件的特性及使用规则、常用电子仪器的使用、电路分析基础实验、模拟电子技术实验、数字电子技术实验、电子电路计算机仿真实验以及电子电路综合设计性实验。

　　本书既可作为高等院校本科自动化类、电子信息类等相关专业的实验指导书及课程设计指导书，也可作为电学初学者的指导书。

图书在版编目（CIP）数据

电路与电子技术实验：微课版 / 张妙瑜等主编. --西安：西安电子科技大学出版社，
2024.2
ISBN 978 − 7 − 5606 − 7118 − 5

Ⅰ．①电…　　Ⅱ．①张…　　Ⅲ．①电路—实验—高等学校—教材②电子技术—实验
—高等学校—教材　　Ⅳ．①TM13 − 33②TN − 33

中国国家版本馆 CIP 数据核字（2023）第 238174 号

策　　划　吴祯娥
责任编辑　孟秋黎
出版发行　西安电子科技大学出版社（西安市太白南路 2 号）
电　　话　(029)88202421　88201467　　　邮　　编　710071
网　　址　www.xduph.com　　　　　　　电子邮箱　xdupfxb001@163.com
经　　销　新华书店
印刷单位　陕西天意印务有限责任公司
版　　次　2024 年 2 月第 1 版　2024 年 2 月第 1 次印刷
开　　本　787 毫米×1092 毫米　1/16　印张　16
字　　数　379 千字
定　　价　46.00 元
ISBN 978 − 7 − 5606 − 7118 − 5 / TM

XDUP 7420001 − 1

＊＊＊如有印装问题可调换＊＊＊

前　言

本书依托西安石油大学电工电子实验中心实验教学平台，根据教育部高等学校电路、电子类基础课程教学的基本要求编写而成。

本书以电子设计竞赛相关需求为导向，以提高学生实践能力为基本目标，遵循电路与电子技术课程教学大纲要求，围绕电路与电子技术相关知识和技能安排内容。本书注重实用性和实践性，充分体现了具有石油行业特色的相关设计性实验项目的教学要求。

本书将 Multisim 仿真软件和 Quartus Ⅱ 可编程逻辑开发软件引入电类实践教学，便于学生了解现代化电子技术设计的新方法。同时，本书提供了实验微课操作视频（学生可通过手机扫描二维码获取相关微课视频），实现了教学资源的多样化，开拓了实验教学的思路和视野。学生可利用碎片化的时间，高效直观地完成自主预习过程，从而可以取得更好的学习效果。

张妙瑜对本书的编写思路进行了总体策划，并负责统稿工作。本书的具体编写分工如下：张妙瑜编写了第 6 章、第 7 章、第 8 章和附录 C，刘昕编写了第 1 章、第 2 章和第 5 章，颜瑾编写了第 2 章和第 4 章，宋阳编写了附录 A、B。仵杰、刘升虎、吴银川对全书进行了审阅并提出了许多建设性修改意见。崔占琴担任本书的主审，肖志红、田亚娟、谢雁、韦敏、郭立芝、甘甜对本书的编写和出版给予了莫大的帮助，岳嘉瑞、王瑞琪、狄少凡完成了部分仿真实验和微课视频编辑，在此一并表示衷心的感谢。

在本书的编写过程中，编者参考了很多优秀图书和文献，这里对这些参考文献的作者表示衷心的感谢。

由于编者水平有限，书中难免有不妥之处，敬请读者提出宝贵意见，以便于本书的修订和完善。编者邮箱为 myzhang@xsyu.edu.cn。

编　者
2023 年 5 月于西安石油大学

目 录

第1章 电路与电子技术实验基础知识

任何自然科学理论都离不开实践，而实验是实践教学的重要组成部分。通过实验，能够巩固并加深理解所学理论知识，还可以提高知识的综合运用能力。

1.1 电路与电子技术实验的目的、要求和安全用电规程

一、电路与电子技术实验的目的

电路与电子技术理论教学环节中有大量的知识需要通过实验进行验证。通过实验，能够巩固、加强、扩充所学的理论知识，培养理论联系实际的能力，提高分析和解决实际问题的能力；通过基本实验技能的训练，能够加深对电路与电子技术实验操作技能的掌握以及对知识点的深入理解，提高对实验中常出现的故障进行分析的能力，启发创新思维，从而进一步对理论进行深究和探讨。在实验过程中，要锻炼自主实验的能力，养成实事求是、严肃认真、刻苦踏实的科学作风和良好的实验习惯。

二、电路与电子技术实验的要求

为了更好地培养学生独立分析问题、解决问题以及开拓创新的能力，对电路与电子技术实验的各阶段提出了具体的要求，主要包括实验预习、实验操作以及实验总结三个部分，如图 1.1.1 所示。

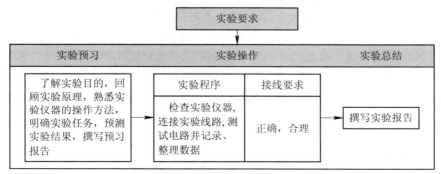

图 1.1.1　实验要求

1. 实验预习

实验预习是指在实验操作前对实验内容涉及的相关理论、备用仪器及其操作方法进行熟悉,以便更好地完成实验。实验预习主要包括以下工作:

(1) 了解实验目的。不同的实验,其侧重点不同。为了避免实验的盲目性,需要通过预习了解具体的实验目的。

(2) 回顾实验原理。实验是巩固并加深理解相关理论知识的重要手段,可以培养学生运用理论知识分析和解决实际问题的能力。因此,实验前应预先复习实验内容所涉及的理论知识,用理论知识来深刻理解本次实验内容。

(3) 熟悉实验仪器的操作方法。实验过程中会用到多种仪器,可提前列出实验所需的仪器,并阅读相关介绍,借助网络观看同类仪器操作视频,掌握实验仪器的使用方法。

(4) 明确实验任务,预测实验结果。根据实验内容与任务要求,提前绘制测量数据表格等,并计算理论值,以便与实验测试值进行比较。对于设计性实验,应事先设计好逻辑电路图。

(5) 撰写预习报告。预习时要撰写预习报告。无预习报告者不得参加实验。预习报告内容包括实验名称、实验目的、实验数据表格(实验时填入原始数据,需指导老师签字)。

2. 实验操作

实验操作是整个实验过程的核心,正确合理的实验操作方法是实验顺利进行的有效保证。实验操作的基本程序主要包括以下 4 步:

(1) 检查实验仪器。实验前,应对照实验指导书清点实验台上的实验仪器,检查仪器是否齐备、完好,并按照"信号源摆放在左侧,电压表、示波器等测试仪器摆放在右侧,实验用直流电源及实验操作平台、实验模块摆放在中间"的原则进行合理布局。

(2) 连接实验线路。在电子技术实验室中经常用到的各类实验箱上有固定的多个插孔,利用这些插孔可以直接插接线。实验时,应按照实验内容提供的实验电路(设计性实验应按自己设计的电路)完成接线。接线时需遵循以下原则:

① 接线前,调节电源值为实验要求值后关闭电源。在接线过程中,保持电源为关闭状态,严禁带电接线。

② 接线时,首先布置电源线和地线,再依实物图或电路图连接各元器件。应尽量做到接线短、少、简,方便测量参数。对于较为复杂的实验电路,应按照"先并联后串联""先主路后辅路"的顺序接线。接线时可以用不同的颜色来区分,以免发生线型混乱。为避免接触不良,应避免在一个接点上连接三根以上的导线。

③ 接线完成后,应对照实验电路图,从左到右仔细检查。对于强电或可能造成设备损坏的实验电路,在自查的基础上,还应请指导老师复查后才可接通电源。

(3) 测试并记录数据。首先,应结合理论计算结果,预测实验数据结果。然后,根据预测结果,选定仪表的适当量程,对电路进行测试。测试完成后,应准确记录实验数据。记录的实验数据应提交指导老师审阅签字,确保数据无误后再拆除实验线路。

(4) 整理。实验完成后,应对实验台进行整理,将仪器、导线等按照原样摆放,确认仪器电源已关闭,并收拾桌面卫生。经指导老师允许后,方可离开实验室。

3. 实验总结

实验结束后,需要对实验过程进行总结,撰写实验报告。规范的实验报告是用通顺的

文字以及清晰的图表来总结实验目的、过程以及结果等信息,并对实验结果进行正确、简要的分析。实验报告包括的具体内容如下:

(1) 实验名称,实验者及同组人姓名、专业、班级,实验日期。

(2) 实验目的。

(3) 实验原理(包括实验原理图)。

(4) 实验设备(注明型号)。

(5) 实验内容与步骤,包括实验项目名称及根据实验记录整理成的数据表格,或绘制的曲线,或观察到的各种波形。

(6) 实验结果及分析,说明实验结果是否符合相关理论,如有不符或有误差,应分析其原因。

(7) 问题与建议,说明实验过程中遇到的问题及针对该问题可采取的措施。

对于实验报告的装订,需要注意的是,预习报告(填写实验原始数据)需附于正式报告首页,进行统一装订,实验数据作图一律使用坐标纸。

三、电路与电子技术实验的安全用电规程

任何情况下,都应时刻注意实验安全问题,实验过程中务必遵循安全用电规程。规程具体内容如下:

(1) 连接线路前应检查元器件、导线绝缘是否完好,发现有缺陷应立即停止使用并及时更换。

(2) 严格遵守"先接线、后通电"和"先断电、后拆线"的操作顺序,连接、拆卸线路前都应检查并确保电源处于关闭状态。

(3) 通电运行时,严禁人身接触电路中不绝缘的金属导线或连接点等带电部分。若有异常现象,应立即切断电源,待找出原因并排除故障,经指导老师同意后方可继续进行实验。

(4) 强电实验中,未经指导老师允许,严禁通电运行。

(5) 必须严格按照仪器操作规程正确操作仪器,不得随意搬动。与本次实验无关的仪器,未经指导老师允许不得动用。

(6) 做电机实验时,注意身体、导线、头发、围巾、袖子等不要碰到电机的旋转部分。

(7) 抢救触电人员时,应先断开电源或用木板、绝缘杆挑开电源线,千万不要用手直接拖拉触电人员,以免连环触电。

(8) 注意仪器、仪表允许的安全电压(或电流),切勿超过。当被测量大小未知时,应从仪表的最大量程开始测试,然后逐渐减小量程。

(9) 实验结束后,应关闭电源,整理实验物品,清洁实验台。

1.2　实验调试与故障检测技术

为确保实验能够正常进行,在实验电路接线完毕后,还需要对电路进行检查与调试。

当出现故障时,还应掌握一定的分析与检测技术。

一、实验电路的调试

1. 实验电路的检查方法

可从连线、元器件安装、电源和信号源接入这三个方面来检查实验电路各部分是否正确。

(1) 连线检查。

检查连线一般可直接对照电路原理图进行。但若电路中布线较多,则可以以元器件(如运放、晶体管等)为中心,依次检查其引脚的有关连接,这样不仅可以查出错接或少接的线,而且也较易发现多余的线。为确保连线的可靠性,在查线的同时,还可以用万用表电阻挡对接线做连通检查,在器件外引线处测量还可避免电路存在虚接隐患。

(2) 元器件安装情况检查。

对元器件的检查,重点要放在检查集成电路(芯片)、晶体管、二极管、电解电容等元器件的外引线与极性是否接错,外引线间是否有短路以及元器件焊接处是否可靠等方面。需要指出的是,在元器件接入实际电路前应对其进行筛选,确保元器件能够正常工作,以免给调试带来麻烦。

(3) 电源和信号源接入情况检查。

检查电源供电和信号源连线是否正确,特别要注意电源的正、负极性不能接反。在通电前,还需用万用表检查电源输入端与地之间是否短路,若有短路则必须进一步检查原因。

在完成了以上各项检查并确认无误后,方可通电调试。

2. 实验电路的调试方法

实验电路调试通常采用先分调后联调(总调)的方法。因为任何复杂电路都是由一些基本单元电路组成的,所以可以循着信号的流向,由前向后逐级调试各单元电路,采用从逐步到整体的思想,即在分步完成各单元电路调试的基础上,逐步扩大调试范围,最终完成整机调试。具体调试步骤如下:

(1) 通电观察。

通电观察前应将直流稳压电源调至要求值,然后再接入电路。通电后,观察电路有无异常现象,包括有无冒烟、是否有异常气味、元器件是否发烫、电源是否被短路等。若出现异常,应立即切断电源并在排除故障后再次通电。经过通电观察,确认电路已能进行测试后,方可转入正常调试。

(2) 静态调试。

所谓静态调试,是指在没有外加信号的条件下进行的直流测试和调整过程。为防止外界干扰信号窜入电路,输入端与地之间通常需要短接。测量静态工作点的基本工具是万用表,为测量方便,通常使用万用表的直流电压挡测量各晶体管 C、B、E 极对地的电压,然后计算各晶体管的集电极电流等静态参数。测量时,必须考虑万用表输入阻抗对测量电路的影响,如 UT50 系列万用表直流电压挡所有量程的输入阻抗均为 10 MΩ。通过静态测试可以及时发现已经损坏的元器件，判断电路的工作状态，并及时调整电路参数，使电路的工作状态符合设计要求。

（3）动态调试。

动态调试是在静态调试的基础上进行的。在电路的输入端接入幅度和频率合适的正弦信号电压，然后采用信号跟踪法，即用示波器和毫伏表沿着信号的传递方向逐级检查各有关点的波形和信号电压的大小，从中发现问题，并予以调整。在动态测试过程中，示波器的信号输入最好是置于 DC 挡，这样可通过直接耦合的方式，同时观察被测信号的交、直流成分。应注意到，电路在动态工作时，放大电路的前后级之间是互相影响的。前级放大器相当于后级放大器的信号源，而后级放大器则是前级放大器的负载，两级之间通过输出及输入电阻相互影响、相互牵制。另外，在动态调试过程中，往往可以根据测试波形，对电路工作点再进行适当的调整，以便各级电路能更好地发挥其功能。在实验电路调试过程中，所有测试仪器的接地端都应与实验电路的接地端连接在一起，否则引入的干扰不仅会使实验电路的工作状态发生变化，而且会使测量结果出现误差。

电子电路的一个重要特点是交、直流并存，而直流又是电路正常工作的基础，因此无论是分调还是联调，都应遵循先调静态、后调动态的原则。

二、常见故障的分析与检查

在电子电路的设计、安装与调试过程中，不可避免地会出现各种各样的故障现象，所以检查和排除故障是电气工程人员必备的实际技能。

1. 常见故障

（1）测试设备引起的故障。主要有两种：一种是测试设备本身存在故障，如功能无法实现或者测试棒损坏无法测试等；另一种是操作者使用仪器不当引起故障，如示波器旋钮选择不对，造成波形异常甚至无波形。

（2）电路元器件引起的故障。电路中存在多种元器件，如电阻、电容、晶体管及集成器件等，当元件特性不良或损坏时就会引起故障，这种原因引起的故障现象通常是电路有输入而输出异常。

（3）人为引起的故障。操作者在实验过程中操作不当，如连线错误或漏接元器件、元器件参数选错、晶体管管型不对、二极管或电解电容极性接反等，都有可能导致电路不能工作。

（4）电路接触不良引起的故障。插接点接触不可靠，可变电阻器滑动接触不良、接地不良，引线断线等都会引起电路接触不良。这种原因引起的故障一般是间歇或瞬时出现，也可能使电路突然停止工作。在实验电路测试中，这种故障最为常见且很隐蔽。

（5）各种干扰引起的故障。所谓干扰，是指外界因素对电路信号产生的扰动。在电子电路的工作环境中，干扰源种类很多，较为常见的有以下几种：

① 接地不当引起的干扰。当接地线的电阻太大时，电路各部分中的电流流过接地线时会产生一个干扰信号，影响电路的正常工作。减小该干扰的有效措施是降低接地线电阻，一般采用比较粗的铜线作为接地线。

② 仪器或元器件等未共地引起的干扰。"共地"是抑制噪声和防止干扰的重要手段。所谓"共地",是指将电路中所有接地的元器件都接在电源的电位参考点上。在正极性单电源供电电路中,电源的负极是电位参考点;在负极性单电源供电电路中,电源的正极是电位参考点;而在正、负极电源共同供电的电路中,以两个电源的正、负极串接点作为电位参考点。

③ 直流电源滤波不佳引入的干扰。各种电子设备一般都采用50 Hz正弦信号(工频电)经过整流、滤波及稳压后得到的直流电压,但此直流电压包含有频率为50 Hz或100 Hz的纹波电压,如果纹波电压幅度过大,必然会给电路引入干扰。要减少这种干扰,必须采用纹波电压幅值小的稳压电源或引入滤波网络。

④ 感应干扰。若干扰源通过分布电容耦合到电路中,会形成电场耦合干扰;若干扰源通过电感耦合到电路中,会形成磁场耦合干扰。这些干扰均属于感应干扰,它将导致电路产生寄生振荡。排除和避免这类干扰的方法有两种:一是采取屏蔽措施,需注意屏蔽壳要接地;二是引入补偿网络,抑制由于干扰引起的寄生振荡,具体做法是在电路的适当位置串联接入电阻或接入单一电容网络,接入的实际参数大小可通过实验调试来确定。

2. 检查排除故障的基本方法

(1) 直接观察法。直接观察法是指不使用任何仪器,只利用人的视觉、听觉、嗅觉以及触觉作为手段来发现问题,寻找和分析故障。直接观察又包括通电前检查和通电后观察两个方面。通电前主要检查仪器的选择和使用是否正确;电源电压的数值和极性是否符合要求;晶体管、二极管的引脚以及集成电路的引脚有无错接;电解电容的极性是否接反;元器件间有没有互碰短路;布线是否合理;印制电路板有无断线等。通电后主要观察直流稳压电源上的电压指示值是否超出电路的额定值;元器件有无发烫、冒烟;变压器有无焦味等。此法比较简单,也比较有效,故可以用于对电路进行初步检查。

(2) 参数测试法。参数测试法是指借助仪器发现问题,并应用理论知识分析找出故障原因的方法。平时使用万用表检查电路的静态工作点就属于该测试法的运用。当发现测量值与设计值相差悬殊时,需要针对问题进行分析,直到找到原因,解决问题。

(3) 信号跟踪法。在被调试电路的输入端接入适当幅度和频率的信号(如在模拟电路中常用 $f=1$ kHz的正弦波信号),然后利用示波器,按照信号流向,由前级到后级逐级观察电压的波形及幅值的变化情况。该方法对各种电路普遍适用,尤其是在动态调试中应用更为广泛。

(4) 对比法。怀疑某一电路存在问题时,可将此电路的参数与工作状态相同的正常电路进行一一比对,从中分析故障原因,判断故障点。

(5) 部件替换法。利用与故障电路同类型的电路部件、元器件或插件板替换故障电路中疑似存在故障的器件,可缩小故障范围,能够更快速、准确地找出故障点。

(6) 断路法。断路法是一种逐步缩小故障范围的方法,用于检查短路故障时最为有效。

故障诊断过程通常是先从故障现象出发,通过反复测试作出分析、判断,然后逐步找出故障原因。一般先采用直接观察法,排除明显的故障;然后采用万用表(或示波器)检查静态工作点;最后可采用信号跟踪法对电路进行动态检查。

1.3　误差分析与数据处理

一、测量误差

任何一个物理量都是客观存在的，在一定的条件下具有不以人的意志为转移的客观大小，人们将它称为物理量的真值。测量的目的就是要获得待测量的真值。测量需要依据一定的理论或方法，使用一定的仪器，在一定的环境中，由具体的人进行。由于实验时存在理论上有近似性、方法上不完善、实验仪器的灵敏度和分辨能力有局限性、周围环境不稳定等因素，因此测量结果与待测量的真值不可能完全相等，总会存在或多或少的偏差。这种偏差就叫作测量值的误差。

1. 误差的表示方法

1）绝对误差

测量值 x 与被测量的真值 x_0 间的偏差称为绝对误差（Δx），即

$$\Delta x = x - x_0 \tag{1-3-1}$$

由公式（1-3-1）可知，绝对误差可能是正值也可能是负值。

2）相对误差

对于相同被测量，绝对误差能够评定其测量精度的高低，但对于不同的被测量，绝对误差就难以评定其测量精度的高低了，这时需要用到相对误差来评定。测量的绝对误差 Δx 与真值 x_0 的比值称为相对误差（γ），常用百分数表示，即

$$\gamma = \frac{\Delta x}{x_0} \times 100\% \tag{1-3-2}$$

由于绝对误差存在正负，因此相对误差可能是正值也可能是负值。

3）满度相对误差

测量的绝对误差 Δx 与测量仪表的满度值 x_n 的比值称为满度相对误差（γ_n），常用百分数表示，即

$$\gamma_n = \frac{\Delta x}{x_n} \times 100\% \tag{1-3-3}$$

需要注意的是，测量中的满度相对误差（γ_n）不能超过测量仪表的准确度等级 S 的百分值 $S\%$（S 通常分为 0.1、0.2、0.5、1.0、1.5、2.5 和 5，共 7 级），即

$$\gamma_n = \frac{\Delta x}{x_n} \times 100\% \leqslant S\% \tag{1-3-4}$$

如果仪表的等级为 S，被测量的真值为 x_0，当满度值为 x_n 时，则测量的相对误差为

$$\gamma = \frac{\Delta x}{x_0} \leqslant \frac{x_n S\%}{x_0} \tag{1-3-5}$$

公式（1-3-5）表明，当仪表的等级 S 选定后，x_n 越接近 x_0，测量的相对误差就越小。使用这类仪表时，应尽可能使仪表的满量程接近被测量的真值或在测量时使仪表的指针落

在满量程的 2/3 以上的区间内,这样测量误差就较小。

4) 分贝误差

电压增益或功率增益的相对误差用分贝表示时称为分贝误差(γ_{dB}),即

$$\gamma_{dB} = 20\lg\left(1 + \frac{\Delta A}{A_0}\right) dB \qquad (1-3-6)$$

$$\gamma_{dB} = 10\lg\left(1 + \frac{\Delta P}{P_0}\right) dB \qquad (1-3-7)$$

式(1-3-6)中,$\Delta A/A_0$ 为电压增益的相对误差。式(1-3-7)中,$\Delta P/P_0$ 为功率增益的相对误差。

2. 误差的来源

由于测量工作是在一定条件下进行的,因此其所处的外界环境、观测者的技术水平和仪器本身构造的不完善等原因,都可能导致测量误差的产生。

1) 测量装置误差

(1) 标准量具误差。以固定形式复现标准量值的器具,如标准电池、标准电阻等,它们本身体现的量值,不可避免地都含有误差。

(2) 仪器误差。用来测量的仪器或仪表,如万用表、毫伏表等,由于仪器自身的固有缺陷或使用条件不满足,必然存在一定的误差。

2) 环境误差

通常测量工作的环境条件都无法完全达到规定的标准状态。因为测量会受到各种环境因素,如温度、湿度、气压(引起空气各部分的扰动)、振动(外界条件及测量人员引起的振动)、照明(引起视差)、重力加速度、电磁场等的干扰,所以会产生测量误差。

3) 理论(方法)误差

理论(方法)误差产生的原因一方面是测量所依据的理论公式或参数取值本身存在一定的近似性,另一方面则是测量方法不完善。

4) 人员误差

受测量人员分辨能力的限制以及生理或心理因素的变化,如因工作疲劳引起的视觉器官生理变化、因精神不集中引起的疏忽等产生的测量误差称为人员误差。此外,测量者的固有习惯也会引起误差,如斜视仪表刻线产生的读数误差等。

3. 误差的分类

根据误差的特点与性质,可分为系统误差、随机误差和粗大误差 3 类。

1) 系统误差

在同一条件下,多次测量同一量值时,误差的绝对值和符号保持不变,或在条件改变时,误差按一定规律变化,这样的误差称为系统误差。误差的绝对值和符号已经确定的系统误差称为已定系统误差,未能确定的则称为未定系统误差。根据系统误差出现的规律,又可将其分为不变系统误差和变化系统误差。不变系统误差是指误差的绝对值和符号固定的系统误差。变化系统误差是指误差的绝对值和符号变化的系统误差,按其变化规律又可分为线性系统误差、周期性系统误差和复杂规律系统误差。

引起系统误差的因素很多，常见的有测量仪器不准确、测量方法不完善、测量条件变化以及测量人员的不正确操作等。对于已定系统误差，在测量时是可以通过采取措施减小、消除或在测量结果中予以修正的，而未定系统误差一般难以修正，只能估计其取值范围。

2）随机误差

在同一测量条件下，多次测量同一量值时，误差的绝对值和符号以不可预定的方式变化的误差称为随机误差。随着测量次数的无限增加，随机误差总体将呈现出一定的统计规律，大部分接近于正态分布，只有少数服从均匀分布或其他分布。

随机误差主要是由那些对测量值影响较微小、又互不相关的多种因素共同造成的，如热骚动、电磁场的微变、各种无规律的微小干扰等。采用增加测量次数、取平均值等办法可以减小随机误差对测量结果的影响。

3）粗大误差

超出在规定条件下预期的误差称为粗大误差。粗大误差会明显地超出正常条件下的系统误差和随机误差，通常是由于测量人员的不正确操作或疏忽等原因引起的，如测量时对错了标志、读错或记错数据等。为避免测量误差的出现，首先要求测量人员具有严谨的科学态度，认真、耐心地完成测量工作；其次还要保证测量条件的稳定，或者应避免在外界条件发生剧烈变化时进行测量。若能达到以上要求，一般情况下是可以防止粗大误差产生的。

已确认含有粗大误差的测量数据被称为"坏值"，应剔除不用。但是在判别某组测量数据是否含有粗大误差时，需要慎重对待，应进行充分的分析和研究，并根据一定的判断准则予以确定。常用的判断准则有 3σ 准则、罗曼诺夫斯基准则、格罗布斯准则、狄克松准则。

二、实验数据处理

1. 实验数据的整理

实验中所测得的数据需要经过整理后才能进行处理。常用的数据整理方法有误差位对齐法和有效数字表示法。

1）误差位对齐法

测量误差的小数点后面有几位，则测量数据的小数点后面也取几位。如用一块 0.5 级的电压表测量电压，当量程为 10 V 时，根据计算该表在量程范围内的最大绝对误差为 $\Delta V_{max}=x_n\times S\%=10\text{ V}\times0.5\%=0.05$，小数点后面有两位，则测量数据的小数点后面取两位。

2）有效数字表示法

含有误差的任何近似数，如果其绝对误差界是最末位数的半个单位，那么从这个近似数的左方开始第一个非零的数字，被称为第一位有效数字。从第一位有效数字起到最末一位不论是零或非零的数字，都称为有效数字。若一个数具有 n 个有效数字，即它具有 n 位有效位数。

有效数字的位数与小数点无关，即表示小数点位置的 0 不算有效数字，如：0.0305 前面两个 0 不是有效数字，后面的 3、0、5 均为有效数字，注意 3 与 5 中间的 0 是有效数字；

2.30 有 3 位有效数字 2、3、0,后面的 0 也算作有效数字,因此测量时不得随意删除测量数据的末尾的 0 或添加 0;对于科学记数法,3.2×10^{-2} 有两位有效数字,例如 3.20×10^{-2} 则有三位有效数字。

测量结果最末一位有效数字取到哪一位是由测量工具的精度来决定的,即最末一位有效数字应与测量精度同量级。也就是说,测量结果的最末一位数字是不可靠的,而倒数第二位数字应是可靠的。

若一个近似数的位数很多,当有效位数确定后,其后面多余的数字应予舍去,保留的有效数字最末一位数字应按下面的舍入规则进行凑整:

(1)若舍去部分的数值大于保留部分的末位的半个单位,则末位加 1;

(2)若舍去部分的数值小于保留部分的末位的半个单位,则末位不变;

(3)若舍去部分的数值等于保留部分的末位的半个单位,则末位凑成偶数,即当末位为偶数时则末位不变,当末位为奇数时则末位加 1。

测量的数据之间经常需要进行一定的运算,运算时需要遵循以下准则:

(1)进行加减运算时,各运算数据以小数位数最少的数据的位数为准,其余各数据可多取一位小数,但最终结果应与小数位数最少的数据的小数位相同;

(2)进行乘除运算时,各运算数据以有效位数最少的数据的位数为准,其余各数据要比有效位数最少的数据位数多取一位数字,但最终结果应与有效位数最少的数据的位数相同;

(3)平方运算相当于乘法运算,开方是平方的逆运算,故可按乘除运算处理;

(4)进行对数运算时,为避免损失精度,n 位有效数字的数据应该用 n 或 $n+1$ 位对数表;

(5)进行三角函数运算时,所取函数值的位数应随角度误差的减小而增多,其对应关系如表 1.3.1 所示。

表 1.3.1 角度误差与函数值位数的对应关系

角度误差/($''$)	10	1	0.1	0.01
函数值位数	5	6	7	8

2. 实验数据处理的基本方法

实验数据处理就是将实验测得的一系列数据经过计算整理后用最适宜的方式表示出来,如电工电子类实验中常用的列表法、图示法以及函数表示法。

1)列表法

列表法是指把实验所产生的数据按照一定的规律列成表格。作为记录数据和处理实验数据最常用的方法之一,列表法具有制表容易,表格简单、紧凑,便于数据比较的优点,是其他数据处理方法的基础。

数据表格应能够简单、明确地表示出测量量之间的对应关系,便于检查、核实及分析比较,有助于找出与实验现象相关联的规律性以及列出经验公式等。对其具体要求如下:

(1)表格设计要合理,简单明了,能完整地记录原始数据,并反映相关量之间的函数关系;

(2)表格要有表号与名称,并根据需求提供与数据处理有关的说明和参数,如主要测

量仪器的规格(仪器误差限、准确度等级等)、测量环境参数(温度、湿度等);

(3) 表格的标题栏应注明测量量的名称、符号和单位,单位不必在数据栏内重复书写;

(4) 表格中的数据应能正确反映测量量的有效数字位数,若数字较大或较小时可采用科学记数法;

(5) 根据需求,表格还可包括一些计算项目,如计算平均值等。

2) 图示法

图示法将实验结果用图形表示出来,其形象、直观的表述方式,既能显示出各测量量之间的相互依赖关系及变化趋势,又能方便地找出数据极大值、极小值、转折点以及周期性及其他性质和规律。

(1) 图示法作图的步骤及规则。

① 坐标纸的选择。常用的坐标纸有普通直角坐标纸、对数坐标纸(双对数和单对数)以及极坐标纸三种,在绘图前应根据变量间的函数关系选择合适的坐标纸。选择图纸大小时,注意不能损失实验数据的有效数字,还要能够包含所有实验数据点。图纸的分格大小选取要根据坐标的具体要求确定,在同样分格标度值的情况下,分格大小决定着表现同一函数关系图线的放大或缩小,分格越大,估读间隔越宽。但不论选取的分格是大还是小,应保证图上的最小分格至少应与实验数据中的最后一位可靠数字相对应。

② 确定坐标轴与坐标分度。通常情况下以自变量为横坐标轴,因变量为纵坐标轴,并在沿轴方向上标明该轴所代表的测量量名称(或符号)和单位。此外,还应均匀地标明测量量在坐标轴上的分度。所谓坐标分度,就是选择坐标轴每刻度代表数值的大小。坐标分度的选取原则为:做出的图线应比较对称地充满整个图纸,避免偏于一侧,横、纵坐标的起点不一定要从"0"开始,两轴比例也可不同;确保每一个点的坐标值应能迅速方便地读出。

③ 准确地标出各测量数据点。在实验前应预先考虑图线的特征。若为直线,则应使测量点大体沿直线均匀分布;若为曲线,则应在曲线突变的某些点附近适当增加测量点。当在同一张图上描绘多条曲线时,要用不同的符号进行描点(包括多条曲线相重合的部分),以便区分。常用的描点符号有●、十、×、○、△等。

④ 连接数据点成图线。根据测量点的分布趋势绘制一条光滑的连续曲线或直线。连接时要使大多数点在图线上,少数点分布于图线的两侧。而对于个别偏离图线较远的点,则应通过审核分析,判断该值是否属于坏值,如属坏值,则加以剔除。

⑤ 图注和说明。描完图线后,在图纸的显著位置处注明图号、图名、作者和作图日期,若有需要还可附上简要说明,如实验条件、数据来源等。

(2) 曲线的绘制方法。

要将实验测量的离散数据绘制成一条连续光滑的曲线并使其误差最小,通常采用平滑法和平均分组法绘制。

① 平滑法。将实验数据(x_i, y_i)标在直角坐标上,再将各点(x_i, y_i)先用折线相连,然后做一条平滑曲线,如图 1.3.1 所示,使其满足以下等量关系:

$$\sum S_i = \sum S_i'$$

(1 - 3 - 8)

式中,S_i 为曲线以下的面积,S_i' 为曲线以上的面积。

② 平均分组法。将实验数据(x_i, y_i)标在直角坐标上。取相邻两个数据点连线的中点(或相邻三个数据点连线的重心点),再将所有中点(或重心点)连成一条光滑的曲线,如图1.3.2所示。由于取中点(或重心点)的过程就是取平均的过程,因此此方法减小了随机误差的影响。

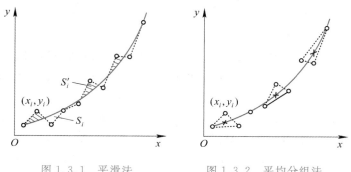

图 1.3.1　平滑法　　　　　图 1.3.2　平均分组法

3) 函数表示法

函数表示法是指将各测量量之间的关系用函数关系式来描述的方法。常用的函数表示法有最小二乘法和回归分析法。

(1) 最小二乘法。

设对某量x进行了m次等精度的测量,第i次测量的随机误差为δ_i,且服从正态分布。由最大似然估计原则,满足公式(1-3-9)的估计值就是最佳估计值,称式(1-3-9)为最小二乘式。

$$\sum_{i=1}^{m} \delta_i^2 = \min \tag{1-3-9}$$

在实际测量中,常用残差v_i来代替随机误差,则式(1-3-9)可以表示为

$$\sum_{i=1}^{m} v_i^2 = \min \tag{1-3-10}$$

式中,v_i为第i次测量的残差,$v_i = x_i - \bar{x}$。

若用$y = a + bx$来拟合实验数据,则残差可以表示为

$$v_i = y - f(x_i; a, b) \tag{1-3-11}$$

式中,a、b为函数关系式$f(x_i; a, b)$中待估计的参数。

由

$$\begin{cases} \dfrac{\partial \sum_{i=1}^{m} [y_i - (ax_i + b)]^2}{\partial a} = 0 \\ \dfrac{\partial \sum_{i=1}^{m} [y_i - (ax_i + b)]^2}{\partial b} = 0 \end{cases} \tag{1-3-12}$$

可得

$$\begin{cases} a = \dfrac{m\sum\limits_{i=1}^{m} x_i y_i - \sum\limits_{i=1}^{m} x_i \sum\limits_{i=1}^{m} y_i}{m\sum\limits_{i=1}^{m} x_i^2 - \left(\sum\limits_{i=1}^{m} x_i\right)^2} \\[4mm] b = \left(\sum\limits_{i=1}^{m} \dfrac{y_i}{m}\right) - \left(\sum\limits_{i=1}^{m} \dfrac{x_i}{m}\right)a = \bar{y} - \bar{x}a \end{cases} \tag{1-3-13}$$

（2）回归分析法。

先在坐标上标绘出实验数据，根据经验观察这些实验数据的变化规律符合哪一类函数的变化规律，选定函数的类型后，再通过实验数据求函数式中的常系数的方法称为回归分析法。

设有 m 组实验数据 (x_i, y_i)，选定的函数式为 $f(x_i; \alpha_1, \alpha_2, \cdots, \alpha_n)$，其中 $\alpha_1, \alpha_2, \cdots, \alpha_n$ 为待定系数。根据最小二乘原理，由式（1-3-10）求出 $\alpha_1, \alpha_2, \cdots, \alpha_n$ 的最佳估计值，即

$$\sum_{i=1}^{m} \left[y_i - f(x_i; \alpha_1, \alpha_2, \cdots, \alpha_n)\right]^2 = \min \tag{1-3-14}$$

建立 n 个联立方程组，即

$$\begin{cases} \dfrac{\partial \sum\limits_{i=1}^{m} \left[y_i - f(x_i; \alpha_1, \alpha_2, \cdots, \alpha_n)\right]^2}{\partial \alpha_1} = 0 \\[5mm] \dfrac{\partial \sum\limits_{i=1}^{m} \left[y_i - f(x_i; \alpha_1, \alpha_2, \cdots, \alpha_n)\right]^2}{\partial \alpha_2} = 0 \\ \vdots \\ \dfrac{\partial \sum\limits_{i=1}^{m} \left[y_i - f(x_i; \alpha_1, \alpha_2, \cdots, \alpha_n)\right]^2}{\partial \alpha_n} = 0 \end{cases} \tag{1-3-15}$$

式（1-3-13）称为回归方程组，解之可得 $\alpha_1, \alpha_2, \cdots, \alpha_n$ 的估计值。

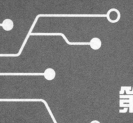

第2章 常用电子元器件的特性及使用规则

2.1 电 阻 器

电阻器(又称电阻)是最常用、最基本的电路组件之一,具有一定的电阻值,主要用作负载、分压器、分流器,以及用来调节电路中某一点的工作电流,与电容、电感一块起滤波作用等。表示电阻器阻值的常用单位有欧姆(Ω)、千欧(kΩ)、兆欧(MΩ)等,常用单位间的换算关系为:

$$1 \text{ k}\Omega = 10^3 \ \Omega$$
$$1 \text{ M}\Omega = 10^3 \text{ k}\Omega = 10^6 \ \Omega$$

$$(2-1-1)$$

一、电阻器的分类

由于新材料、新工艺的不断发展,电阻器的品种不断增多,因此对电阻器进行分类就显得十分重要。

1. 按阻值是否可变分类

按电阻阻值是否可变,电阻器分为固定电阻器和可变电阻器。阻值不能改变的电阻器称为固定电阻器;阻值可变的电阻器称为电位器或可变电阻器。

2. 按电阻体的材料分类

按电阻体的材料不同,电阻器可分为线绕电阻器和非线绕电阻器两类。

线绕电阻器是用高电阻率材料的电阻丝(常用电阻丝有镍铬合金、康铜)缠绕在陶瓷骨架上制成的。由于电阻丝采用的是金属导线,因此它有许多优点,如能耐高温、功率大、能承受较大的负载、稳定性好、温度系数小、电流噪声小等。其缺点是体积大以及其分布电感和分布电容较大,且不易获得较高的阻值。

非线绕型电阻器又可分为薄膜型电阻器和合成型电阻器。薄膜型电阻器的基体是圆柱形的陶瓷棒或瓷管,导电体是依附于基体表面的薄膜。根据所用材料和电阻膜形成工艺的不同,这种电阻器又分成碳膜电阻器、金属膜电阻器、金属氧化膜电阻器、化学沉积膜电阻器、金属氮化膜电阻器、玻璃釉膜电阻器等,并以前两者使用较为广泛。但是由于金属膜电阻器的精度差，固有噪声较高，有较大的分布电容和分布电感以及电压和温度的稳定性较差等，不适宜使用于要求较高的电路中，目前已基本淘汰。合成型电阻器的电阻体则是由导电颗粒和黏合剂(有机或无机)的机械混合物组成的，它除了可以做成实心电阻器外，也可以做成薄膜型电阻器，如合成膜电阻器。

3. 按安装方式分类

根据电阻器安装方式的不同，电阻器可分为插件电阻与贴片电阻。其中贴片电阻具有体积小、精度高、稳定性和高频性能好等优点，广泛适用于高精密电子产品的基板中。

二、电阻器的特性参数

1. 标称阻值

为了便于电阻器的生产和使用，国家统一规定了一系列阻值作为电阻器阻值的标准值，即电阻的标称阻值。常用电阻器的阻值系列标准如表 2.1.1 和表 2.1.2 所示。线绕或非线绕固定电阻器的标称阻值应符合表 2.1.1 和表 2.1.2 中所列数值之一，或是表中所列数值再乘以 10^n，其中 n 为 0 或正数。电阻的单位为欧姆(Ω)。

表 2.1.1　电阻器(电位器)的标称阻值

系 列	精度等级	标 称 阻 值
E24	I	1.0　1.1　1.2　1.3　1.5　1.6　1.8　2.0　2.2　2.4　2.7　3.0 3.3　3.6　3.9　4.3　4.7　5.1　5.6　6.2　6.8　7.5　8.2　9.1
E12	II	1.0　1.2　1.5　1.8　2.2　2.7　3.3　3.9　4.7　5.6　6.8　8.2
E6	III	1.0　1.5　2.2　3.3　4.7　6.8

表 2.1.2　精密电阻器(电位器)的标称阻值

系 列	精度等级	标 称 阻 值
E192	005	100　101　102　104　105　106　107　109　110　111　113　114 115　117　118　120　121　123　124　126　127　129　130　132 133　135　137　138　140　142　143　145　147　149　150　152 154　156　158　160　162　164　165　167　169　172　174　176 178　180　182　184　187　189　191　193　196　198　200　203 205　208　210　213　215　218　221　223　226　229　232　234 237　240　243　246　249　252　255　258　261　264　267　271 274　277　280　284　287　291　294　298　301　305　309　312 316　320　324　328　332　336　340　344　348　352　357　361 365　370　374　379　383　388　392　397　402　407　412　417 422　427　432　437　442　448　453　459　464　470　475　481 487　493　499　505　511　517　523　530　536　542　549　556

系　列	精度等级	标　称　阻　值											
E192	005	562	569	576	583	590	597	604	612	619	626	634	642
		649	657	665	673	681	690	698	706	715	723	732	741
		750	759	768	777	787	796	806	816	825	835	845	856
		866	876	887	898	909	920	931	942	953	965	976	988
E96	01 或 00	100	102	105	107	110	113	115	118	121	124	127	130
		133	137	140	143	147	150	154	158	162	165	169	174
		178	182	187	191	196	200	205	210	215	221	226	232
		237	243	249	255	261	267	274	280	287	294	301	309
		316	324	332	340	348	357	365	374	383	392	402	412
		422	432	442	453	464	475	487	499	511	523	536	549
		562	576	590	604	619	634	649	665	681	698	715	732
		750	768	787	806	825	845	866	887	909	931	953	976
E48	02 或 0	100	105	110	115	121	127	133	140	147	154	162	169
		178	187	196	205	215	226	237	249	261	274	287	301
		316	332	348	365	383	402	422	442	464	487	511	536
		562	590	619	649	681	715	750	787	825	866	909	953

2. 允许偏差

实际生产的电阻器的阻值难以做到和标称阻值完全一致,为了便于电阻器的生产管理和使用,必须规定电阻器的精度等级,并确定电阻器在不同精度等级下的允许偏差(δ),即实际阻值(R)与标称阻值(R_0)间允许的最大偏差,常用百分数表示,即

$$\delta = \frac{R - R_0}{R_0} \times 100\% \qquad (2-1-2)$$

电阻器精度等级与允许偏差的对应关系如表 2.1.3 所示。

表 2.1.3　电阻器精度等级与允许偏差的对应关系

精度等级	005	01 或 00	02 或 0	Ⅰ	Ⅱ	Ⅲ
允许误差	±0.5%	±1%	±2%	±5%	±10%	±20%

3. 额定功率

电阻器的额定功率是指在正常的气候条件下(如大气压、温度等),电阻器在直流或交流电路中长期连续工作所允许消耗的最大功率。电阻器的额定功率如表 2.1.4 所示。

表 2.1.4　电阻器额定功率

类　别	额定功率/W													
线绕电阻器	0.05	0.125	0.25	0.5	0.75	2	3	4	5	6	6.5	7.5	8	10
	16	25	40	50	75	100	250	500						
非线绕电阻器	0.05	0.125	0.25	0.5	1	2	5	10	25	50	100			

电阻器的额定功率有两种标志方法：2 W 以上的电阻器直接用数字印在电阻体上；2 W 以下的电阻器以自身体积大小来表示功率。在电路图中表示电阻功率时，若不做说明，电阻的额定功率一般为 1/16～1/18 W。较大功率时用文字标注或用符号表示，如图 2.1.1 所示。

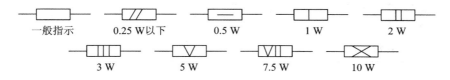

图 2.1.1　常见电阻器功率标注符号

4. 最大工作电压

最大工作电压(V_{max})是指允许加到电阻器两端的最大连续工作电压，可由公式(2-1-3)求得，即

$$V_{max} = \sqrt{P_r \cdot R_k} \qquad (2-1-3)$$

其中：P_r 为电阻器额定功率(单位：W)；R_k 为电阻器临界值(单位：Ω)，该值与电阻器的额定功率、结构形式以及几何尺寸等因素有关。

在电路实际工作过程中，若电阻器电压超过其最大工作电压值，电阻器内部可能会产生火花，引起噪声，最终导致热损坏或电击穿。

5. 温度系数

所有材料的电阻率都会随温度变化，电阻器的阻值也是如此。因此在衡量电阻器的稳定性时，常使用温度系数(α_T，单位：1/℃)表示，即有

$$\alpha_T = \frac{R_2 - R_1}{R_1(t_2 - t_1)} \qquad (2-1-4)$$

在式(2-1-4中)，R_1 为初始温度 t_1 时刻的电阻值，R_2 为极限温度 t_2 时刻的电阻值。

通常，金属膜电阻器、合成膜电阻器具有较小的正温度系数，而碳膜电阻具有负温度系数。

除上述参数外，电阻器的特性参数还有绝缘电压和绝缘电阻、噪声电动势及高频特性等。

三、电阻器的参数标注与识别

实际应用中，电阻器的阻值、允许偏差等参数通常直接标注在电阻器的表面以便使用。常用的标注方法有直接法、文字符号法以及色环表示法 3 种。

1. 直接法

直接法是指在组件表面直接标出它的主要参数和技术性能的一种标志方法。如某电阻器上标有 4.7k，则表示此电阻器的标称阻值为 4.7 kΩ。

2. 文字符号法

文字符号法是将需要标志出的主要参数与技术性能用数字和文字符号有规律地组合起来标志在组件上的一种方法。这种方法中的文字符号既表征了电阻器阻值的单位，也指示

了小数点的位置。如 4k7 中,k 即表示此电阻器阻值的单位是 kΩ,也指示在 4 和 7 之间有一个小数点,即该电阻器的标称阻值为 4.7 kΩ。常用的文字符号有 R、k、M、G、T,其文字符号所表示的单位如表 2.1.5 所示。

表 2.1.5　文字符号对应单位

文字符号	R	k	M	G	T
表示单位	欧姆(Ω)	千欧(10^3 Ω)	兆欧(10^6 Ω)	千兆欧(10^9 Ω)	兆兆欧(10^{12} Ω)

比较特殊的是 R10、1R1 这种标志,其实在这里 R 只表示小数点位置,即 R10 表示 0.1 Ω,1R1 表示 1.1 Ω。

3. 色环表示法

色环法是指用不同颜色的带(或点)在产品表面上标志出产品的主要参数的标志方法。电阻与电容的标称值、允许偏差及工作电压均可用相应的颜色标志。各种颜色表示的数值见表 2.1.6,此表被称为色码表。该色码表在电子领域应用十分广泛,因此非常重要。

表 2.1.6　各种颜色表示的数值

颜　色	有效数字	乘　数	允许误差%
银	—	10^{-2}	±10
金	—	10^{-1}	±5
黑	0	10^0	—
棕	1	10^1	±1
红	2	10^2	±2
橙	3	10^3	—
黄	4	10^4	—
绿	5	10^5	±0.5
蓝	6	10^6	±0.25
紫	7	10^7	±0.1
灰	8	10^8	—
白	9	10^9	—
无(本色)	—	—	±20

对于固定阻值的电阻器来说,常用四色或五色色环来标志其阻值和允许误差。四色色环表示法如图 2.1.2(a)所示,五色色环表示法如图 2.1.2(b)所示[1]。

---

[1] 有的色环电阻表面只有 3 条色环,其实这个电阻用的是四色色环表示法,只不过它的允许误差环为本色,即允许误差为±20%。

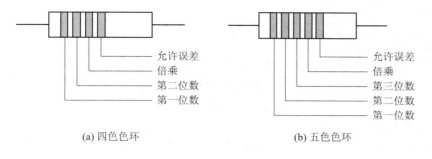

(a) 四色色环　　　　　　　　　　(b) 五色色环

图 2.1.2　色环表示法

读色环电阻时，首先应该识别第一位色环。一般来说，第一位色环距离电阻头较近，读的时候千万不能读错。根据色环读出对应的数字，则色环电阻阻值＝有效数字×倍乘，允许误差可直接由允许误差环读出，例如：标称阻值为 27 000 Ω，允许误差±5%，其表示为红紫橙金；标称阻值为 17.5 Ω，允许误差±1%，其表示为棕紫绿金棕；标称阻值为 47 000 Ω，允许误差±20%，其表示为黄紫橙。

四、电阻器的检测

电阻器的阻值以及好坏可通过数字万用表的电阻测试挡（欧姆挡"Ω"）进行检测或测量。测量时，首先要选择合适的量程，然后将两个表笔短接调零（看万用表内阻是否为零或更小），调零结束后将两表笔跨接在被测电阻两端，显示屏即显示被测电阻值。测量时需注意两只手不能同时碰触被测电阻两端，避免因为人体电阻并联接入电路而影响测量精度。如果被测电阻大小未知，应选择最大量程，再逐步减小，直到获得分辨率最高的读数。特别需要注意的是绝对不能带电测量电阻值。另外，若对测量精度要求较高时，可以采用电桥法对电阻进行测量。

2.2　电　位　器

电位器是一种特殊的电阻，具有三个引出端，其阻值能够按某种变化规律进行调节，在电路中主要用于获得与输入电压（外加电压）成一定关系的输出电压。

一、电位器的分类

1. 按结构分类

电位器按其结构特点可分为单圈电位器、多圈电位器、单联电位器、双联电位器、多联电位器、抽头式电位器、带开关电位器、锁紧型电位器、非锁紧型电位器和贴片式电位器等多种。

2. 按材料分类

电位器按其电阻体的材料可分为线绕、合成碳膜、金属玻璃釉、有机实芯和导电塑料等类型，其电性能主要决定于所用的材料。此外，还有用金属箔、金属膜和金属氧化膜制成电阻体的电位器，具有特殊用途。

3. 按调节方式分类

电位器按其阻值调节方式可分为可调型、半可调型和微调型电位器，后二者又称为半固定电位器。为克服电刷在电阻体上移动接触对电位器性能和寿命带来的不利影响，又有无触点非接触式电位器，如光敏和磁敏电位器等，供少量特殊应用。

4. 按阻值变化特性分类

阻值变化特性是指电位器阻值随滑动片触点旋转角度(或滑动行程)之间的变化关系，这种变化关系可以是任何函数形式，常用的有直线式、对数式和指数式。在实际使用中，直线式电位器适合用作分压器；反转对数式(指数式)电位器适合于作为收音机、录音机、电唱机、电视机中的音量控制器，维修时若找不到同类品，可用直线式代替，但不宜用对数式代替。对数式电位器只适合用作音调控制等。

二、电位器特性参数

电位器的主要特性参数有标称阻值、额定功率、允许误差、温度系数、分辨率、滑动噪声、耐久性以及零位电阻等。

1. 基本参数

电位器作为一种特殊的电阻，其标称阻值、额定功率、允许误差以及温度系数等参数的定义与电阻一致，这里不再赘述。常见电位器基本参数如表 2.2.1 所示。

表 2.2.1　常见电位器基本参数

参　数	种　类			
	合成碳膜	玻璃釉膜	导电塑料	线　绕
总阻值范围	$100\Omega \sim 10$ MΩ	$10\Omega \sim 5$ MΩ	$100\Omega \sim 4$ MΩ	$10\Omega \sim 100$ kΩ
允许误差/%	$\pm 20, \pm 30$	± 20	$\pm 10, \pm 20$	$\pm 1, \pm 5$
温度系数/(ppm/℃)	± 1000	± 250	± 200	± 50
额定功率/W	$0.01 \sim 0.5$	$0.125 \sim 0.5$	$0.5 \sim 2$	$0.25 \sim 50$

可以看出，线绕电位器允许误差一般小于 10%，非线绕电位器允许误差一般小于 20%。

2. 分辨率

电位器的分辨率也称为分辨力，取决于电位器的理论精度。对于绕线电位器和线性电位器，分辨率由动触点在绕组上每移动一匝所引起的电阻变化量与总电阻的百分比表示。对于具有函数特性的电位器，由于绕组上每一匝线圈的电阻值不同，故分辨率是个变量。此时，电位器的分辨率通常是指函数特性曲线上斜率最大一段的平均值。

3. 滑动噪声

滑动噪声是电位器特有的噪声。在改变电位器电阻值时，由于电位器电阻值分配不当、转动系统配合不当以及电位器存在接触电阻等原因，会使动触点在电阻体表面移动时，输出端除有用信号外，还伴有随着信号起伏不定的噪声。

对于线绕电位器来说，除了上述的动触点与绕组之间的接触噪声外，还有分辨力噪声和短接噪声。分辨力噪声是由电阻值变化的阶梯性所引起的，而短接噪声则是当动触点在绕组上移动而短接相邻线匝时产生的，它与流过绕组的电流、线匝的电阻以及动触点与绕组间的接触电阻呈正比。

4. 耐久性

1）机械耐久性

电位器的机械寿命也称作磨损寿命，常用机械耐久性表示。机械耐久性是指电位器在规定的试验条件下，动触点可靠运动的总次数，常用"周"表示。电位器的机械寿命与电位器的种类、结构、材料以及制作工艺有关，且差异很大。常见电位器机械耐久性如表 2.2.2 所示。

表 2.2.2　常见电位器机械耐久性

参　数	种　类			
	合成碳膜	玻璃釉	导电塑料	线　绕
机械耐久性/周	5000～25 000	10 000～30 000	$10^6 \sim 10^8$	500～1000

2）电气耐久性

电气耐久性是指电位器在规定的负荷和动触点不运动的试验条件下，能连续正常工作且其性能能够保持在技术规范允许范围内的时间。按 IEC 规定，电位器的电气耐久性为 1000 h。

5. 零位电阻

零位电阻是指转柄或滑柄位于起始位置时，电位器所呈现的电阻值，可以视为电位器的内阻，有时候可以根据外接电路的阻值决定零位电阻是否需要考虑。

三、电位器的参数标注与电路符号

1. 电位器的标注方法

按 SJ/T 10503—94 规定，电位器通常采用直接标注法进行标注，即用字母和数字直接将其型号和有关参数标注在电位器的壳体上，主要有电位器的类别、材料、标称阻值、额定功率以及允许误差等。

1）型号标注

电位器型号标注主要有 4 个部分，如表 2.2.3 所示。第一部分是电位器的主称，通常用"W"来表示；第二部分是材料，用字母来表示；第三部分是类型，也是用字母来表示；第四部分是序号，通常用数字进行表示，代表同类产品中的不同型号，以区分产品的外形尺寸和性能指标等。比如，WXJ2 表示精密绕线电位器 2 型。WHX3 表示旋转式合成碳膜电位器 3 型。

表 2.2.3 电位器型号标注

第一部分：主称		第二部分：材料		第三部分：类型		第四部分：序号
字母	含义	字母	含义	字母	含义	
W	电位器	D	导电塑料	B	片式类	数字标识
		F	复合膜	D	多圈旋转精密类	
		H	合成碳膜	G	高压类	
		I	玻璃釉膜	H	组合类	
		J	金属膜	J	单圈旋转精密类	
		N	无机实心	M	直滑式类	
		S	有机实心	P	旋转功率类	
		X	线绕	T	特殊类	
		Y	氧化膜	W	螺杆驱动预调类	
		—	—	X	旋转低功率类	
		—	—	Y	旋转预调类	
		—	—	Z	直滑式低功率类	

2)参数标注

电位器壳体上通常会标注其标称阻值及允许偏差、额定功率以及阻值变化特性(部分小型电位器上只标出标称阻值)。其中，标称阻值的标识方法通常有两种：一种是在外壳上直接标出其电阻最大值，其电阻最小值一般视为零；另一种是用三位有效数字表示，前两位有效数字表示电阻的有效值，第三位数字表示倍率。阻值变化特性标识 Z 表示指数，D 表示对数，X 表示线性。比如，51k-0.25/X，其中"51k"表示标称阻值为 51 kΩ，"0.25"表示额定功率为 0.25 W，"X"表示是线性电位器。

2. 电位器的电路符号

电位器的电路符号与电阻器的电路符号有相似之处，常见电路中的电位器图形符号如图 2.2.1 所示。

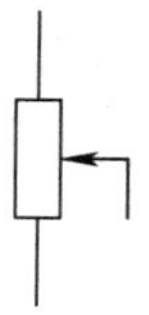

图 2.2.1 电位器电路符号

四、电位器的检测

合格的电位器首先是其阻值要符合要求，其次是其中心滑动端与电阻体之间接触良好，转动平滑。另外，对带开关的电位器，开关部分应动作准确可靠、灵活。因此，在使用前必须检查电位器性能的好坏。

1．阻值的测量

首先根据被测电位器的标称阻值，在万用表上选择
量程适当的电阻测试挡位（欧姆挡"Ω"），然后测量图
2.2.2 所示旋转式电位器结构中 AC 两端片之间的电阻
值，并与标称阻值比较，看二者是否一致。同时旋动滑
动触头，其值应固定不变。如果阻值无穷大，则此电位
器已损坏。

2．中心滑动端与电阻体之间接触性能测试

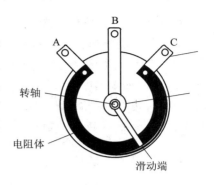

测量电位器中心滑动端与电阻体的接触情况，即测
量图 2.2.2 中所示 BC 两端之间电阻值。测量时依然选

图 2.2.2　旋转式电位器结构

用万用表中量程适当的电阻测试挡位（欧姆挡"Ω"）进行测量。测量过程中，慢慢旋转转轴，
注意观察万用表的读数。正常情况下，读数应平稳地朝一个方向变化，若读数出现跳动、跌
落或无穷大等现象，说明活动触点有接触不良的故障。

当中心端滑到首端或末端时，理想状态下中心端与重合端的电阻值应为 0。但在实际
测量中，会有一定的残留值（一般视标称而定），通常小于 5 Ω，属正常现象。

2.3　电　容　器

电容器（简称电容）是一个充放电荷的电子元件，也是最常用、最基本的电子组件之一。
电容在电路中，可用于隔直流、通交流、滤波、旁路或与电感线圈组成振荡回路。电容的基
本结构由两个相互靠近的金属极板中间加一层绝缘介质构成，当电容的两个极板间加上电
压时，电容器就会储存电荷。电容储存电荷多少的量值称为电容量，基本单位为法拉（F）。
但在实际应用中，法拉（F）这个单位太大，所以通常运用其导出单位毫法（mF）、微法（μF）、
纳法（nF）以及皮法（pF）等。各单位间的常用换算关系为

$$1 \text{ mF} = 10^{-3} \text{ F}$$
$$1 \text{ μF} = 10^{-6} \text{ F}$$
$$1 \text{ nF} = 10^{-9} \text{ F} = 10^{3} \text{ pF}$$
$$1 \text{ pF} = 10^{-12} \text{ F} = 10^{-6} \text{ μF}$$

一、电容的分类

1．按电容量是否可调分类

电容按照电容量是否可调，分成固定电容、可变电容以及微调电容三大类。固定电容
的电容量不能改变，大多数电容都是固定电容。可变电容电容量可在一定的范围内进行调
节，通常用于一些需要经常调整的电路中。微调电容又称为半可变电容或补偿电容，其电

容量可以调整,一般情况下,每次调整好后,就固定不动了。

2. 按绝缘介质材料分类

电容按电容绝缘介质材料不同可分为有机固体介质电容、无机固体介质电容、电解介质电容、气体介质电容、液体介质电容以及复合介质电容。有机固体介质电容还可分为有机薄膜电容(如聚酯电容、漆膜电容、聚苯乙烯电容)和纸介质电容。无机固体介质电容常见的有云母电容、陶瓷(独石)电容以及玻璃釉电容。电解介质电容可分为铝电解电容、铌电解电容和钽电解电容。气体介质电容又分为空气电容、真空电容以及充气式电容。

二、电容的特性参数

1. 标称容量与允许偏差

与电阻器一样,国家也统一规定了一系列容量值作为电容的标称容量,以及实际生产的电容容量与标称容量之间的允许偏差,如表 2.3.1 所示。电容标称容量应符合表中所列数值之一,或是表中所列数值再乘以 10^n,其中 n 为正整数或负整数。

表 2.3.1 电容的标称容量与允许偏差

名　称	允许误差[①]	容量范围	标称容量
纸介电容、金属化纸介电容、纸膜复合介质电容、低频(有极性)有机膜介质电容	±5% ±10% ±20%	100 pF~1 μF 1~100 μF	E6[②] 1　2　4　6　8　10　15　20 30　50　60　80　100
高频(无极性)有机膜介质电容、瓷介电容、玻璃釉电容、云母电容	±5% ±10% ±20%		E24[③] E12[④] E6
铝电解电容、钽电解电容、铌电解电容	±10% ±20% +20%~-30% +50%~-20%		E6

① 电容器的允许误差等级与电阻器略有不同,包括 01 级(±1%)、02 级(±2%)、Ⅰ级(±5%)、Ⅱ级(±10%)、Ⅲ级(±20%)、Ⅳ级(+20%~-30%)、Ⅴ级(+50%~-20%)以及Ⅵ级(+100%~-10%)。

②③④ 电阻器、电容器的标准值一般可用 E 系列表示,通常分为 E6、E12、E24 三个系列。其中,E6 系列确定了 6 个基本数(1.0、1.5、2.2、3.3、4.7、6.8),适用于允差±20%的电阻器、电容器数值;E12 系列确定了 12 个基础数(1.0、1.2、1.5、1.8、2.2、2.7、3.3、3.9、4.7、5.6、6.8、8.2),适用于允差±10%的电阻器、电容器数值;E24 系列确定了 24 个基础数(1.0、1.1、1.2、1.3、1.5、1.6、1.8、2.0、2.2、2.4、2.7、3.0、3.3、3.6、3.9、4.3、4.7、5.1、5.6、6.2、6.8、7.5、8.2、9.1),适用于允差±5%的电阻器和电容器数值。实际电阻器或电容器的值,可以是以上系列中的基础数乘以 10^n,其中 n 为整数。

2. 额定电压

电容的额定电压是指电容在规定的温度范围内,能够连续可靠工作的最高直流电压或交流电压的有效值。额定电压的大小与电容器所使用的绝缘介质和使用环境温度有关,其中与温度关系尤为密切。电容的额定电压的标准值(单位:V)包括:1.6、4、6.3、10、16、

25、（32）、40、（50）、63、100、（125）、160、250、（300）、400、（450）、500、630、1000、1600、2000、2500、3000、4000、5000、6300、8000、10 000、15 000、20 000、25 000、30 000、35 000、40 000、45 000、50 000、60 000、80 000、100 000①。

3. 抗电强度

抗电强度是指电容两个引出端之间连接起来的引出端与金属外壳之间所能承受的最大电压，也称为绝缘耐压，通常由以下几项指标衡量。

（1）击穿电压：电容正常漏电的稳定状态被破坏的电压。

（2）试验电压：在短时间内（一般为 5～60 s）电容所能承受的最大直流试验电压。试验电压通常为额定直流工作电压的 1.5～3 倍。

（3）额定直流工作电压：电容长期安全工作的最高直流电压。

（4）交流工作电压：电容长期工作时所允许的交流电压有效值。

4. 温度系数

与电阻器类似，温度的变化也会引起电容容量的变化，并常用温度系数（α_C，单位为 ppm/℃）来表示这种变化的程度，即有

$$\alpha_C = \frac{C_2 - C_1}{C_1(t_2 - t_1)} \times 10^6 \qquad (2-3-1)$$

在式（2-3-1）中，C_1 为室温 t_1 下测得的电容量，C_2 为正负极限温度 t_2 下测得的电容量。电容的温度系数主要与电容介质材料的温度特性及电容结构有关。通常电容的温度系数越大，电容量随温度的变化也越大。因此，为保证使电子电路能够稳定地工作应尽量选用温度系数小的电容。

5. 漏电流与绝缘电阻

电容器的介质并不是绝对绝缘的，而是当在电容两端加上直流电压时，便会产生漏电流。直流电压与所产生的漏电流的比值即为电容绝缘电阻。

三、电容的参数标注与电路符号

1. 电容的标注方法

电容常用的标注方法包括标有单位的直接表示法，不标单位的数字表示法，p、n、μ、m 法以及色环（点）表示法。

1）标有单位的直接表示法

有的电容的表面上直接标注了其特性参数，如在电解电容上经常按如下的方法进行标注，即 4.7 μ/16 V，表示此电容的标称容量为 4.7 μF，耐压 16 V。

2）不标单位的数字表示法

许多电容受体积的限制，其表面经常不标注单位，但都遵循一定的识别规则。即当数字小于 1 时，默认单位为微法（μF），如某电容标注为 0.47，表示此电容标称容量为

---

① 带括号的仅为电解电容所用。

$0.47~\mu\text{F}$；当数字大于等于 1 时，默认单位为皮法(pF)，如某电容标注为 100 表示此电容标称容量为 100 pF。这种方法有一种特殊情况，即当数字为 3 位数字且末位数不为零时，前两位数字为有效数字，末位数为 10 的幂次，单位为皮法(pF)。如某电容标注为 103，表示此电容标称容量为 $10\times 10^3~\text{pF}=10~000~\text{pF}=0.01~\mu\text{F}$。

3) p、n、μ、m 法

此种方法标识在数字中的字母 p、n、μ、m 为量纲，又表示小数点位置。p 表示 10^{-12}F、n 表示 10^{-9}F、μ 表示 10^{-6}F、m 表示 10^{-3}F。如某电容标注为 4n7 表示此电容标称容量为 $4.7\times 10^{-9}\text{F}=4700~\text{pF}$。

4) 色环(点)表示法

电容的色环(点)表示法与电阻器类似，就是用不同颜色的色带或色点，按规定在电容表面上标识出其主要参数的标识方法，如图 2.3.1 所示。数字与色环颜色所对应的关系与电阻器色环标志法相同，但需要注意的是，这里的单位为 pF。如标称容量为 $0.047~\mu\text{F}$(即 47 000 pF)、允许偏差为 $\pm 5\%$ 的电容，其色环表示为黄紫橙金。

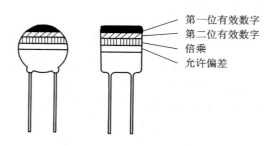

图 2.3.1　电容的色环(点)表示法

2. 电容的电路符号

不同类别的电容在电路图中有其特定的符号，常见的电容符号如图 2.3.2 所示。

图 2.3.2　常见的电容符号

四、电容的检测

电容的容量以及好坏可通过数字万用表的电容测试挡"F"进行测量或检测。测量电容容量时，将万用表挡位调节到电容测试挡"F"，并确定所需的量程。部分万用表带有电容测试插座，直接将电容插入电容测试座中，等待读数显示即可。对于没有电容测试插座的万用表，需要将万用表两表笔跨接在电容两端进行测量。若要求测量精度比较高，则需要用专用的电容表进行测量。

若只进行电容一般的好坏判断，还可用数字万用表的电阻测试挡(欧姆挡"Ω")进行检查，量程需要选择为百欧或千欧级挡位。用欧姆挡进行检查时，可观察到电容有一个充电过程，然后万用表读数又回到无穷大。这种办法对容量大于 $1 \mu F$ 的电容有效，对容量小于 $1 \mu F$ 的电容，只能用万用表电阻测试挡检测其内部是否短路，而观察不出其充电过程。

2.4　电感元件

电感元件(简称电感)与电阻器、电容器一样，都是电子电路中最常用的重要元件之一，通常由导线(大多为带绝缘层的导线，如漆包线、纱包线等)绕成空心线圈或带铁芯(磁芯)的线圈制成，因此电感元件又被称为电感线圈(简称线圈)。在电子线路中，电感线圈对交流电有阻碍作用，能够与电阻器或电容器组成高通或低通滤波器、移相电路及谐振电路等。电感线圈也是一个储能元件。电感量的常用单位包括亨(H)、毫亨(mH)、微亨(μH)，其换算关系为

$$1 \text{ H} = 10^3 \text{ mH} = 10^6 \mu \text{H} \qquad (2-4-1)$$

一、电感线圈的分类

1. 按绕制形式分类

电感线圈按其绕制形式的不同，可分为单层线圈、多层线圈以及蜂房式线圈。单层线圈是用绝缘导线一圈挨一圈地绕在纸筒或胶木骨架上，其电感量较小，一般在几微亨到几十微亨之间，常用在高频电路中。当电感量大于 $300 \mu H$ 时，就应采用多层线圈，但多层线圈除了存在匝和匝之间的分布电容外，还存在层与层之间的分布电容，具有分布电容大的缺点；同时层与层之间的电压相差较多，当线圈两端有高电压时，容易造成匝间绝缘击穿。因此，为了防止产生此类问题，常将线圈分段绕制(采用蜂房方法绕制)，即将导线以一定的偏转角(约 $120°\sim250°$)在骨架上缠绕，可以减少多层绕制线圈的分布电容。对于电感量较大的线圈，可以采用两个或多个蜂房线圈分段绕制。

2. 按有无铁芯(磁芯)分类

电感线圈根据线圈中有无铁芯(磁带)，可分为空心线圈和带铁芯(磁芯)线圈。在线圈中加入铁粉芯或铁氧体磁芯能够提高线圈的电感量和品质因数。加入磁芯的线圈还能够减小线圈的体积，降低损耗和分布电容。通过调整线圈中磁芯的位置，还能起到调节电感量的作用。

3. 按电感量可调性分类

电感线圈按电感量是否可以调整，可分为固定电感线圈和可调电感线圈。调节电感量能够改变谐振频率或电路耦合的松紧。常用的调节电感量的方法包括：① 在线圈中加入磁芯或铜芯，通过改变它们在线圈中的位置调节电感量；② 在线圈上设置一个滑动的接点，改变接点在线圈上的位置调节电感量；③ 串联两个线圈，均匀地改变两线圈之间的位置，通过线圈的互感变化调节电感量等。

二、电感线圈的特性参数

1. 电感量与感抗

电感线圈的电感量(L,单位为 H)的大小可由下式求得,即

$$L = \mu \frac{N^2}{l} S \qquad (2-4-2)$$

在式(2-4-2)中,μ 为介质磁导率,N 为线圈的圈数,l 为线圈的长度(单位为 m),S 为线圈的横截面积(单位为 m^2)。由此可以看出,电感量主要取决于线圈的圈数、结构及绕制方法等因素。如线圈的圈数越多,绕线越密集,电感量越大;线圈内有磁芯的比无磁芯的电感量大;磁芯磁导率越大,电感量也越大。

电感线圈对交流电流阻碍作用的大小称感抗(X_L,单位为 Ω)。电感线圈的感抗与交流电的频率及电感量的大小有关,即

$$X_L = 2\pi f L \qquad (2-4-3)$$

在式(2-4-3)中,f 为交流电频率(单位为 Hz),L 为电感线圈的电感量(单位为 H)。由此可以看出:电感线圈在低频工作时感抗较小,若是通过直流电,由于频率 $f = 0$,则感抗 $X_L = 0$,仅线圈直流电阻起作用,且阻值很小,近似短路;当电感元件在高频下工作时,感抗很大,近似开路。

2. 允许偏差

电感线圈电感量的允许偏差是指实际电感量能达到要求电感量的精度。电感线圈的用途不同,所要求的偏差等级也不同。比如,对振荡线圈的精度要求较高,其允许偏差为 $\pm 0.2\% \sim 0.5\%$,而对耦合线圈和高频扼流圈的精度要求较低,其允许偏差通常为 $\pm 10\% \sim \pm 20\%$。

3. 品质因数

品质因数(Q)是表示电感线圈质量的一个物理量,其值为感抗(X_L)与电感线圈直流电阻(R)的比值,即

$$Q = \frac{X_L}{R} = \frac{2\pi f L}{R} \qquad (2-4-4)$$

品质因数的大小表明电感线圈损耗的大小,其值越大,线圈的损耗越小;反之,损耗越大。

4. 分布电容

电感线圈的匝与匝间、线圈与屏蔽罩间、线圈与底板间存在的电容被称为分布电容。分布电容的存在使电感线圈的 Q 值减小,稳定性变差,因而电感线圈的分布电容越小越好。

5. 额定电流

额定电流是指能保证电感线圈正常工作的最大电流。当实际工作电流大于电感线圈的额定电流时,电感线圈就会发热而改变其原有参数,严重时甚至会损坏线圈。

三、电感线圈的参数标注与电路符号

1. 电感线圈的标注方法

电感线圈的标注方法有直标法和色环表示法两种。

1) 直标法

直标法即在小型固定电感线圈的外壳上直接用文字标出电感线圈的电感量、允许偏差和最大工作电流等主要参数。其中最大工作电流常用字母标注，如表 2.4.1 所示。

表 2.4.1　小型固定电感线圈的最大工作电流的对应标注字母

标注字母	A	B	C	D	E
最大工作电流/mA	50	150	300	700	1600

2) 色标法

与电阻器、电容器类似，电感线圈的参数标注也可使用色环表示法(也简称为色标法)，即在电感线圈的外壳上涂有不同颜色的色环，用来表明其参数，如图 2.4.1 所示。数字与色环颜色所对应的关系和电阻器色环表示法相同，所标注的电感量单位为 μH。

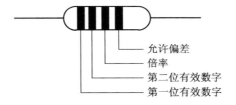

图 2.4.1　电感线圈的色环表示法

2. 电感线圈的电路符号

常见的电感线圈在电路中的符号如图 2.4.2 所示。

图 2.4.2　电感线圈在电路中的符号

四、电感线圈的检测

检测一般电感线圈(含电动式扬声器)的好坏时，可以用万用表的小量程电阻测试挡(欧姆挡"Ω")检查其电阻值，一般电阻值都应在几欧姆以下。

2.5　半导体二极管

半导体二极管(简称二极管)是半导体器件中最基本的一种器件，应用十分广泛。它是采用半导体单晶材料(主要是锗和硅)制成的。二极管具有单向导电性,在电路中常用于整流、检波、稳压等。

一、二极管的分类

1. 按所用的半导体材料分类

二极管按所用的半导体材料可分为锗二极管(Ge 管)和硅二极管(Si 管)。

2. 按结构及制作工艺分类

二极管按结构及制作工艺可分为面接触型二极管与点接触型二极管。

3. 按封装形式分类

二极管按封装形式可分为玻璃封装二极管、金属封装二极管、塑料封装二极管以及环氧树脂封装二极管。

4. 按用途及功能分类

二极管按用途及功能可分为整流二极管、检波二极管、开关二极管、稳流二极管、变容二极管、稳压二极管、双向二极管、电压基准二极管、双基极二极管、光敏二极管、温敏二极管、压敏二极管、磁敏二极管、发光二极管以及瞬态电压抑制二极管等。

其中,整流二极管是将交流电转变为直流电流的二极管;检波二极管是用于把叠加在高频载波上的低频信号检测出来的器件,具有较高的检波效率和良好的频率特性;开关二极管是在脉冲数字电路中用于接通和关断电路的二极管,其特点是反向恢复时间短,能满足高频和超高频应用的需要;稳压二极管是由硅材料制成的面结合型晶体二极管,利用 PN 结反向击穿时的电压基本上不随电流的变化而变化的特点来达到稳压的目的;变容二极管是利用 PN 结的电容随外加偏压变化的特性制成的非线性电容元件,被广泛地用于参量放大器、电子调谐及倍频器等微波电路中;发光二极管由磷化镓、磷砷化镓材料制成,体积小,正向驱动发光,其工作电压低,工作电流小,发光均匀,寿命长,可发红、黄、绿单色光;瞬态电压抑制二极管(TVS)与被保护电路并联,当瞬态电压超过电路的正常工作电压时,二极管发生雪崩,为瞬态电流提供通路,使内部电路免遭被超额电压击穿。

二、二极管的特性

1. 正向特性

在电子电路中,将二极管的正极接在高电位端,负极接在低电位端,二极管就会导通,这种连接方式称为正向偏置。需要注意的是,当加在二极管两端的正向电压很小时,二极管仍然是不能导通的,此时流过二极管的正向电流十分微弱。只有当正向电压达到某一数值(称为"门槛电压",锗管约为 0.2 V,硅管约为 0.6 V)以后,二极管才能真正导通。导通后二极管两端的电压基本上保持不变(锗管约为 0.3 V,硅管约为 0.7 V),这时二极管两端的电压称为二极管的"正向压降"。

2. 反向特性

在电子电路中,当二极管的正极接在低电位端,负极接在高电位端时,二极管中几乎没有电流流过，此时二极管处于截止状态，这种连接方式称为反向偏置。二极管处于反向偏置时，仍然会有微弱的反向电流流过二极管，这种反向电流称为漏电流。当二极管两端的反向电压增大到某一数值，反向电流会急剧增大，二极管将失去单向导电特性，这种状态称为二极管的击穿。

三、二极管的参数标识与电路符号

1. 二极管的标识方法

我国生产的半导体分立器件型号的符号及含义如表 2.5.1 所示。第一部分用数字表示元件的电极数目；第二部分是用汉语拼音字母表示材料与极性；第三部分用汉语拼音字母表示器件的类别；第四部分用阿拉伯数字表示登记顺序号；第五部分用汉语拼音字母表示规格号。二极管型号命名与标识可参照此表。

表 2.5.1　半导体分立器件型号的符号及含义

第一部分		第二部分		第三部分		第四部分	第五部分
电极数目		器件的材料和极性		器件的类别		登记顺序号	规格号
符号	意义	符号	意义	符号	意义	—	—
2	二极管	A	N 型，锗材料	P	小信号管	数字标识	字母标识
		B	P 型，锗材料	H	混频管		
		C	N 型，硅材料	V	检波管		
		D	N 型，硅材料	W	电压调整管和电压基准管		
		E	化合物或合金材料	C	变容管		
				Z	整流管		
				L	整流堆		
				S	隧道管		
				K	开关管		
				N	噪声管		
3	三极管	A	PNP 型,锗材料	F	限幅管		
		B	NPN 型,锗材料	X	低频小功率晶体管 $f_T<3$ MHz, $P_C<1$ W		
		C	PNP 型,硅材料	G	高频小功率晶体管 $f_T\geq3$ MHz, $P_C<1$ W		
		D	NPN 型,硅材料	D	低频大功率晶体管 $f_T<3$ MHz, $P_C\geq1$ W		
		E	化合物或合金材料	A	高频大功率晶体管 $f_T\geq3$ MHz, $P_C\geq1$ W		
				T	闸流管		
				Y	体效应管		
				B	雪崩管		
				J	阶跃恢复管		

2. 二极管的电路符号

常见的二极管在电路中的符号如图 2.5.1 所示。

| 普通二极管 | 稳压二极管 | 发光二极管 | 变容二极管 | 双向二极管 |

图 2.5.1　二极管的电路符号

四、二极管的检测

检测二极管的好坏,可采用万用表的电阻测试挡(欧姆挡"Ω")测量电阻的正反向电阻来进行。一个好的二极管,正向电阻通常在 $400\sim1000\ \Omega$ 之间,反向电阻则在几百千欧以上。

检测二极管的好坏,也可直接用万用表的二极管/通断测试挡"➤⊢ ·))"进行。将万用表调到二极管挡,两只表笔分别接到被测二极管的两个引脚上。若万用表显示为 $0.15\sim0.7\ \text{V}$,则表明二极管是好的,处于正向导通状态,且红表笔接的是正极,黑表笔接的是负极;若万用表显示为"1",表示溢出,二极管处于截止状态,需交换表笔后再检测。交换表笔后,若万用表显示为 $0.15\sim0.7\ \text{V}$,则表明二极管是好的;如果显示为"1",说明二极管被击穿。如果万用表显示为"0",交换表笔后显示还是"0",则说明二极管内部已短路。

当测量的二极管正向导通电压为 $0.6\sim0.7\ \text{V}$ 时,表明二极管是硅管;当测量的二极管正向导通电压为 $0.2\sim0.3\ \text{V}$ 时,表明二极管是锗管。

2.6　半导体三极管

半导体三极管又称为晶体三极管,通常简称为晶体管或三极管,是一个有三条引脚的基本半导体器件,具有电流放大作用,在电路中常起放大、振荡、开关等作用。三极管的内部由两个 PN 结构成,排列方式有 PNP 和 NPN 两种。两个 PN 结把整块半导体分成三部分,中间部分是基区,两侧是发射区和集电区,从三极管三个区引出相应的电极,分别称为基极(B)、发射极(E)和集电极(C)。

一、三极管的分类

1. 按材质与结构分类

与二极管分类类似,按三极管所用的半导体材料分类,可将三极管分为锗管和硅管。锗管和硅管根据其内部 PN 结的排列结构又可分为 PNP 型和 NPN 型。

2. 按三极管耗散功率分类

按三极管耗散功率(P)分类,三极管可分为小功率三极管($P\leqslant0.3\ \text{W}$)、中功率三极管

$(0.3 < P < 1\ \text{W})$ 和大功率三极管 $(P \geqslant 1\ \text{W})$ 等。

3. 按三极管的特征频率分类

按三极管的特征频率 (f_{T}) 分类，三极管可分为低频三极管 $(f_{\text{T}} < 3\ \text{MHz})$ 和高频三极管 $(f_{\text{T}} \geqslant 3\ \text{MHz})$。

4. 按三极管的用途与功能分类

按三极管的用途与功能分类，三极管可分为放大管、开关管、复合管（达林顿管）和高反压管等。

二、三极管的特性参数

1. 直流参数

（1）集电极-基极反向饱和电流 I_{CBO}，是指三极管发射极开路时，流过集电极-基极的电流。

（2）集电极-发射极反向饱和电流 I_{CEO}，是指三极管基极开路时，流过集电极-发射极的电流。由于这一电流从集电极贯穿基区流至发射极，因此又称为穿透电流。

（3）共基极直流电路放大系数 $\bar{\alpha}$。令 $I_{\text{CBO}} = 0$ 时的三极管集电极电流 I_{C} 与发射极电流 I_{E} 之比为 $\bar{\alpha}$，即

$$\bar{\alpha} = \frac{I_{\text{C}}}{I_{\text{E}}} \bigg|_{I_{\text{CBO}}=0} \tag{2-6-1}$$

（4）共射极直流电路放大系数 $\bar{\beta}$。令 $I_{\text{CBO}} = 0$ 时的三极管集电极电流 I_{C} 与基极电流 I_{B} 之比为 $\bar{\beta}$，即

$$\bar{\beta} = \frac{I_{\text{C}}}{I_{\text{B}}} \bigg|_{I_{\text{CBO}}=0} \tag{2-6-2}$$

2. 交流参数

（1）共基极交流电路放大系数 α。在共基极电路中，在一定的集电极-基极电压 U_{CB} 下，集电极电流的变化量 Δi_{C} 与发射极电流变化量 Δi_{E} 的比值称为共基极交流电路放大系数 α，即

$$\alpha = \frac{\Delta i_{\text{C}}}{\Delta i_{\text{E}}} \bigg|_{U_{\text{CB}}-\text{定}} \tag{2-6-3}$$

（2）共射极交流电路放大系数 β。在共发射极电路中，在一定的集电极-发射极电压 U_{CE} 下，集电极电流的变化量 Δi_{C} 与基极电流变化量 Δi_{B} 的比值称为共发射极交流电路放大系数 β，即

$$\beta = \frac{\Delta i_{\text{C}}}{\Delta i_{\text{B}}} \bigg|_{U_{\text{CE}}-\text{定}} \tag{2-6-4}$$

3. 极限参数

极限参数是为了使三极管既能够得到充分利用，又可确保其安全而规定的参数。

（1）集电极开路时发射极-基极反向击穿电压 $U_{(\text{BR})\text{EBO}}$。$U_{(\text{BR})\text{EBO}}$ 是发射结所允许的最大

反向电压,发射极-基极电压超过这一参数时,管子的发射结有可能被击穿,其值一般只有几伏。

(2)发射极开路时集电极-基极反向击穿电压 $U_{(BR)CBO}$。$U_{(BR)CBO}$ 决定集电结的反向击穿电压,其值一般较高,在几十伏以上,有的可以高达一千多伏。

(3)基极开路时集电极-发射极反向击穿电压 $U_{(BR)CEO}$。基极开路时,u_{CE} 在集电结和发射结上的分压使集电结反偏、发射结正偏,当 u_{CE} 过大时,由于发射区扩散到基区的多数载流子数量增多,使 i_C 比 I_{CEO} 大得多,管子发生击穿。$U_{(BR)CEO}$ 的值一般总是小于 $U_{(BR)CBO}$。

当基极不是开路,而是经一电阻 R 与发射极相连时,集电极-发射极反向击穿电压 $U_{(BR)CER}$ 将随 R 值的减小而增大。当 $R=0$,即基极与发射极短路时,集电极-发射极反向击穿电压为 $U_{(BR)CES}$。通常,同一三极管的各反向击穿电压之间的关系为:$U_{(BR)CBO}>U_{(BR)CES}>U_{(BR)CER}>U_{(BR)CEO}$。对于 PNP 型晶体管,各击穿电压为负值,但它们的绝对值之间也有上述关系。

(4)集电极最大允许耗散功率 P_{CM}。集电极耗散功率即集电极电流 I_C 与集电极电压 U_{CE} 的乘积。在使用三极管时,实际功耗不允许超过集电极最大允许耗散功率 P_{CM},并应留有较大的余量。当三极管消耗的功率太大、散热条件又较差,管子的结温超过了 PN 结的最高允许温度(硅管的最高允许结温为 150℃～200℃,锗管的最高允许结温为 75℃～100℃)时,就会破坏三极管的正常工作,甚至烧坏三极管。

(5)集电极最大允许电流 I_{CM}。当集电极电流 I_C 增大到一定数值时,电流放大系数 β 将随 I_C 的增加而明显下降,三极管的放大能力变差。I_{CM} 就是当 β 下降到测试条件规定值时所允许的最大集电极电流。在原电子工业部颁发的标准 SJ170-65 的附录中,对于功率放大用的合金型小功率晶体管,把 $U_{CE}=1$ V 时使集电极功耗达到 P_{CM} 的 I_C 值定义为 I_{CM}。根据这种方法定义的 I_{CM},其值刚好等于 P_{CM}。

综上,三极管工作时的 u_{CE} 不应超过 $U_{(BR)CEO}$,i_C 不应超过 I_{CM},P_C 不应超过 P_{CM}。为此,三极管最好工作在由 $U_{(BR)CEO}$、I_{CM} 和 P_{CM} 所决定的安全工作区内。

三、三极管的标识与电路符号

1. 三极管的标识方法

国产三极管型号命名与标识与二极管类似,也分为 5 个部分,表 2.5.1 已列出,标识三极管时可参照此表。

不同国家生产的三极管型号命名方式多有不同,如目前电路中常用的 90×× 系列三极管,包括低频小功率硅管 9013(NPN)、9012(PNP),低噪声管 9014(NPN),高频小功率管 9018(NPN)等,最早是韩国研制的,后来引进到国内,才由国内企业大量生产。而许多老式电子产品中用的 3DG6(低频小功率硅管)、3AX31(低频小功率锗管)等,采用的就是我国三极管命名方法。

2. 三极管的电路符号

PNP 型和 NPN 型三极管在电路中的表示符号是不同的,如图 2.6.1 所示。

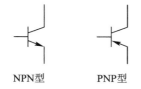

NPN型　　　PNP型

图 2.6.1　三极管的电路符号

四、三极管的检测

1. 三极管好坏判别

三极管的精确测量要用专用仪器，但仅判别好坏可以借助万用表的电阻测试挡（欧姆挡"Ω"）实现。用万用表的欧姆挡测量三极管集电极、基极、发射极正反向电阻，根据正向电阻一般在几百欧到一千欧左右，反向电阻一般在几百千欧以上，就可以判别出晶体三极管内部是否开路或短路。

2. 三极管引脚辨别

1）从晶体管外壳上辨别引脚

常用三极管的封装形式有金属封装和塑料封装两大类，不同封装形式的三极管其引脚的排列方式具有一定的规律。金属外壳封装的三极管，如果壳上有定位销，则将管底朝上，从定位销起，按顺时针方向，三个引脚依次为发射极（E）、基极（B）、集电极（C）；若管壳上无定位销，且三个引脚在半圆内，仍将管底朝上，按顺时针方向，三个引脚依次为发射极（E）、基极（B）、集电极（C），如图 2.6.2(a)所示。塑料外壳封装的三极管，面对平面，三个引脚置于下方，从左到右，三个引脚依次为发射极（E）、基极（B）、集电极（C），如图 2.6.2(b)所示。

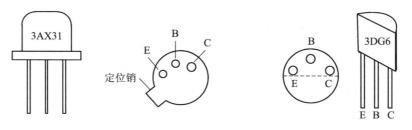

(a) 金属外壳封装的三极管引脚辨别　　　　(b) 塑料外壳封装的三极管引脚辨别

图 2.6.2　三极管引脚辨别

大功率三极管的外形一般分为 F 型和 G 型两种。F 型管从外形上只能看到两个引脚，将管底朝上，两个引脚置于左侧，则发射极（E）为上，基极（B）为下，集电极（C）为底座，如图 2.6.3(a)所示。G 型管的三个引脚一般在管壳顶部，将管底朝下，三个引脚置于左侧，从最下面的一个引脚起，按顺时针方向，依次为发射极（E）、基极（B）、集电极（C），如图 2.6.3(b)所示。

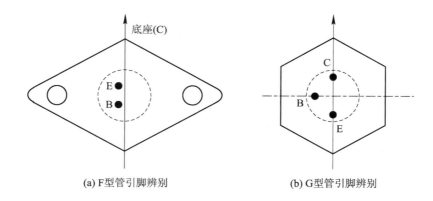

(a) F型管引脚辨别   (b) G型管引脚辨别

图 2.6.3 F 型和 G 型三极管引脚辨别

国内目前使用的三极管有许多种,引脚的排列不尽相同,在使用中对不确定引脚排列的三极管必须进行测量以确定各引脚正确的位置,或查找三极管使用手册,以了解三极管的特性及相应的技术参数等。

2) 借助万用表辨别引脚

先假设三极管的某引脚为"基极",将万用表调到电阻测试挡(欧姆挡"Ω"),量程选择千欧或百欧,黑表笔接在假设基极上,红表笔依次接到其余两个引脚上,若两次测得的电阻都大(几千欧到几十千欧),或者都小(几百欧至几千欧),再对换表笔重复上述测量,若测得的两个阻值与前次测量值相反,则可确定假设的基极是正确的。否则,重新选取一引脚假设为"基极",重复上述测试,以确定基极。

当基极确定后,将黑表笔接基极,红表笔接其他两极若测得电阻值都很小,则该三极管为 NPN 型,反之为 PNP 型。

接着判断"集电极"和"发射极"。对于 NPN 型,先找"集电极"。即黑表笔接假定的"集电极",红表笔接假定的"发射极",并用手捏住"基极"和"集电极",注意此两极间不能接触,读出此时"集电极"和"发射极"之间的电阻值,然后将红、黑表笔对换重新测量。若第一次电阻比第二次小,说明原假设成立。对于 PNP 型,则先找"发射极"。即黑表笔接假定的"发射极",红表笔接假定的"集电极",同样用手捏住第二步确定的"基极"和"集电极",读出此时"集电极"和"发射极"之间的电阻值,然后将红、黑表笔对换重新测量。若第一次电阻比第二次大,说明"发射极"假设正确。

2.7 集 成 电 路

集成电路是一种微型电子器件或部件,是指通过一定的工艺将电路中所需的晶体管、电阻、电容和电感等元件及布线互连在一起,制作在一小块或几小块半导体晶片或介质基片上,然后封装在一个管壳内,形成具有特定电路功能的微型结构。集成电路也称为微电路或芯片。

一、集成电路的分类

1. 按功能分类

集成电路根据功能的不同，可以分为模拟集成电路、数字集成电路以及数/模混合集成电路三大类。其中模拟集成电路又称线性电路，常用来产生、放大和处理各种模拟信号(幅度随时间变化的信号)，其输入信号和输出信号呈比例关系。而数字集成电路用来产生、放大和处理各种数字信号(在时间上和幅度上离散取值的信号)。

2. 按集成度分类

集成电路按集成度高低的不同分为小规模集成电路(SSIC)、中规模集成电路(MSIC)、大规模集成电路(LSIC)、超大规模集成电路(VLSIC)、特大规模集成电路(ULSIC)、巨大规模集成电路(GSIC)。

小规模集成电路(SSIC)可集成 10～100 个元件或数量小于 10 个的门电路。中规模集成电路(MSIC)可集成 100～1000 个元件或 10～100 个门电路。大规模集成电路(LSIC)可集成 1000～100 000 个元件或 100～10 000 个逻辑门。超大规模集成电路(VLSIC)可集成元件数超过 10 万个或门电路数超过万门。特大规模集成电路(ULSIC)可集成组件数在 10^7～10^9 个之间。GSIC 巨大规模集成电路也被称作极大规模集成电路或超特大规模集成电路，可集成组件数在 10^9 个以上。

3. 按导电类型分类

集成电路按导电类型可分为双极型集成电路和单极型集成电路，这两种集成电路均为数字集成电路。双极型集成电路以双极型半导体为元件，制作工艺复杂，功耗较大，代表集成电路有 TTL、ECL、HTL、LST-TL、STTL 等类型。单极型集成电路是用金属-氧化物-半导体场效应管为元件的，制作工艺简单，功耗也较低，易于制成大规模集成电路，代表集成电路有 CMOS、NMOS、PMOS 等类型。

4. 按封装外形分类

集成电路按封装外形可分为圆形集成电路、扁平型集成电路以及单/双列直插型集成电路。圆形集成电路通常常用金属外壳封装，一般适用于大功率电路、模拟集成电路。扁平型集成电路稳定性好，体积小，多用于数字集成电路。直插型集成电路种类多，价格实惠，在模拟集成电路和数字集成电路中都有广泛应用。

5. 按制作工艺分类

集成电路按其制作工艺不同，可分为半导体集成电路、膜集成电路和混合集成电路三类。半导体集成电路是采用半导体工艺技术，在硅基片上制作包括电阻、电容、三极管、二极管等元器件并具有某种电路功能的集成电路。膜集成电路是在玻璃或陶瓷片等绝缘物体上，以"膜"的形式制作电阻、电容等无源器件制成的集成电路。由于目前的技术水平尚无法用"膜"的形式制作晶体二极管、三极管等有源器件，使得膜集成电路的应用范围受到很大的限制，因此在实际应用中，多数是在无源膜电路上外加半导体集成电路或分立元件的二极管、三极管等有源器件，构成一个整体，即制作成混合集成电路。根据膜的薄厚不同，膜集成电路又分为厚膜集成电路(膜厚为 1～10 μm)和薄膜集成电路(膜厚为 1 μm 以下)两种。

二、集成电路的特性参数

1. 电参数

不同功能的集成电路,其电参数的项目也各不相同,但大多数集成电路均有最基本的几项参数(通常在典型直流工作电压下测量)。

(1)静态工作电流。静态工作电流是指集成电路信号输入引脚不加输入信号的情况下,电源引脚回路中的直流电流。该参数对确认集成电路故障具有重要意义。

常用集成电路均会给出静态工作电流的典型值、最小值、最大值。如果集成电路的直流工作电压正常,且集成电路的接地引脚也已可靠接地,当测得集成电路静态电流大于最大值或小于最小值时,则说明集成电路存在故障。

(2)增益。增益是指集成电路内部放大器的放大能力,通常集成电路都标有开环增益和闭环增益两项参数,也分别给出了典型值、最小值、最大值三项参数。集成电路的增益需要使用专门仪器才能测量。

(3)输出功率。最大输出功率是指输出信号的失真度为额定值时(通常为 10%),功放集成电路输出引脚所输出的电信号功率。一般也分别给出了集成电路输出功率的典型值、最小值、最大值三项参数。该参数主要针对功率放大集成电路。

当集成电路的输出功率不足时,某些引脚的直流工作电压会发生变化。若经测量发现集成电路引脚直流电压异常,就能循迹找到故障部位。

(4)电源电压。电源电压是指可以加在集成电路电源引脚与接地引脚之间的直流工作电压。数字集成电路常用+5 V 工作电压,模拟集成电路的工作电压各异。

2. 极限参数

集成电路的极限参数主要有以下几项。

(1)最大电源电压。最大电源电压是指可以加在集成电路电源引脚与接地引脚之间的直流工作电压的极限值。使用中不允许超过此值,否则将会永久性损坏集成电路。

(2)允许功耗。允许功耗是指集成电路所能承受的最大耗散功率,主要用于各类大功率集成电路。

(3)工作环境温度。工作环境温度是指集成电路能维持正常工作的最低和最高环境温度。

(4)储存温度。储存温度是指集成电路在储存状态下的最低温度和最高温度。

总的来说,集成电路各项参数一般对分析电路的工作原理作用不大,但对于电路的故障分析与检修却有着不可忽视的作用。

三、集成电路型号命名与标识以及引脚识别

1. 集成电路型号命名与标识

纵观集成电路的型号命名,大体上包含公司代号、电路系列或种类代号、电路序号、封装形式代号、温度范围代号和其他一些代号,这些代号均用字母或数字来表示。因此使用集成电路前,可以根据集成电路型号命名去查找相应的使用手册。

我国 1989 年制定的 GB/T 3430—89《半导体集成电路型号命名方法》规定了半导体集成电路型号的命名方法。该标准适用于按半导体集成电路系列和品种的国家标准所生产的半导体集成电路。集成电路型号命名由五部分构成：第一部分以字母表示集成电路所符合的国家标准；第二部分以字母表示集成电路的类型；第三部分用数字和字符表示集成电路的系列与品种代号；第四部分用字母表示集成电路工作温度范围；第五部分用字母表示集成电路的封装。常见集成电路型号命名与标识如表 2.7.1 所示。

表 2.7.1　半导体集成电路型号命名与标识

第一部分：所符合的国家标准		第二部分：类型		第三部分：类型	第四部分：工作温度		第五部分：封装	
字母	含义	字母	含义		字母	含义	字母	含义
C	符合国家标准	T	TTL 电路	—	C	0～70℃	F	多层陶瓷扁平
		H	HTL 电路		G	−25～70℃	B	塑料扁平
		E	ECL 电路		L	−25～85℃	H	黑瓷扁平
		C	CMOS 电路		E	−40～85℃	D	多层陶瓷双列直插
		M	存储器		R	−55～85℃	J	黑瓷双列直插
		μ	微型机电路		M	−55～125℃	P	塑料双列直插
		F	线性放大器		—	—	S	塑料单列直插
		W	稳压器		—	—	K	金属菱形
		B	非线性电路		—	—	T	金属圆形
		J	接口电路		—	—	C	陶瓷片状载体
		AD	A/D 转换器		—	—	E	塑料片状载体
		DA	D/A 转换器		—	—	G	网格阵列
		D	音响、电视电路		—	—	—	—
		SC	通信专用电路		—	—	—	—
		SS	敏感电路		—	—	—	—
		SW	钟表电路		—	—	—	—

2. 集成电路引脚识别方法

使用集成电路时，必须认真识别和查对其引脚，确认电源、地、输入、输出、控制等引脚端，以免错接损坏集成电路。根据集成电路的封装形式，下面分别介绍其引脚的识别方法。

1）圆形集成电路引脚识别

面向引脚正视，从定位销起按顺时针方向依次为 1，2，3，4，……引脚，如图 2.7.1(a) 所示。

2）扁平和双列直插式集成电路

如图 2.7.1(b)所示，将标记符号（一个凹口或一个小圆点）正放，由顶部俯视，从左下脚起，按逆时针方向，依次为 1，2，3，4，……引脚。

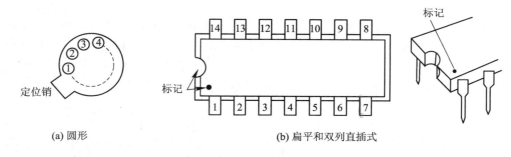

图 2.7.1 集成电路引脚识别

四、集成电路的检测

集成电路的检测方法有非在线测量法、在线测量法以及代换法。

(1)非在线测量法。非在线测量法是指在集成电路未焊入电路时,通过测量其各引脚之间的直流电阻值,并与已知正常同型号集成电路各引脚之间的直流电阻值进行对比,以确定其是否正常的一种检测方法。

(2)在线测量法。在线测量法是指利用电压测量法、电阻测量法及电流测量法等,通过在电路上测量集成电路的各引脚电压值、电阻值和电流值是否正常,来判断该集成电路是否损坏的一种检测方法。

(3)代换法。代换法是指用已知完好的同型号、同规格集成电路来代换被测集成电路,以判断该集成电路是否损坏的一种检测方法。

第3章 常用电子仪器的使用

在电子技术领域中，需要广泛地使用各种各样的电子仪器或仪表，因此，只有熟练地掌握仪器仪表的使用方法，才能准确、安全地测量出各种参数数据。本章重点介绍数字万用表、直流稳压电源、交流毫伏表、函数信号发生器、示波器等常用电子仪器的使用方法。

3.1 数字万用表

数字万用表是一种多用途的电子测量仪表，以数字形式显示测量结果，其主要功能是对电压、电流、电阻等进行测量，也称为万用计或三用表。它是利用模/数(A/D)转换原理，将被测模拟量转换为数字量，再经过计算、分析后，由译码显示电路显示测量结果的多功能、多量程的测量仪表。本节以 UT56 数字万用表为例介绍其使用方法以及对常用元器件的测量方法。

一、数字万用表面板结构

UT56 数字万用表面板包括显示屏、电源开关、功能转换开关、数据保持开关、电容测试座、晶体管测试座以及输入插座，如图 3.1.1 所示。

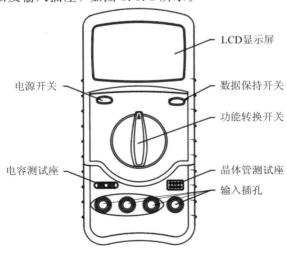

图 3.1.1　UT52 数字万用表面板结构

UT56 数字万用表面板各部分功能如下：

（1）电源开关（POWER 键）：用于打开或关闭万用表。

（2）电容测试座：功能转换开关指向电容测试挡"F"时，将电容插入该插座，LCD 显示屏显示被测电容的容量值。

（3）LCD 显示屏：显示测试数据或线路状态等。

（4）数据保持开关（HOLD 键）：按下此键，抓取并保持当前的测量值，LCD 显示屏左下角显示"H"，再次按下退出保持状态。

（5）功能转换开关：用于选择测量功能及量程。开关转至不同挡位，可实现直流/交流电压测量、电流测量，电阻测量，电容测量，晶体管放大倍数测量，二极管测量，以及线路通断测试功能的切换选择。

（6）晶体管测试座：功能转换开关指向晶体管 hFE 测试挡"hFE"时，将待测晶体管插入该插座，LCD 显示屏显示晶体管的放大倍数，用于测量 NPN 或 PNP 型晶体管的 hFE 参数（范围为 $0\sim1000\beta$）。

（7）输入插孔：根据测试数据的不同，应选择正确的输入插孔插入测试表笔。左起第一个为 20 A 电流输入插孔（"A"插孔）；第二个为小于 200 mA 电流输入插孔（"mA"插孔）；第三个为二极管、电压、电阻、频率输入插孔（"V/Ω"插孔）；第四个为公共端（"COM"插孔），黑色表笔固定插于该插孔。

二、数字万用表的使用方法

数字万用表开机时轻触电源开关（POWER 键），观察电池电压是否低于正常值，如低于正常值应及时更换电池，测试之前，功能开关应置于待测参数对应的挡位。

数字万用表的
使用方法

1. 电压测量

数字万用表的一个最基本的功能就是测量电压。测量电压通常是解决电路问题时第一步要做的工作，用万用表测量电压前需确定待测量是直流电压还是交流电压。

1）直流电压测量方法

（1）将黑表笔插入"COM"插孔，红表笔（极性为正）插入"V/Ω"插孔。

（2）将功能开关置于直流电压挡"V⋯"量程范围，并将测试表笔并联到待测电源（测开路电压）或负载（测负载电压降）上。

（3）查看读数，并确认单位，红表笔所接端的极性将同时显示于 LCD 显示屏上。

2）交流电压测量方法

（1）将黑表笔插入"COM"插孔，红表笔插入"V/Ω"插孔。

（2）将功能开关置于交流电压挡"V～"量程范围，将测试表笔并联到待测电源或负载上。

（3）查看电流读数，并确认单位，测量交流电压时没有极性显示。

3）电压测量注意事项

不论是直流电压测量还是交流电压测量，测量时都需要注意以下问题：

（1）若不知道被测电压范围，应将功能开关置于最大量程并逐渐降低，直至合适量程。

（2）若 LCD 显示屏上只显示"1"，表示过量程，应将功能开关置于更高量程。

（3）不要测量高于 1000 V 的直流电压或有效值高于 750 V 的交流电压。

（4）当测量高电压时，要格外注意安全，避免触电。

2. 电流测量

与电压测试类似，用万用表测量电流前也需确定待测量是直流电流还是交流电流。

1）直流电流测量方法

（1）将黑表笔插入"COM"插孔，当测量最大值为 200 mA 以下的电流时，红表笔插入"mA"插孔，当测量最大值为 20 A 的电流时，红表笔插入"A"插孔。

（2）将功能开关置于直流电流挡"A～"量程范围，并将测试表笔串联接入待测负载回路中。

（3）查看读数，并确认单位，红表笔所接端的极性将同时显示于 LCD 显示屏上。

2）交流电流测量方法

（1）将黑表笔插入"COM"插孔，当测量最大值为 200 mA 以下的电流时，红表笔插入"mA"插孔，当测量最大值为 20 A 的电流时，红表笔插入"A"插孔。

（2）将功能开关置于交流电流挡"A～"量程，将测试表笔串联接入待测负载回路中。

（3）查看电流读数，并确认单位，测量交流电流时没有极性显示。

3）电流测量注意事项

（1）若不知道被测电流范围，可将功能开关置于最大量程并逐渐降低，直至合适量程。

（2）电流测量完毕应将红表笔插回"V/Ω"插孔，因为若忘记这一步而直接测电压，会损坏仪表或电源。

3. 电阻测量

1）电阻测量方法

（1）将黑表笔插入"COM"插孔，红表笔插入"V/Ω"插孔。

（2）将功能开关置于电阻测试挡"Ω"（也称欧姆挡），调整到所需的量程，并将测试表笔并联到待测电阻两端金属部位，读取 LCD 显示屏显示值。

2）电阻测量注意事项

（1）若被测电阻超出所选量程的最大值，则显示器上显示"1"，表示过量程，应将功能开关置于更高量程；对于大于 1 MΩ 或阻值更高的电阻，要等几秒钟后读数才会稳定。

（2）当没有连接好时，例如开路，LCD 显示屏也显示"1"。

（3）不能测试带电电阻。

（4）当测量内部线路阻抗时，必须将被测线路所有电源断开，电容电荷放尽。

4．电容测量

1）电容测量方法

（1）将功能开关置于电容测试挡"F"中的所需量程。

（2）将电容插入电容测试座中，读数需要经过一定的时间才能稳定。

2）电容测量注意事项

（1）连接待测电容之前，每次转换量程时复零需要时间；有漂移读数存在不会影响测量精度。

（2）必须将待测电容先放电再进行测量，以防损坏仪表或引起测量误差。

5．频率测量

1）频率测量方法

（1）将红表笔插入"V/Ω"插孔，黑表笔插入"COM"插孔。

（2）将功能开关置于频率测试挡"kHz"量程，并将测试笔并联到频率源上，就可直接从LCD显示屏上读取频率值。

2）频率测量注意事项

被测频率信号电压有效值超过 30 V 时不能保证测量精度并应注意安全，因为此时电压已属于危险带电范围。

6．蜂鸣通断测试

蜂鸣通断测试方法如下：

（1）将黑表笔插入"COM"插孔，红表笔插入"V/Ω"插孔（红表笔极性为"＋"）。

（2）将功能开关置于二极管/通断测试挡"➤ ⎓))"，并将表笔连接到待测线路的两端，若内置蜂鸣器发声，说明两端之间的电阻值低于约 50 Ω。

7．二极管测试

二极管测试方法如下：

（1）将黑表笔插入"COM"插孔，红表笔插入"V/Ω"插孔（红表笔极性为"＋"）。

（2）将功能开关置于二极管/通断测试挡"➤ ⎓))"，并将表笔连接到待测二极管两端。

（3）LCD 显示屏上将显示二极管正向压降的近似值。

8．晶体管 hFE 参数测试

晶体管 hFE 参数测试方法如下：

（1）将功能开关置于晶体管 hFE 测试挡"hFE"。

（2）确定晶体管是 PNP 还是 NPN 型，并将基极、发射极和集电极分别插入面板上晶体管测试座相应的插孔。

（3）LCD 显示屏上将显示 hFE 参数的近似值。

三、数字万用表操作准则

为确保操作员的人身安全，保护仪表，使用万用表时，除了上面说到注意事项，还应遵守以下准则：

（1）测量前，必须检查万用表主体和表笔外观，绝缘层应完好，无破损和断线。

（2）数字万用表后盖没有盖好前严禁使用，否则有电击危险。

（3）测量功能开关应置于正确的测量位置；在功能开关处于电流测试挡"A⎓"或"A∼"、电阻测试挡"Ω"和二极管/通断测试挡"⎯►⎯、·)) "位置时，切勿接入电压源。

（4）正在测量时，不能旋转功能开关；若要切换功能，应将表笔从测试点移开。

（5）红、黑表笔应插在符合要求的插孔内，并保证接触良好。

（6）输入信号不允许超过规定的极限值，以防电击和损坏仪表；被测电压大于直流 60 V 或交流有效值 30 V 的场合，均应小心谨慎，防止触电。

（7）LCD 显示屏出现"🔋"符号时，应及时更换电池，以确保测量精度。

（8）测量完毕应及时关断电源；长期不使用时，应取出电池。

3.2　直流稳压电源

直流稳压电源是电工实验中常用的仪器之一，是为负载提供稳定直流电源的电子装置，其种类很多，但它们的机构原理和使用方法等大体相同。下面以 SS1792F 可跟踪直流稳压电源为例说明直流稳压电源的主要特性和使用方法。

一、直流稳压电源面板介绍

SS1792F 可跟踪直流稳压电源具有主、从双路（0∼32）V/3 A 可调输出电源，单路（3∼6）V/3 A 低纹波及噪声直流稳定电源，双数字电表显示电压和电流。SS1792F 可跟踪直流稳压电源控制面板如图 3.2.1 所示。

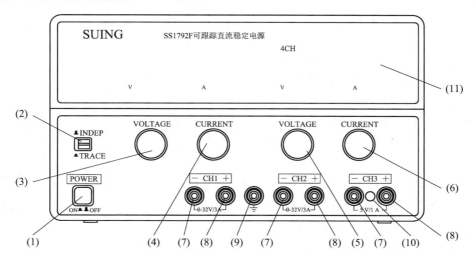

图 3.2.1　SS1792F 直流稳压电源控制面板

SS1792F 可跟踪直流稳压电源控制面板各部分功能如下：

（1）电源开关（POWER）：按下时电源接通，弹出时电源关断。

(2) 跟踪(TRACE)/独立(INDEP)工作方式选择键:按键凸起,置独立(INDEP)模式时,两路输出各自独立;按键按下,置跟踪(TRACE)模式时,两路输出为串联跟踪工作方式(或两路对称输出工作状态)。

(3) 从路 CH2 调压旋钮(VOTAGE):电压调节,调整从路稳压输出值。

(4) 从路 CH2 调流旋钮(CURRENT):电流调节,调整从路稳流输出值。

(5) 主路 CH1 调压旋钮(VOTAGE):电压调节,调整主路稳压输出值。

(6) 主路 CH1 调流旋钮(CURRENT):电流调节,调整主路稳流输出值。

(7) "−"输出端子:每路输出的负极输出端子(黑色)。

(8) "+"输出端子:每路输出的正极输出端子(红色)。

(9) GND 端子:电源保护接地端子(绿色)。

(10) 从路 CH3 调压旋钮(VOLTAGE):调整 CH3 输出电压。

(11) 数字式电压、电流指示屏:3 位数字显示的双电压表和电流表,可同时显示两路的输出电压和电流。

SS1792F 型稳压电源的输出电压和电流都是可调的。电压、电流调节旋钮顺时针调节时,输出的电压、电流由小变大;逆时针调节时,输出的电压、电流由大变小。

二、直流稳压电源的使用方法

直流稳压电源的
使用方法

SS1792F 型稳压电源(以下简称双路电源)的主路 CH1 和从路 CH2 两路可调电源输出可实现串、并联工作,使输出电压和电流达到额定输出的两倍,还可以实现主从两路电源的串联、并联和主从跟踪等功能。因此,该直流稳压电源可以实现独立、跟踪、串联和并联 4 种工作方式。

1. 双路电源独立工作方式

双路电源独立工作方式操作步骤如下:

(1) 接通电源开关,电源指示灯亮,表示交流电已经输入。

(2) 使"跟踪/独立"选择按键处于凸起状态,电源输出设定在独立模式。

(3) 将 CH1 和 CH2 调流旋钮顺时针调节到最大。

(4) 调节调压旋钮,将 CH1 和 CH2 输出直流电压分别调至所需要的电压值,关闭电源待用。

(5) 检查负载,排除短路故障,然后用连接线将两路电源输出分别与两路负载相接,如图 3.2.2 所示,注意电源极性不能接反。

(6) 完成接线,检查无误后即可打开电源,输出接通。

2. 双路电源串联工作模式

双路电源串联工作模式操作步骤如下:

(1) 接通电源开关,电源指示灯亮,表示交流电已经输入。

(2) 使"跟踪/独立"选择按键处于凸起状态,电源输出设定在独立模式。

(3) 将主路 CH1 负接线端子与从路 CH2 正接线端子用导线连接,连接方式如图 3.2.3 所示。此时两路预置电流应略大于使用电流。

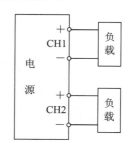

图 3.2.2 独立工作模式输出接线

（4）将 CH1 和 CH2 的调流旋钮顺时针调节到最大，根据所需工作电流调整 CH1 或 CH2 的调流旋钮，并合理设定电源的限流点（过载保护），此时实际输出的电流值为 CH1 电流表或 CH2 电流表的读数。

（5）调节 CH1 和 CH2 调压旋钮，使输出电压为所需值，实际的输出电压值为 CH1 电压表和 CH2 电压表显示的电压之和，关闭电源待用。

（6）检查负载，排除短路故障，负载连接电路如图 3.2.3 所示。

（7）完成接线，检查无误后即可打开电源，输出接通。

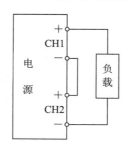

图 3.2.3　串联工作模式输出接线

3．双路电源跟踪工作模式

双路电源在跟踪工作模式下，从路 CH2 输出电压跟踪主路 CH1 输出电压，调节 CH1 输出电压就同时自动调节了 CH2 输出电压，因此此工作模式特别适合于正、负对称电源输出。若想得到一组共地的正负对称直流电源，具体的操作方法如下：

（1）接通电源开关，电源指示灯亮，表示交流电已经输入。

（2）按下"跟踪/独立"选择按键，电源输出设定在跟踪模式。

（3）将主路 CH1 负接线端子与从路 CH2 正接线端子用导线连接，作为共地点。则 CH1 输出端正极相对于共地点，可得到正电压及正电流（CH1 表头显示值），而 CH2 输出负极相对于共地点，可得到与 CH1 输出电压值相同的负电压，即跟踪式串联电压。电路连接如图 3.2.4 所示。

（4）将 CH1 和 CH2 的调流旋钮顺时针调节到最大。

（5）调节 CH1 调压旋钮（电压由主路控制），使输出电压为所需值，即可得到一组电压值相同极性相反的电源输出，关闭电源待用。

（6）检查负载，排除短路故障，负载连接电路如图 3.2.4 所示。

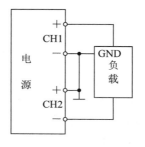

图 3.2.4　跟踪工作模式输出正、负对称电源接线

(7) 完成接线,检查无误后即可打开电源,输出接通。

4. 双路电源并联工作模式

在并联工作模式时,将 CH1 输出端正极和负极与 CH2 输出端正极和负极两两相连接在一起,可以得到两倍于单路额定电流的输出。具体的操作方法如下:

(1) 接通电源开关,电源指示灯亮,表示交流电已经输入。

(2) 使"跟踪/独立"选择按键处于凸起状态,电源输出设定在独立模式。

(3) 调节 CH1 和 CH2 的调压旋钮,使两路输出电压都调到所需值,输出电压可由 CH1 电压表或 CH2 电压表读取。

(4) 分别将两正接线端子、两负接线端子连接,如图 3.2.5 所示,便可得到一组电流为两路电流之和的输出,实际输出的电流值为 CH1 和 CH2 电流表头读数之和,关闭电源待用。

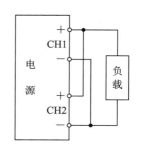

(5) 检查负载,排除短路故障,负载连接电路如图 3.2.5 所示。

(6) 完成接线,检查无误后即可打开电源,输出接通。

三、注意事项

图 3.2.5 并联工作模式输出接线

使用稳压电源时一定要注意遵守以下注意事项:

(1) 使用过程中,严禁将同一组的"+"接线端子与"−"接线端子相连,即电压源不可短路。

(2) 当需要输出稳定电压时,电流调节设定值必须大于负载工作电流值。若输出电流设定值低于负载电流,输出电压会自动下降进行限流保护,这时应顺时针调节调流旋钮,使输出电流设定值大于负载电流,否则将无稳定电压输出。

(3) 应在稳压电源与电路连接前通电,调节好输出电压,然后断电再连接电路。这样做一方面可防止在使用过程中带电接线,另一方面可避免因电压值不合适而损坏电路。

(4) 在电源接通前应仔细检查并确认电源没有被短路,以免损坏稳压电源。

(5) 使用完毕后,应该先关断稳压电源再拆除实验线路。

3.3 交流毫伏表

一、交流毫伏表简介

交流毫伏表是一种测量电压用的仪器,主要用于测量各种高、低频信号电压,具有测量的电压范围大、频率范围广的特点。由于其输入阻抗大,跨接后不会改变被测电路的工作状态,因而能测得真实电压。交流毫伏表读数方式已从指针式逐步过渡为液晶显示。本节重点介绍 SH 数码系列指针式交流毫伏表和 UNI-T UT8630 系列数字交流毫伏表。

二、指针式交流毫伏表

SH 数码系列交流毫伏表是由集成电路及晶体管组成的高稳定度的放大器及电表指示电路组成的，具有电压量程范围宽（30 μV～300 V）、频率响应范围宽（5 Hz～300 MHz）、本机噪声低（＜5 μV）、输入阻抗高（2 MΩ）、测量误差小（＜2%）的优点，且线性度和稳定度都非常高。该表特设的指示延时电路可使其在测量开关电源时不打表。

SH 系列晶体管毫伏表的使用方法

1. 面板介绍

SH 数码系列单通道型交流毫伏表前面板如图 3.3.1 所示。

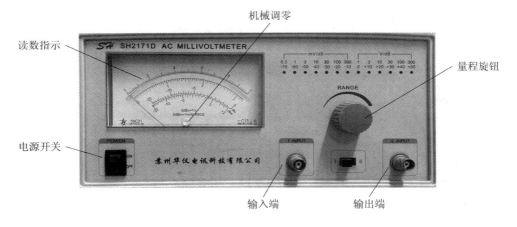

图 3.3.1　SH 数码系列单通道型交流毫伏表前面板

（1）读数指示：上面刻度为电压 mV 或 V 读数，下面刻度为 dBm 或 dBV 读数，0 dBm 为 600 Ω 负载下 1 mV 读数。

（2）机械调零：通过调节可使指针指向零位。

（3）电源开关：置 ON 为电源接通，红色指示灯亮。

（4）输出端：放大输出。

（5）输入端：被测信号输入端。

（6）量程旋钮。

2. 使用方法

1）准备工作

（1）仪器接通电源以前，应先检查毫伏表指针是否指在零位，如果不在零位，应用调节螺丝调整，使指针指在零位。

（2）接入电源。

2）交流电压的测量方法

（1）当输入端输入测量电压时，表头即可指示电压的存在。

（2）如果读数小于满刻度的 30%，逆时针方向转动量程旋钮，使电压量程逐渐减小，当读数大于满刻度的30%且小于满刻度值时读出数值。

（3）在表头刻度上有两个最大的电压校准"1"和"3"刻度，量程旋钮的位置与电压刻度之间的关系如表3.3.1所示，根据此表计算出测量值。

表3.3.1　量程旋钮的位置与电压刻度之间的关系

量　程	刻　度	倍乘器	电压/刻度
300 V	0～3	100	10 V
100 V	0～1	100	2 V
30 V	0～3	10	1 V
10 V	0～1	10	0.2 V
3 V	0～3	1	0.1 V
1 V	0～1	1	0.02 V
300 mV	0～3	100	0.01 V
100 mV	0～1	100	2 mV
30 mV	0～3	10	1 mV
10 mV	0～1	10	0.2 mV
3 mV	0～3	1	0.1 mV
1 mV	0～1	1	0.02 mV
0.3 mV	0～3	1/10	0.001 mV

3. 注意事项

指针式交流毫伏表在使用时应注意以下事项：

（1）仪器在通电之前，要先将输入电缆的红黑鳄鱼夹相互短接，防止仪器在通电时因外界干扰信号通过输入电缆进入电路放大后，再进入表头将表针打弯。

（2）当不知被测电路中电压值大小时，必须首先将毫伏表的量程旋钮旋转到最大量程，然后根据表针所指的范围，采用递减法合理选择挡位。

（3）若要测量高电压，输入端黑色鳄鱼夹必须接地。

（4）测量前应先短路调零。打开电源开关，将测试线（也称开路电缆）的红黑夹子夹在一起，将量程旋钮旋到1 mV量程，指针应指在零位。若指针不指在零位，应检查测试线是否断路或接触不良，如果测试线断路或接触不良，应更换测试线。

（5）交流毫伏表灵敏度较高，打开电源后，在较低量程时由于干扰信号（感应信号）的作用，指针会发生偏转，称为自起现象，所以在不测试信号时应将量程旋钮旋到较高量程挡，以防打弯指针。

三、全自动数字交流毫伏表

UNI-T UT8630 系列数字交流毫伏表是双输入全自动数字交流毫伏表，最大显示数码为 38000，具有多功能、高精度等特点，最高测量电压为 380 V，最小有效分辨力为 50 μV。交流毫伏表只能在其工作频率范围之内工作，可用来测量正弦交流电压的有效值，且显示清晰直观，使用更方便。

1. 面板介绍

UNI-T UT8630 系列数字交流毫伏表前面板如图 3.3.2 所示。其前面板各部分功能如下：

UT8630 系列数字交流毫伏表的使用方法

（1）电源键：启动或关闭仪器。

（2）显示屏：用于显示各种参数。

（3）输入插座：用于接入交流信号。

（4）ESC 键：短按退出；长按循环切换背光亮度。

（5）MAXMIN 键：短按启动或切换最大值、最小值或当前值，长按退出该功能。

（6）TRIG 键：短按手动触发一次，长按循环切换触发方式（立即、手动、总线）。

（7）BUZZER 键：短按打开或关闭按键音，长按打开或关闭报警音。

（8）USB 键：打开或关闭 USB 通信功能。

（9）STORGE 键：存储当前测量的数据。

（10）HOLD 键：启动或退出保持功能。

（11）REL 键：启动或退出相对值功能。

（12）RATE 键：循环切换读数速率模式（快、中、慢）。

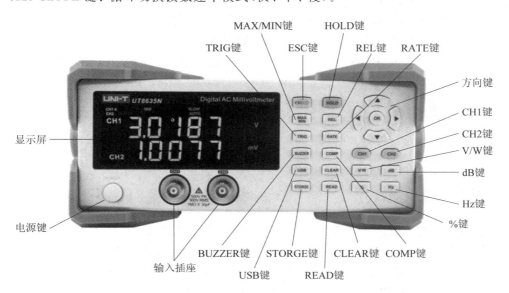

图 3.3.2　UNI-T UT8630 系列数字交流毫伏表前面板

(13) COMP 键：启动或退出比较功能。

(14) CLEAR 键：短按回读模式下，删除一条数据；长按回读模式下，删除全部数据。

(15) READ 键：进入回读模式。

(16) 方向键：测量模式下改变量程，编辑模式下改变数字。

(17) CH1 键：短按在测量模式下，选择 CH1 作为主通道，长按在测量模式下，设置 CH1 接地或浮地。

(18) CH2 键：短按在测量模式下，选择 CH2 作为主通道，长按在测量模式下，设置 CH2 接地或浮地。

(19) V/W 键：短按循环切换电压、峰-峰值、功率测量功能，长按功率测量时进入参考电阻设置界面。

(20) dB 键：循环切换 dB、dBm、dBuV、dBV 测量功能，长按 dB 测量时进入参考电压设置界面，dBm 测量时进入参考电阻设置界面。

(21) ‰键：短按打开或关闭第一行的百分比计算结果，长按进入百分比参考值设置界面。

(22) Hz 键：打开或关闭主通道的频率显示。

2. 使用方法

(1) 开机。按下面板上的电源按钮，电源接通，仪器进入初始状态。待仪器预热一会再开始进行测量。

(2) 交流电压的测量。选择一个通道接入被测信号，在显示屏对应的通道处读出电压数值。

3. 注意事项

(1) 测试导线和配件时，确保它们完全绝缘。

(2) 在进行自动测试时，必须使用能够与线路连接的导线，例如鳄鱼夹等导线。

(3) 量程操作按键只针对主通道，它不会影响另一个通道的状态；需要设置另一个通道的量程时，应短按"CH1"或"CH2"键来设置其成为主通道后再操作量程按键。

3.4 函数信号发生器

一、函数信号发生器简介

函数信号发生器是一种信号发生装置，能产生某些特定的周期性时间函数波形信号，如正弦波、方波、三角波和锯齿波等，频率范围可从几微赫到几十兆赫。本节重点介绍 UNI-T UTG7000B 系列函数信号发生器，它采用直接数字合成(DDS)技术，可产生精确、稳定的波形输出，能够快速满足完成测量工作所需的高性能指标要求，且具有众多的功能特性。

二、函数信号发生器使用方法

1. 面板介绍

UNI-T UTG7000B 系列函数信号发生器前面板如图 3.4.1 所示。
此函数信号发生器前面板各部分功能如下：

UTG7062B 函数信号
发生器的使用方法

（1）USB 接口：通过 USB 接口可以读取已存入 U 盘中的任意波形数据文件，以及存储或读取仪器当前状态文件。

（2）开/关机键：启动或关闭仪器。

（3）显示屏：显示 CH1 和 CH2 的输出状态、功能菜单和其他等重要信息。

（4）菜单操作软键：通过该软键标签的标识可对应地选择或查看标签（位于显示屏功能界面的下方）的内容，配合数字键盘或多功能旋钮/按键或方向键对参数进行设置。

（5）菜单键：通过按菜单键可弹出 4 个功能标签，即波形、调制、扫频、脉冲串功能标签，按对应的功能菜单软键可获得相应的功能。

（6）功能菜单软键：通过该软键标签的标识可对应地选择或查看标签（位于显示屏功能界面的右方）的内容。

（7）辅助功能与系统设置按键：通过按此按键可弹出 4 个功能标签：CH1 设置、CH2 设置、I/O（或频率计）、系统功能标签。

（8）数字键盘：用于输入所需参数的数字键 0～9、小数点"."、符号键"＋/－"。

（9）手动触发按键：设置触发，闪烁时执行手动触发。

（10）同步输出端：输出所有标准输出功能（DC 和噪声除外）的同步信号。

（11）多功能旋钮/按键：旋转多功能旋钮可改变数字（顺时针旋转数字增大）或作为方向键使用，按下多功能按键可选择功能或确定设置的参数。

（12）方向键：在使用多功能旋钮/按键和方向键设置参数时，用于切换数字的位，或清除当前输入的前一位数字，或移动（向左或向右）光标的位置。

（13）CH1 控制/输出端：快速切换在屏幕上显示 CH1 信号。

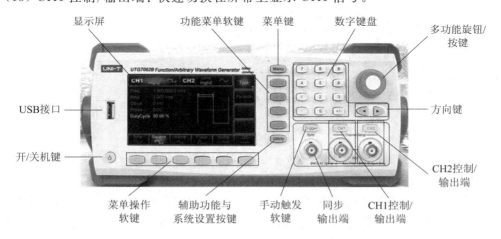

图 3.4.1　UNI-T UTG7000B 系列函数信号发生器前面板

（14）CH2 控制/输出端：快速切换在屏幕上显示 CH2 信号。

2．使用方法

本节以正弦波设置方法为例介绍 UNI-T UTG7000B 系列函数信号发生器的使用方法。

1）设置输出频率

函数信号发生器在接通电源时，输出信号默认为一个频率为 1 kHz，峰-峰值幅度为 100 mV 的正弦波(以 50 Ω 端接)。将函数信号发生器输出信号频率改为 2.5 MHz 的具体步骤如下：

（1）依次按"Menu"→"波形"→"参数"→"频率"键。在更改频率时，若当前频率值是有效的，则使用同一频率。若要改为设置信号的周期，需再次按"频率"软键切换到"周期"。频率率和周期可以相互切换。

（2）使用数字键盘输入所需数字 2.5。

（3）选择所需单位。在选择单位时，按对应于所需单位的软键，波形发生器以显示屏显示的频率输出波形，在本例中为 MHz。

2）设置输出幅度

函数信号发生器在接通电源时，输出信号默认为一个峰-峰值幅度为 100 mV 的正弦波(以 50 Ω 端接)。将函数信号发生器输出信号幅度改为 300mV_{pp} 的具体步骤如下：

（1）依次按"Menu"→"波形"→"参数"→"幅度"键。在更改输出幅度时，若当前幅度值是有效的，则使用同一幅度值。再次按"幅度"软键可进行单位的快速切换(在 V_{pp}、V_{rms}、dBm 之间切换)。

（2）使用数字键盘输入所需数字 300。

（3）选择所需单位。在选择单位时，按对应于所需单位的软键，波形发生器以显示屏显示的幅度输出波形，在本例中为 mV_{pp}。

3．注意事项

（1）不要输入高于仪器额定电压值的电压。

（2）不要将金属物体插入仪器的输入、输出端。

3.5　示　波　器

示波器是一种用来测量交流电或脉冲电流波形状的电子测量仪器，是电子领域最重要的测量仪器之一，用途十分广泛。它能把人眼看不见的电信号变换成可以直接看得见的波形图像，便于人们研究各种电现象的变化过程。利用示波器可以测量各种电信号的电压、电流、频率、周期、相位等电量，还可以观察各种不同信号幅度随时间变化的波形曲线。

示波器可按照信号、结构和性能分为很多种类，其用途和特点各异。本节重点介绍 GOS-620 双踪模拟示波器以及 UPO6000Z 数字示波器。

一、GOS-620 双踪模拟示波器

1. 面板介绍

GOS-620 双踪示波器是频宽从 DC 至 20 MHz(−3dB)的可携带式双通道示波器,灵敏度最高可达 1 mV/DIV,并具有长达 0.2 μs/DIV 的扫描时间,放大 10 倍时最高扫描时间为 100 ns/DIV。

GOS-620 双踪示波器的前面板由 CRT 显示屏、水平偏向(HORI-ZONTAL)、垂直偏向(VERTICAL)、触发(TRIGGER)以及其他功能等部分组成,如图 3.5.1 所示。

GOS-620 模拟示波器的使用方法

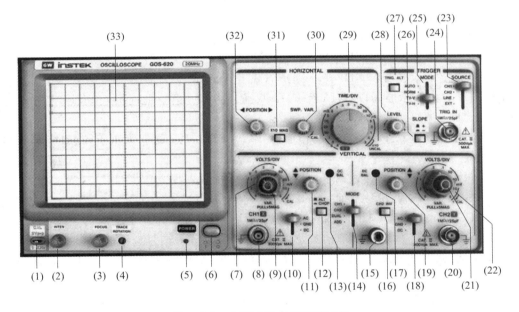

图 3.5.1　GOS-620 示波器前面板

(1) CAL(峰−峰为 2 V):此端子会输出一个峰−峰为 2 V、频率为 1 kHz 的方波,用以校正测试棒及检查垂直偏向的灵敏度。

(2) INTEN:轨迹及光点亮度控制钮。

(3) FOCUS:轨迹聚焦调整钮。

(4) TRACE ROTATION:使水平轨迹与刻度线平行的调整钮。

(6) POWER:电源主开关,压下此开关可接通电源,电源指示灯(5)会发亮,再按一次,开关凸起时,则切断电源。

(7)/(22) VOLTS/DIV:垂直衰减选择旋钮,用此旋钮可选择 CH1 及 CH2 的输入信号衰减幅度,范围为 5 mV/DIV~5 V/DIV,共 10 挡。

(8) CH1(X)输入:CH1 的垂直输入端,在 X-Y 模式中,为 X 轴的信号输入端。

(9)/(21) VARIABLE:灵敏度微调控制旋钮,最小可调到显示值的 1/2.5,在 CAL 位置时,灵敏度即为挡位显示值,当此旋钮拉出时(×5 MAG 状态),垂直放大器灵敏度增加 5 倍。

(10)/(18) AC-GND-DC：输入信号耦合选择按键组。

AC：垂直输入信号电容耦合，阻止直流或极低频信号输入。

GND：按下此键则隔离信号输入，并将垂直衰减器输入端接地，使之产生一个零电压参考信号。

DC：垂直输入信号直流耦合，AC 与 DC 信号均可输入。

(11)/(19) ⬥ POSITION：轨迹及光点的垂直位置调整旋钮。

(12) ALT/CHOP：在双轨迹模式下，放开此键（ALT），CH1 与 CH2 以交替方式显示；按下此键（CHOP），CH1 与 CH2 以断续方式显示。

(13)/(17) DC BAL：CH1 和 CH2 通道直流平衡调节旋钮。垂直系统输入耦合开关在 GND 时，在 5 mV 与 10 mV 挡位反复转动垂直衰减开关，并调整"DC BAL"可使光迹保持在零水平线上不移动。

(14) VERT MODE：用于选择 CH1 及 CH2 垂直操作模式。

CH1：设定本示波器以 CH1 单一通道方式工作。

CH2：设定本示波器以 CH2 单一通道方式工作。

DUAL：设定本示波器以 CH1 及 CH2 双通道方式工作，此时并可切换 ALT/CHOP 模式来显示两轨迹。

ADD：用以显示 CH1 及 CH2 的相加信号，当 CH2 INV 键⑯为压下状态时，即可显示 CH1 及 CH2 的相减信号。

(15) GND：本示波器接地端子。

(16) CH2 INV：此键按下时，CH2 的信号将会被反向。

(20) CH2(Y)输入：CH2 的垂直输入端，在 X-Y 模式中，为 Y 轴的信号输入端。

(23) SOURCE：内部触发源信号及外部 TRIG.IN 输入信号选择器。

CH1：当 VERT MODE 选择器(14)在 DUAL 或 ADD 位置时，以 CH1 输入端的信号作为内部触发源。

CH2：当 VERT MODE 选择器(14)在 DUAL 或 ADD 位置时，以 CH2 输入端的信号作为内部触发源。

LINE：将 AC 电源线频率作为触发信号源。

EXT：将 TRIG.IN 端子输入的外部信号作为触发信号源。

(24) TRIG.IN：外触发输入端子，用于输入外部触发信号。当时用该功能时，SOURCE 选择器(23)置于 EXT 位置。

(25) TRIGGER MODE：触发模式选择按钮。

AUTO：当没有触发信号或触发信号的频率小于 25 Hz 时，扫描会自动产生。

NORM：当没有触发信号时，扫描将处于预备状态，显示屏上不会显示任何轨迹，本功能主要用于观察频率小于 25 Hz 的信号。

TV-V：用于观测电视信号的垂直画面信号。

TV-H：用于观测电视信号的水平画面信号。

(26) SLOPE：触发斜率选择键。

＋：凸起时为正斜率触发，当信号正向通过触发准位时进行触发。

－：压下时为负斜率触发，当信号负向通过触发准位时进行触发。

(27) TRIG. ALT：触发源交替设定键，当 VERT MODE 选择器(14)在 DUAL 或 ADD 位置，且 SOURCE 选择器(23)置于 CH1 或 CH2 位置时，按下此键，本示波器即会自动设定 CH1 与 CH2 的输入信号以交替方式轮流作为内部触发信号源。

(28) LEVEL：触发准位调整旋钮，旋转此旋钮以同步波形，并可设定该波形的起始点。将旋钮向"+"方向旋转，触发准位会向上移，将旋钮向"−"方向旋转，则触发准位向下移。

(29) TIME/DIV：扫描时间选择旋钮，扫描范围从 0.2 μs/DIV～0.5 s/DIV 共 20 个挡位，当设置到 X-Y 位置时，示波器可工作在 X-Y 模式。

(30) SWP. VAR：水平扫描微调旋钮。微调水平扫描时间，使扫描时间校正到与面板(29)"TIME/DIV"指示值一致。该旋钮顺时针旋到底为校正(CAL)位置。

(31) ×10MAG：水平放大键，按下此键可将扫描时间放大 10 倍。

(32) ◀POSITION▶：轨迹及光点的水平位置调整旋钮。

(33) FILTER：滤光镜片，可使波形易于观察。

其中，CRT 显示屏部分包括(2)、(3)、(4)、(6)、(33)；水平偏向(HORIZONTAL)部分包括(29)、(30)、(31)、(32)，垂直偏向(VERTICAL)部分包括(7)/(22)、(8)、(9)/(21)、(10)/(18)、(11)/(19)、(12)、(13)、(14)、(16)、(20)，TRIGGER 触发部分包括(23)、(24)、(25)、(26)、(27)、(28)。

2. 使用方法

1) 周期和频率的测量

测量周期时，先将垂直灵敏度微调旋钮(9)/(21)置于"CAL"位置上(顺时针旋到底)，由扫描时间选择旋钮(29)的指示值和显示屏基线上被测两点之间的距离 D(格子数)可计算出周期 T 为

$$T = t/\text{DIV} \times D(\text{DIV}) \tag{3-5-1}$$

那么，对于信号频率的测量，可以按照上述方法先计算出周期 T，再根据下面的公式可求得所需的频率 f，即

$$f = \frac{1}{T} \tag{3-5-2}$$

2) 直流电压的测量

首先将垂直衰减选择旋钮(7)/(22)旋至合适的挡位，触发方式选择按钮(25)置于"AUTO"，此时，示波器的显示屏上将出现一条水平的扫描线。接着调节垂直位置调整旋钮(11)/(19)，使扫描线落在便于观察的水平刻度线上。然后接入被测直流电压，此时，会看到水平扫描线跳离原来的位置，向上跳说明被测电压是正电压，向下跳则是负电压。最后读出水平扫描线跳跃的距离 H(格子数)，则被测电压为

$$V = 垂直偏转系数(\text{V/DIV}) \times H(\text{DIV}) \tag{3-5-3}$$

3) 交流电压的测量

测量时，将垂直衰减选择旋钮(7)/(22)旋置合适的挡位，在示波器的显示屏上读出交流信号波形的波峰和波谷之间的距离 H(格子数)，按照式(3-5-3)则可计算出被测交流电压的峰-峰值。

二、UPO6000Z 数字示波器

1. 前面板介绍

UPO6000Z 数字示波器是基于 UNI-T 独创的 Ultra Phosphor 技术的一款多功能、高性能的示波器,实现了易用性、优异的技术指标及众多功能特性的完美结合,可帮助用户更快地完成测试工作。此示波器具有如下特色:模拟通道带宽为 200 MHz、100 MHz;采样率为 1 GS/s

UPO6000Z 系列数字
示波器的使用方法

(非交织:每通道独立采样);垂直挡位为 1 mV/div~20 V/div;每通道存储深度可达 56 Mpts;可自动测量 36 种波形参数;两通道独立硬件 7 位频率计;DVM 支持双通道独立交直流真有效值测量;波形运算功能(FFT、加、减、乘、除、数字滤波、逻辑运算和高级运算);64k 点增强 FFT 功能;支持频率设置;瀑布图、检波设置和标记测量等功能。UPO6000Z 数字示波器的前面板如图 3.5.2 所示。

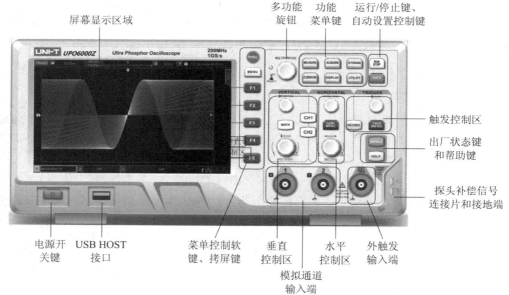

图 3.5.2　UPO6000Z 示波器前面板

UPO6000Z 示波器前面板各部分功能如下:

(1) 屏幕显示区域:用于显示信号波形和各种参数。

(2) 多功能(Multipurpose)旋钮:按下某个菜单键后,转动该旋钮可选择该菜单下的子菜单,然后按下旋钮(即 Select 功能)可选中当前选择的子菜单。

(3) 功能菜单键。

MEASURE:按下该键进入测量设置菜单,可设置测量信源、所有参数测量、用户定义参数、测量统计、测量指示器、数字电压表等。打开用户定义,一共有 36 种测量参数,可通过 Multipurpose 旋钮快速选择参数进行测量,测量结果将出现在屏幕底部。

ACQUIRE：按下该键进入采样设置菜单，可设置示波器的采集方式、存储深度、快速采集。

CURSOR：按下该键进入光标测量菜单，可设置光标测量类型、信源、模式。

DISPLAY：按下该键进入显示设置菜单，可设置波形显示类型、栅格、栅格亮度、波形亮度、背光亮度、持续时间、色温、反色温、菜单显示、透明等参数。

STORAGE：按下该键进入存储界面，可存储的类型包括设置、波形、参考波形、图片，也可回调波形和设置。它的测量数据可存储到示波器内部或外部 USB 存储设备中。

UTILITY：按下该键进入辅助功能设置菜单，可以进行自校正、系统信息、语言设置、波形录制、通过测试、方波输出、频率计、输出选择、时间设置、IP 设置、开机加载、清除数据等。

（4）运行/停止（RUN/STOP）键：按下运行/停止键将示波器的运行状态设置为"运行"或"停止"。运行（RUN）状态下，该键绿色背光灯点亮；停止（STOP）状态下，该键红色背光灯点亮。

自动（AUTO）键：按下该键，示波器将根据输入的信号，自动调整垂直刻度系数扫描时基和触发模式，直至最合适的波形显示。

（5）触发控制区（Trigger）。

LEVEL：触发电平调节旋钮，顺时针转动增大电平，逆时针转动减小电平。在调节触发通道的触发电平值过程中，屏幕右上角的触发电平值实时变化。按下该旋钮可使触发电平回到触发信号 50% 的位置。

TRIG MENU：显示触发内容。

DECODE：设置总线解码。

（6）出厂状态（DEFAULT）键、帮助（HELP）键。

（7）探头补偿信号连接片和接地端。

（8）外触发（EXT）输入端。

（9）水平控制区（Horizontal）。

HORI MENU：水平菜单按键，显示视窗扩展、Multi-Scopes 、时基（XY/YT）、触发释抑。

POSITION：水平移位旋钮，调节旋钮时触发点相对于屏幕中心左右移动。在调节旋钮的过程中，所有通道的波形左右移动，同时屏幕上方的水平位移值实时变化；按下该旋钮可使通道显示位置回到水平中点。

SCALE：水平时基旋钮，调节所有通道的时基挡位时，可以看到屏幕上的波形水平方向上被压缩或扩展，同时屏幕上方的时基挡位实时变化；按下旋钮可快速在主视窗和扩展视窗之间切换。

（10）模拟通道输入端。

（11）垂直控制区（Vertical）。

CH1、CH2：模拟通道设置键，可分别设置 CH1、CH2 通道的颜色和屏幕中的波形。

MATH：按下该键打开数学运算功能菜单，可进行数学（加、减、乘、除）运算、FFT、逻辑运算、数字滤波、高级运算。

垂直 POSITION：垂直移位旋钮，可移动当前通道波形的垂直位置，同时基线光标处显示垂直位移值;按下该旋钮可使通道显示位置回到垂直中点。

垂直 SCALE:垂直挡位旋钮,调节当前通道的垂直挡位,顺时针转动减小挡位,逆时针转动增大挡位。调节过程中波形显示幅度会增大或减小,同时屏幕下方的挡位信息实时变化。按下旋钮可使垂直挡位调整方式在粗调、细调之间切换。

(12) 菜单控制软键、拷屏键。

拷屏键(PrtSc):按下该键可将屏幕波形以 bmp 位图格式快速拷贝到 USB 存储设备中。

(13) USB HOST 接口。

(14) 电源开关键。

2. 后面板介绍

UPO6000Z 数字示波器的后面板如图 3.5.3 所示。

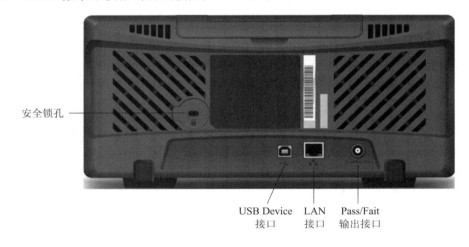

安全锁孔

USB Device   LAN   Pass/Fait
接口   接口   输出接口

图 3.5.3   UPO6000Z 示波器后面板

UPO6000Z 数字示波器后面板各部分功能如下:

(1) USB Device 接口:通过此接口可使示波器与 PC 进行通信。

(2) LAN 接口:通过该接口可将示波器连接到局域网中,对其进行远程控制。

(3) Pass/Fail 输出接口:通过该接口输出 Pass/Fail、Trig Out 信号。

(4) 安全锁孔:可以使用安全锁将示波器锁定在固定位置。

3. 屏幕显示界面介绍

UPO6000Z 数字示波器的屏幕显示界面如图 3.5.4 所示。其屏幕显示界面各部分功能如下:

(1) 触发状态标识:包括 TRIGED(已触发)、AUTO(自动)、READY(准备就绪)、STOP(停止)、ROLL(滚动)标识。

(2) 时基挡位:表示屏幕波形显示区域水平轴上一格所代表的时间。使用示波器前面板水平控制区的 SCALE 旋钮可以改变此参数。

(3) 采样率/存储深度:显示示波器当前挡位的采样率和存储深度。

(4) 水平位移:显示波形的水平位移值。调节示波器前面板水平控制区的 POSITION 旋钮可以改变此参数,按下水平控制区的 POSITION 旋钮可以使水平位移值回到 0。

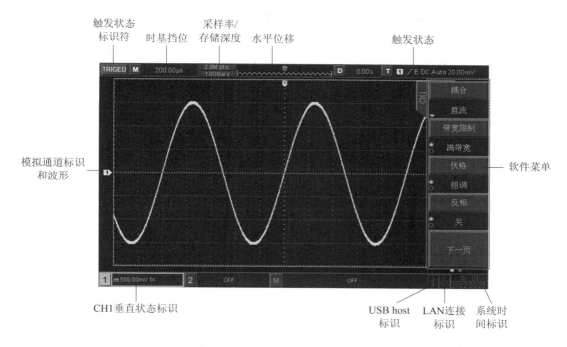

图 3.5.4　UPO6000Z 屏幕显示界面

（5）触发状态：显示当前触发源、触发类型、触发斜率、触发耦合、触发模式、触发电平等触发状态。

① 触发源：有 CH1～CH2、市电、EXT 等状态。其中 CH1～CH2 会根据通道颜色的不同而显示不同的触发状态颜色。例如图中的 █ 表示触发源为 CH1。

② 触发类型：有边沿、脉宽、视频、斜率、高级触发。例如图中的 █ 标识表示触发类型为边沿触发。

③ 触发沿：有上升、下降、任意 3 种。例如图中的 █ 标识表示上升沿触发。

④ 触发耦合：有直流、交流、高频抑制、低频抑制、噪声抑制 5 种。例如图中的 █ 标识表示触发耦合为直流。

⑤ 触发模式：有自动、正常、单次。

⑥ 触发电平：显示当前触发电平的值，对应屏幕右侧的 █ 。调节示波器前面板触发控制区的 LEVEL 旋钮可以改变此参数。

（6）CH1 垂直状态标识：显示 CH1 通道激活状态、通道耦合、带宽限制、垂直挡位、探头衰减系数。

① 通道激活状态：例如图中的 █ 标识。

② 带宽限制：当带宽限制功能被打开时，会在 CH1 垂直状态标识中出现一个 █ 标识。

③ 垂直挡位：显示 CH1 的垂直挡位，当 CH1 通道被激活时，通过调节示波器前面板垂直控制区（VERTICAL）的 SCALE 旋钮可以改变此参数。

④ 探头衰减系数：显示 CH1 的探头衰减系数，包括 0.001×、0.01×、0.1×、1×、10×、100×、1000×、自定义。

（7）USB host 标识：当 USB host 接口连接上 U 盘等 USB 存储设备时显示此标识。

（8）LAN 连接标识：当接入网线后显示此标识。

（9）系统时间标识：显示设备当前年月日以及时间。

（10）软键菜单：显示当前功能按键的选项。按 F1～F5 键可以改变对应位置菜单子项的内容。

（11）模拟通道标识和波形：显示 CH1 与 CH2 的通道标识和波形，通道标识与波形颜色一致。

4. 使用方法

1）设置垂直通道方法

（1）打开：在通道关闭时按 CH1、CH2 键中的任意一个，可以打开相应通道。

（2）关闭：不显示相应通道的波形。任意已打开并且已激活的通道，按相应通道按键可以关闭该通道。

（3）激活：多通道同时打开时，只有一个通道能被激活（必须为打开状态才能激活）。激活状态下可以调节通道的垂直挡位、垂直移位以及通道设置等。任意已打开但未激活的通道，按相应通道按键可以激活该通道。在任意通道被激活时，示波器显示对应的通道指示，如图 3.5.5 所示。

(a) 激活状态　　　　　　　(b) 打开未激活　　　　　　　(c) 关闭

图 3.5.5　激活通道指示

在某通道激活状态下可设置该通道耦合方式，选择通道直流、交流或接地 3 种耦合方式，如图 3.5.6 所示。

(a) 直流　　　　　　　　　(b) 交流　　　　　　　　　(c) 接地

图 3.5.6　通道耦合方式指示

通道带宽限制可设置为 20 MHz 和满带宽，软键菜单可设置为 20 MHz。当示波器的带宽限制在大约 20 MHz 时，可衰减 20 MHz 以上的高频信号。带宽限制常用于在观察低频信号时减少信号中的高频噪声。当带宽限制功能打开时，垂直状态标识中会出现 🄑 标识，如图 3.5.7 所示。

图 3.5.7　带宽限制功能打开时出现的 B 标识

（4）伏格：在某通道激活状态下可设置伏格，即显示屏垂直方向上每刻度（格）所代表的电压值，也可按下垂直 SCALE 旋钮，快速切换伏格，伏格可设置为"粗调/细调"。示波器伏格范围为 1 mV/DIV～20 V/DIV，以 1—2—5 方式步进。粗调时，按正常步进调整垂直单位；细调时，则在当前垂直挡位的 1% 步进改变垂直挡位。

（5）反向：激活通道下可设置反相，反相打开后波形电压值被反相，同时垂直状态标识中出现反相标识 ▐7▐ 。

（6）探头：为了配合探头的衰减系数设定，需要在通道软键菜单中设置探头衰减系数。如探头衰减系数为 10：1，则通道软件菜单中探头系数应相应设置成 10×，以确保电压读数正确。探头可设置值有 0.001×、0.01×、0.1×、1×、10×、100×、1000×、自定义。

（7）单位：当前通道选择幅度显示的单位。单位需在某通道激活状态下设置，可设置单位有"V""A""W""U"，默认单位为 V。修改单位后，通道状态标签中的单位、测量相关单位随之改变。

2）设置水平通道

水平挡位也称水平时基，即显示屏水平方向上每刻度所代表的时间值，通常表示为 s/div。通过水平控制区（HORIZONTAL）中的 SCALE 旋钮可按 1—2—5 步进设置水平挡位，即 1 ns/DIV、2 ns/DIV、5 ns/DIV、10 ns/DIV、20 ns/DIV ……，500 s/DIV、1 ks/DIV。顺时针转动减小挡位，逆时针转动增大挡位。调节水平挡位时，屏幕左上角的挡位信息实时变化，如图 3.5.8 所示。改变水平时基时，波形将随着触发点的位置进行相应的扩展或压缩。

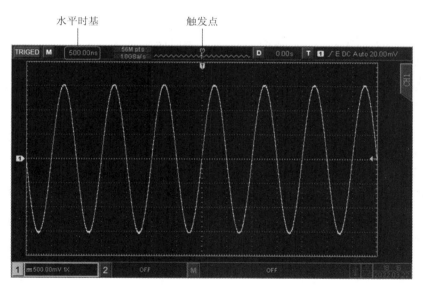

图 3.5.8　UPO6000Z 水平显示调整

5. 辅助功能设置

按下示波器前面板功能菜单键中的 UTILITY 键可进入辅助功能设置菜单。辅助功能如下：

（1）自动校准：可使示波器达到最佳工作状态，以取得最精确的测量值。可在任何时候执行该程序，尤其是当环境温度变化范围达到或超过 5℃ 时。执行自动校准操作之前，请确保示波器开机运行 20 分钟以上。

（2）系统信息：可查看示波器的系统信息。系统信息包括厂商、型号、SN 码、软件版本号、逻辑版本号、硬件版本号、制造商、web 网址、web 用户名与密码等。

（3）Language：可设置系统语言，支持选择的语言类型有 English、简体中文等，默认显示当前设置的语言。

（4）方波输出：可设置本地本机方波输出的频率，频率可为 10 Hz、100 Hz、1 kHz、10 kHz，默认显示 1 kHz。

（5）频率计：可设置频率计状态(开/关)，选择为开，显示屏上方将显示频率信息。频率计为触发通道中触发事件频率的计数器，显示为硬件 7 位频率计。

（6）输出选择：可设置 AUX OUT 接口输出信号类型，可以选择"触发"和"通过测试"信号。选择"触发"信号时，AUX OUT 接口输出触发同步信号；选择"通过测试"信号时，AUX OUT 接口输出通过测试信号。默认选择"触发"信号。

（7）清除数据：可清除存储在本机的波形、设置文件等数据。

（8）网络设置：设备连接有效网络后，网设置可设置示波器的 IP、子网掩码、网关等。在模式菜单中，可切换 IP 获取方式为手动或者自动。手动即可手动设置 IP 地址、子网掩码；自动即只能查看 IP 地址、子网掩码。IP 地址的格式为 nnn.nnn.nnn.nnn，其中第一个 nnn 的范围为 1～223，其他 3 个 nnn 的范围为 0～255。建议向网络管理员咨询一个可用的 IP 地址。子网掩码的格式为 nnn.nnn.nnn.nnn，nnn 的范围为 0～255，也建议向网络管理员咨询一个可用的子网掩码。

（9）时间设置：可对示波器的时间进行设置，用户可单独设置年、月、日、时、分，也可通过按键切换设置内容，设置成功后，示波器的时间将显示为设置的时间。

第4章 电路分析基础实验

4.1 常用电子仪器的使用(一)

一、实验目的

(1) 熟悉 DDS 函数信号发生器、示波器以及晶体管毫伏表等常用电子仪器的基本结构和具体功能。

(2) 学会使用 DDS 函数信号发生器输出不同频率及电压的正弦信号,并学会使用示波器进行波形显示以及电压峰-峰值、有效值和频率等相关参数的计算与读取。

(3) 学会使用晶体管毫伏表测量正弦信号电压的有效值。

(4) 学会使用万用表测量直流电压。

二、实验预习要求

(1) 仔细阅读第 3 章有关电子仪器的使用方法内容,熟悉示波器、信号发生器等常用电子仪器面板上的旋钮及开关等主要控制件的作用和操作规范。

(2) 复习正弦信号电压峰-峰值、有效值、频率以及周期等相关参数的定义与计算方法。

三、实验仪器及组件

双踪示波器	1 台
函数信号发生器	1 台
晶体管毫伏表	1 台
数字万用表	1 台
直流稳压电源	1 台

四、实验原理

利用电子技术对各种电量进行测试的设备统称为电子仪器。在电路分析基础实验中，常用的电子仪器主要有示波器、函数信号发生器、直流稳压电源、数字万用表以及晶体管毫伏表等。在实验中，应根据实际的测量需求选择一种或多种实验仪器综合使用。实验中常用电子仪器的连接关系如图 4.1.1 所示。

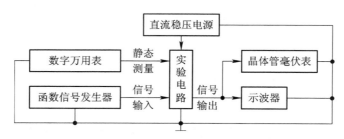

图 4.1.1　实验中常用电子仪器的连接关系

示波器是用来观察和测量信号的波形及参数(如频率、幅值等)的电子仪器。双踪示波器可以同时对两个输入信号进行观测和比较。

函数信号发生器能够按需提供各种频率、幅值的信号波形(如正弦波、方波、三角波等)。

晶体管毫伏表是用来测量正弦交流信号电压有效值的仪表，测量范围一般为 $100~\mu V \sim 300~V$。

数字万用表一般用于测量电路的静态工作点和直流参数值，也可用于二极管、电阻、电容等的常见电子元件的参数测量。

直流稳压电源是能够为负载提供稳定直流电源的电子仪器。

五、实验内容与步骤

1. 示波器与函数信号发生器的使用

1) 观察示波器校准信号

示波器与函数信号
发生器的使用

示波器通常都带有自检信号，用以校准或检查示波器自身的测量是否准确以及输入探头是否完好，也可以作为标准参考信号，与其他信号进行对比。具体步骤如下：

(1) 将探头接到校准端，调整示波器，合理显示校准波形。

(2) 观察示波器的校准信号，读取其频率和幅值，并与标定值进行对比。

2) 正弦波的测量

(1) 将信号发生器的输出波形设为正弦波，频率调至 1 kHz，电压调至峰-峰值(V_{p-p})为 2 V。

(2) 将示波器与信号发生器相连，调整示波器，合理显示波形并进行观察，如图 4.1.2 所示。

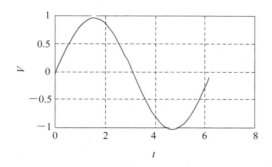

图 4.1.2　示波器显示的波形

　　此时，垂直衰减选择旋钮（VOLTS/DIV）的刻度值表示了屏幕上垂直方向每格所代表的电压值；扫描时间旋钮（TIME/DIV）的刻度值表示了屏幕上水平方向每格所代表的时间值。于是有

　　信号电压峰-峰值＝伏特/格设定值（V/格）（K_v）×输入信号波峰到波谷所占的垂直格数（n）

也就是

$$V_{\text{p-p}} = K_v \times n \qquad\qquad (4-1-1)$$

　　信号周期＝时间/格设定值（s/格）（K_t）×输入信号一周期波形所占水平格数（n），

也就是

$$T = K_t \times n \qquad\qquad (4-1-2)$$

　　根据式（4-1-1）、式（4-1-2）可进一步求取信号的电压有效值及其频率，即电压有效值为

$$V_{\text{rms}} = \frac{V_{\text{p-p}}}{2\sqrt{2}} \qquad\qquad (4-1-3)$$

频率为

$$f = \frac{1}{T} \qquad\qquad (4-1-4)$$

　　（3）将从示波器屏幕上读出的数据填入表 4.1.1，并与信号发生器初始设定的电压、频率值进行比较。

表 4.1.1　波形测量数据

函数信号发生器		示　波　器		计算值	波　形
幅度		垂直衰减选择旋钮刻度		$V_{\text{p-p}} =$	
		峰-峰波形所占垂直格数		$V_{\text{rms}} =$	
频率		扫描时间旋钮刻度		$T =$	
		一周期波形所占水平格数		$f =$	

　　（4）将信号发生器的输出选择为正弦信号，频率调至 2 kHz，电压有效值（V_{rms}）调至 1 V，重复上述步骤并记录数据。

2. 数字万用表的使用

1) 电阻值测量

选取阻值为 100 Ω、1 kΩ 以及 47 kΩ 的三个电阻,利用数字万用表测量其阻值,并与电阻色环标识所指示的电阻值进行比对。

(1) 将红色测试笔插入"V/Ω"插孔中,黑色测试笔插入"COM"插孔中。

(2) 将功能量程选择开关置于电阻测试挡(欧姆挡"Ω"),选择合适的量程挡位将红、黑测试笔跨接在被测电阻的两端,即可得到电阻值,并将所测电阻值填入表 4.1.2 中。

数字万用表的
使用(实验)

表 4.1.2　万用表测量的电阻值

标称电阻值	100 Ω	1 kΩ	47 kΩ
测量电阻值			

2) 直流电压测量

(1) 调节稳压电源"VOLTAGE"旋钮,设置输出电压为 10 V。

(2) 将红色测试笔插入"V/Ω"插孔中,黑色测试笔插入"COM"插孔中。

(3) 将功能量程选择开关置于直流电压测试挡" V$_{\cdots}$ ",将红、黑测试笔跨接在稳压电源的输出端,测量电压值,并在表 4.1.3 中进行记录。

表 4.1.3　万用表测量的电压值

稳压电源设置值	8 V	10 V	12 V
测量电压值			

(4) 调节稳压电源输出电压值为 8 V、12 V,再次进行测量,并填入表 4.1.3 中。

3. 晶体管毫伏表的使用

(1) 将函数信号发生器的输出波形设为正弦波,频率调至 1 kHz,电压有效值(V_{rms})调至 0.5 V。

(2) 调节晶体管毫伏表量程选择旋钮,选择"1 V"量程。

(3) 连接函数信号发生器与晶体管毫伏表,读取测量数据并填入表 4.1.4 中。

晶体管毫伏表的
使用(实验)

表 4.1.4　晶体管毫伏表测量的电压值

函数信号发生器设定值	$V_{rms} = 0.5$ V
晶体管毫伏表测量值	

六、实验注意事项

(1) 为了保证仪器操作人员的安全和仪器安全,仪器应在安全电压范围内正常工作,这样测量出的波形准确,数据可靠。

（2）使用示波器时，可通过调节亮度（INTEN）和聚焦（FOCUS）旋钮令光点直径最小，以使波形清晰，减小测试误差。不要使光点停留在一点不动，否则电子束长时间轰击一点，会在荧光屏上形成暗斑，损坏荧光屏。为保证波形稳定显示，应注意调节电平旋钮（LEVEL）。读取电压幅值时应检查灵敏度微调旋钮（VAR.PULL）是否顺时针旋到底（校准位置），否则读数是错误的。类似地，读取周期时应检查扫描时间可变控制旋钮（SWP.VAR）是否顺时针旋到底（校准位置）。

（3）使用万用表时应注意挡位与量程的选择。

（4）使用晶体管毫伏表时切勿使用低压挡去测高压。同时由于其灵敏度高，即使测量端开路，外界的感应电压也可能使指针满偏而"打表"。因此，测量完毕后应将输入端短接或将量程选择开关拨至较大量程。

（5）不论是测量所用电子仪器，还是测量电路或系统，公共接地端都应连接在一起（公共地），以降低外界噪声干扰。测试完毕拆线时，应先拆信号端，后拆接地端。

七、实验报告

（1）整理实验数据，对实验过程中存在的误差进行分析。具体内容包括：

① 记录信号发生器产生的电压、频率、示波器显示波形的设定值及格数，画出相应的波形，并将从示波器上读出的数据与信号发生器的输出数据进行对比，分析误差。

② 比较电阻、电压的测量值与理论值，分析误差来源。

（2）思考并回答下列问题：

① 万用表和晶体管毫伏表都可以测量电压，二者的区别是什么？测量交流信号电压时，使用数字万用表的交流电压挡还是使用交流毫伏表？为什么？

② 如果错误地用万用表的电流挡去测量电压，或者用电压挡去测量电流，将会造成什么后果？试说明原因。

4.2　电源外特性的测试

一、实验目的

（1）掌握直流稳压电源和数字万用表的使用方法。

（2）通过实验了解电压源、电流源的外特性。

二、实验预习要求

（1）仔细阅读第 3 章有关电子仪器的使用方法内容，熟悉直流稳压电源、数字万用表等电子仪器面板上的旋钮及开关等主要控制件的作用和操作规范。

（2）思考和回答下列问题。

① 按表 4.2.1 所给数据测量电压源外特性时，从理论上进行分析，对于不同的内阻 R_0，当负载 R_L 变化时，电源两端电压的变化规律是什么？

② 按表 4.2.2 所给数据测量电流源外特性时，从理论上进行分析，对于不同的内阻 R_0，当负载 R_L 变化时，电源两端电压的变化规律是什么？

三、实验仪器及组件

直流稳压电源	1台
压控电流源	1台
标准电阻箱	2台
数字万用表	1台

四、实验原理

1. 电压源

1) 理想电压源

一个电压源接上负载，不管流过它的电流是多少，电源两端的电压始终保持恒定，则称此电压源为理想电压源。理想电压源电路模型如图 4.2.1(a)所示，其特点是电压恒定，不随负载的变化而改变，而电流是任意的，由负载和电压的大小决定。理想电压源的特性曲线如图4.2.1(c)中曲线①所示。

2) 实际电压源

实际电压源的端电压是随着电流的变化而变化的。例如一个电池接上电阻后，端电压会降低，这是因为电池内部有电阻的缘故。我们可以用一个电压为 U_S 的电压源和内阻 R_0 串联的等效电路作为实际电压源的电路模型，如图 4.2.1(b)所示。由图 4.2.1(b)电路可得出伏安关系为

$$U = U_S - I \times R_0 \qquad\qquad (4-2-1)$$

实际电压源的特性曲线如图 4.2.1(c)中曲线②所示。

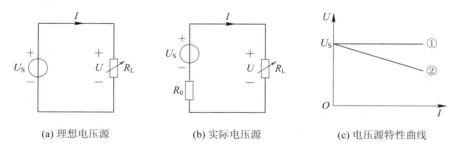

(a) 理想电压源　　　　(b) 实际电压源　　　　(c) 电压源特性曲线

图 4.2.1　电压源的电路模型与特性曲线

当电源的内阻 R_0 远小于负载 R_L 时，电源的外特性就十分接近理想电压源的外特性了，因此可以近似把它看作为理想电压源。

2. 电流源

1) 理想电流源

一个电流源接上负载，不管它的端电压是多少，电流始终保持恒定，则称其为理想电

流源。理想电流源电路模型如图 4.2.2(a) 所示，其特点是电流恒定，不随负载的变化而改变，而其两端的电压是任意的，由负载和电流的大小决定。理想电流源的特性曲线如图 4.2.2(c) 中曲线① 所示。

　　2）实际电流源

　　实际电流源的电流是随着端电压的变化而变化的，这是由于电源内部电阻的分流作用所致。我们可以用一个理想电流源和内阻 R_0 并联的等效电路作为实际电流源的模型，如图 4.2.2(b) 所示。

　　由图 4.2.2(b) 电路可得出伏安关系为

$$I = I_S - \frac{U}{R_0} \tag{4-2-2}$$

　　实际电流源的特性曲线如图 4.2.2(c) 中曲线② 所示。

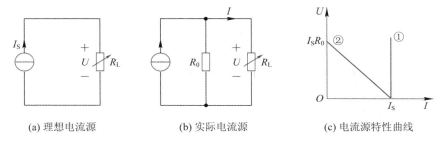

(a) 理想电流源	(b) 实际电流源	(c) 电流源特性曲线

图 4.2.2　电流源的电路模型与特性曲线

　　实际电流源内阻不可能为无穷大，也就是说实际上不存在理想电流源。当电源的内阻 R_0 远大于负载 R_L 时，它的外特性就非常接近理想电流源的外特性，因此可以近似把它看作为理想电流源。

　　3. 电压源和电流源的等效变换

　　一个实际电源既可以用电压源串联电阻模型（如图 4.2.1(b) 所示）来表示，也可以用电流源并联电阻的模型（如图 4.2.2(b) 所示）来表示。这两种电路模型是等效的，其等效变换关系为

$$I_S = \frac{U_S}{R_0} \qquad 或 \qquad U_S = I_S \times R_0 \tag{4-2-3}$$

　　对电压源和电流源进行变换时，应注意电压源的极性和电流源电流的方向，并且注意等效是对外电路而言的，对电源内部是不等效的。另外应注意理想电压源和理想电流源之间是不能等效的。

五、实验内容与步骤

　　1. 测量电压源的外特性

　　(1) 调节稳压电源，使输出电压为 10 V，按图 4.2.3 所示连接电路；用两个电阻箱分别模拟电压源内电阻 R_0 和负载 R_L，初始状态时 $R_0 = 0\ \Omega$，$R_L = 5\ \text{k}\Omega$。

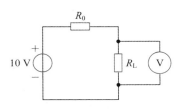

图 4.2.3　电压源外特性测试电路

（2）将数字万用表调至直流电压测试挡"V⋯"，选择合适的量程挡位，并联在负载 R_L 两端进行测量，并将测出的相应 U 值记入表 4.2.1 中。

（3）按表 4.2.1 所列数值逐个改变 R_0、R_L，将测出的相应 U 值记入表 4.2.1 中。

表 4.2.1　电压源外特性测试数据记录

R_0/Ω		$R_L/k\Omega$				
		5	4	3	2	1
0	U/V					
	I/mA					
150	U/V					
	I/mA					
300	U/V					
	I/mA					
10 k	U/V					
	I/mA					

注：I 值在整理实验结果时计算。

2. 测量电流源的外特性

（1）调节稳压电源，使输出电压为 10 V，作为电流源的工作电压。

（2）按图 4.2.4 所示连接电路，用两个电阻箱分别模拟电压源内电阻 R_0 和负载 R_L，初始状态时 $R_0 = \infty$（开路），$R_L = 1\ k\Omega$，调节电流源输出电流为 1 mA。

（3）将数字万用表调至直流电流测试挡"A⋯"，选择合适的量程挡位，按图 4.2.4 所示串联在电路中，根据表 4.2.2 所示数值改变 R_L，并将测出的相应 I 值记入表 4.2.2 中。

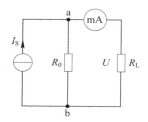

图 4.2.4　电流源外特性测试电路

（4）在图 4.2.4 的 ab 间并联 10 kΩ 电阻，把它看作为电流源内阻，重复实验步骤（3）并测量并联电阻 10 kΩ 支路的电流 I' 值并填入表 4.2.2 中。

表 4.2.2　电流源外特性测试数据记录

R_0/Ω		$R_L/k\Omega$				
		1	2	3	4	5
∞	U/V					
	I/mA					
10 kΩ	U/V					
	I/mA					
	I'/mA					

注：U 值在整理实验结果时计算。

六、实验注意事项

（1）数字万用表是一种多用途、多量程的电表，使用时一定要根据被测物理量的性质和大小，正确选用万用表的功能和量程，测量前应检查开关位置是否正确，然后进行测量。

（2）实验所测量的电压、电流均为直流电量，接线时要注意电压表、电流表的正负极性不要接反。

（3）测量电压源的外特性，当内阻 $R_0 = 0$ 时，从理论上分析负载 R_L 为什么不能为零，否则电流太大会烧坏电压源。

（4）测量电流源的外特性，当内阻 $R_0 = \infty$ 时，从理论上分析负载 R_L 为什么不能为无穷大（即不能断开），否则电压太大会烧坏电流源。

七、实验报告

（1）根据表 4.2.1 中的测量数据计算流过负载的电流 I（由于电压表的内阻远大于负载电阻，因此电压表的分流作用可以忽略不计）。

（2）根据表 4.2.2 中的测量数据计算负载两端的电压 U（由于电流表的内阻远小于负载电阻，因此电流表的分压作用可以忽略不计）。

（3）根据表 4.2.1 中的测量数据，画出 $R_0 = 0\ \Omega$ 与 $R_0 = 150\ \Omega$ 两种情况下的电压源外特性曲线，并分析曲线的形状与内阻 R_0 的关系。

（4）根据表 4.2.2 中的测量数据，画出两种内阻的电流源外特性曲线，并分析曲线的形状与内阻 R_0 的关系。

4.3　叠加定理与戴维南定理的验证

一、实验目的

（1）验证叠加定理和戴维南定理。

（2）通过实验加深对叠加定理和戴维南定理的理解。

（3）学习线性含源二端网络等效电阻的测试方法。

二、实验预习要求

（1）复习叠加定理内容与戴维南定理内容，简述它们的基本要点。

（2）根据实验内容与步骤中叠加定理实验电路图（见图 4.3.2）计算电源 $U_{S1} = 10\ \text{V}$ 单独作用时的电流 I_1' 和 I_2'，电源 $U_{S2} = 8\ \text{V}$ 单独作用时的 I_1'' 和 I_2''，以及 U_{S1} 和 U_{S2} 共同作用时的 I_1 和 I_2。

（3）设实验内容与步骤中含源线性二端网络图（见图 4.3.3）中 $U_{S1} = 10\ \text{V}$，画出该线性含源二端网络的戴维南等效电路和诺顿等效电路。

三、实验仪器及组件

直流稳压电源	1台
电路原理实验箱	1台
标准电阻箱	2台
数字万用表	2台

四、实验原理

1. 叠加定理

在任何由线性电阻、线性受控源及独立电源组成的电路中，任一元件的电流或电压都可以看成是每一独立源单独作用于电路时，在该元件上所产生的电流或电压的代数和。当某一独立电源独立作用时，其他独立电源应为零值，即独立电流源用开路代替，独立电压源用短路代替。

2. 戴维南定理

任何一个线性含源二端网络(如图 4.3.1(a)所示)都可以用一个电压源和内阻 R_0 的串联支路来代替，如图 4.3.1(b)所示。电压源的电压就是线性含源二端网络的开路电压 U_{OC}，内阻 R_0 等于线性含源二端网络中所有独立源为零值时所得到的无源网络的等效电阻 R_{ab}。

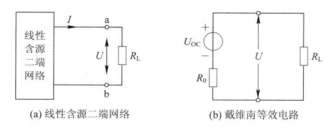

(a) 线性含源二端网络　　　　　　　(b) 戴维南等效电路

图 4.3.1　线性含源二端网络与戴维南等效电路

五、实验内容与步骤

1. 叠加定理的验证

(1) 调节双路稳压电源，使一路输出电压 $U_{S1}=10$ V，另一路输出电压 $U_{S2}=8$ V，并用数字万用表的电压挡位进行测定，然后关闭稳压电源，待用。

(2) 按图 4.3.2 连接实验电路。将稳压电源的两路输出均串以毫安计(数字万用表调至电流挡)，再分别接到 ab、cd 各端，在 U_{S1}、U_{S2} 同时作用下，测量支路电流 I_1、I_2，并记入表 4.3.1 中。

叠加定理
验证实验

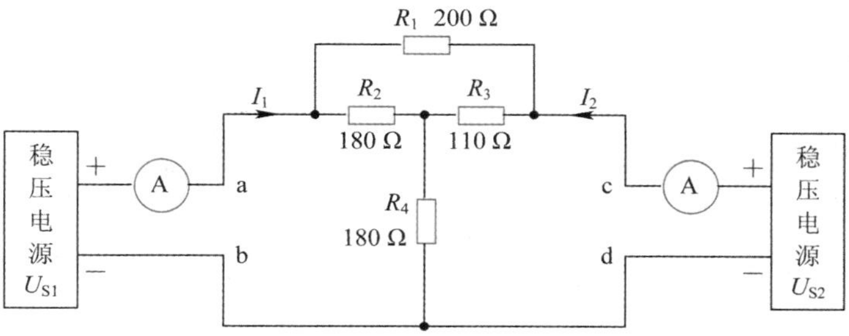

图 4.3.2　叠加定理实验电路

(3) 用导线代替稳压电源 U_{S2}(即令 $U_{S2}=0$)，此时 U_{S1} 单独作用，测量有关支路电流 I_1' 和 I_2'，并记入表 4.3.1 中。

(4) 用导线代替稳压电源 U_{S1}(即令 $U_{S1}=0$)，此时 U_{S2} 单独作用，测量有关支路电流 I_1'' 和 I_2''，并记入表 4.3.1 中。

表 4.3.1　叠加定理实验数据

测量条件	ab 支路电流/mA	cd 支路电流/mA
U_{S1}、U_{S2} 同时作用	$I_1=$	$I_2=$
U_{S1} 单独作用	$I_1'=$	$I_2'=$
U_{S2} 单独作用	$I_1''=$	$I_2''=$

2. 戴维南定理的验证

戴维南定理验证实验

(1) 在图 4.3.3 所示电路中，设 $U_S=10$ V，计算开路电压 U_{OC}、等效电阻 R_0、短路电流 I_S，并填入表 4.3.2 中。

(2) 调节稳压电源，使一路输出电压 $U_S=10$ V，测量该线性含源二端网络的开路电压 U_{OC}、短路电流 I_S 和等效电阻 R_0。

① 将数字万用表调至直流电压测试挡"V⎓"并连接在 cd 两端，测量开路电压 U_{OC}，将其记录于表 4.3.2 中。

② 将数字万用表调至直流电流测试挡"A⎓"并连接在 cd 两端，测量短路电流 I_S，将其记录于表 4.3.2 中。

③ 用导线连接 ab 两点，将数字万用表调至电阻测试挡(欧姆挡"Ω")并连接在 cd 两端，测量等效电阻 R_0，将其记录于表 4.3.2 中。

表 4.3.2　戴维南等效参数

值类别	U_{OC}/V	I_S/mA	R_0/Ω
计算值			
实验值			

(3) 按图 4.3.3 所示在线性含源二端网络中接入标准电阻箱作为负载 R_L，按表 4.3.3 中的值设置电阻箱电阻值，将数字万用表调至直流电流测试挡"A⎓"并串入电路中，依次测出对应的负载电流 I_L，将其记入表 4.3.3 中。

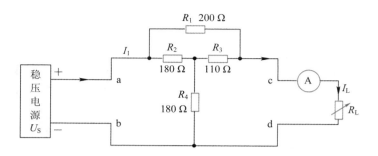

图 4.3.3 线性含源二端网络图

(4) 根据步骤(2)测得的开路电压 U_{OC} 和等效电阻 R_0,按图 4.3.4 接线(用稳压电源和电阻箱模拟 U_{OC} 和 R_0),仍按表 4.3.3 所列电阻测出对应的负载电流 I_L,记入表 4.3.3 中,并与步骤(3)的测量数据比较,验证其等效性。

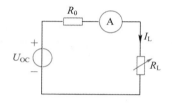

图 4.3.4 戴维南等效电路

表 4.3.3 戴维南定理实验数据

R_L/Ω	20	40	80	100	150	200
二端网络的 I_L/mA						
等效电路的 I_L/mA						

六、实验注意事项

(1) 实验过程中不允许带电接线,连接或改接线路前,应先关闭电源。

(2) 数字万用表是一种多用途、多量程的电表,使用时一定要根据被测物理量的性质和大小,正确选用万用表的功能和量程,测量时应检查开关位置是否正确,再进行测量。

(3) 直流稳压电源输出端不可短路。

(4) 实验所测量的电压、电流均为直流电量,接线时应注意电压表、电流表的正负极性不要接反。用叠加定理计算电流、电压时,要注意电流、电压的参考方向。

(5) 进行叠加定理实验过程中,当某一电源单独作用时,其余不作用的电源应保留内阻。但实际中因稳压电源内阻较小,可将其拿掉,但切勿将稳压电源短接,以免造成损坏。

七、实验报告

(1) 根据表 4.3.1 中的测量数据验证叠加定理的正确性。

(2) 在戴维南定理实验中,对表 4.3.2 计算所得的 U_{OC}、R_0、I_S 值和表 4.3.2 中实验所得的三项数据进行比较,分析误差产生的原因。

（3）比较戴维南定理实验步骤（3）、（4）所测量的负载电流值，验证戴维南定理的正确性。

（4）思考回答下列问题：

① 用实验的方法验证叠加定理时，电源内阻不允许忽略，实验如何进行？

② 等效内阻有哪几种测量方法？

4.4　正弦交流电路阻抗频率特性的测试

一、实验目的

（1）了解正弦激励时，电阻、电感、电容三种基本元件阻抗的频率特性和电压与电流的关系。

（2）学习阻抗的常规测量方法。

（3）掌握晶体管毫伏表、信号发生器的使用方法。

二、实验预习要求

（1）由本节"实验内容与步骤"中的实验电路（见图 4.4.5(a)）计算总电阻 R，电压 U_{AB}、U_{BC}，电流 I_1、I_2、I_3。

（2）由本节"实验内容与步骤"中的实验电路（见图 4.4.5(b)）计算频率为 4 kHz、16 kHz、32 kHz 时的电压 U_L 和 U_R 以及感抗 X_L。

（3）由本节"实验内容与步骤"中的实验电路（见图 4.4.5(c)）计算频率为 4 kHz、16 kHz、32 kHz 时的电压 U_C 和 U_R 以及容抗 X_C。

（4）根据本节"实验内容与步骤"中的实验电路（见图 4.4.5(b)）和所给数据，计算电感元件的阻抗角测量数据（见表 4.4.4）中不同频率时电感元件的电压与电流的相位差 φ。

（5）根据本节"实验内容与步骤"中的实验电路（见图 4.4.5(c)）和所给数据，计算电容元件的阻抗角测量数据（见表 4.4.5）中不同频率时电容元件的电压与电流相位差 φ。

三、实验仪器及组件

函数信号发生器	1 台
电路原理实验箱	1 台
晶体管毫伏表	1 台
双踪示波器	1 台

四、实验原理

正弦交流电路是指电路中所含的电源（激励）与产生的各部分电压和电流（稳态响应）都是按照同一频率、按正弦规律变化的线性电路。正弦交流电广泛应用于工业生产、科学研究以及日常生活中，是电路分析基础课程中的重要研究内容。

1. 电路基本定律的相量形式

在正弦稳态电路的分析中，由于电路中各处电压、电流都是同频率的交流电，因此电流、电压可用相量表示。因而分析正弦交流电路的基础理论也具有相应的相量形式。

1) 基尔霍夫电流定律的相量形式

正弦交流电路中，连接在电路任意节点的各支路电流的代数和为零，即

$$\sum_{k=1}^{m} \dot{I}_k = 0, \ k = 1, 2, \cdots, m \tag{4-4-1}$$

2) 基尔霍夫电压定律的相量形式

正弦交流电路中，任一回路的各支路电压的相量代数和为零，即

$$\sum_{k=1}^{m} \dot{U}_k = 0, \ k = 1, 2, \cdots, m \tag{4-4-2}$$

在交流电路中应用基尔霍夫定律分析电路时，不管是支路电流还是回路电压，它们的相加或相减不仅仅是简单的数值运算，还要考虑各个正弦量的相位。

2. 三种基本元件伏安关系(VCR)的相量形式

1) 电阻元件

在如图 4.4.1(a)所示的正弦交流电路中，设流过电阻的电流为

$$i(t) = \sqrt{2} I \sin(\omega t + \theta) \tag{4-4-3}$$

则电阻电压为

$$u_R(t) = R i(t) = \sqrt{2} R I \sin(\omega t + \theta) \tag{4-4-4}$$

其相量形式为

$$\dot{I} = I \angle \theta \quad \dot{U}_R = R I \angle \theta = R \dot{I} \tag{4-4-5}$$

电阻元件的相量模型如图 4.4.1(b)所示，电阻的电压相量和电流相量满足以下关系，即

$$\dot{U}_R = R \dot{I}_R \tag{4-4-6}$$

电阻元件的电压和电流同相，如图 4.4.1(c)所示，且电压的大小等于电流有效值乘以电阻 R，R 是一个与频率无关的常量。

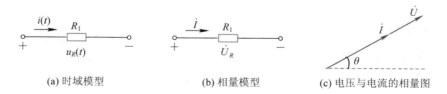

(a) 时域模型   (b) 相量模型   (c) 电压与电流的相量图

图 4.4.1   正弦交流电阻电路

2) 电感元件

在如图 4.4.2(a)所示的正弦交流电感电路中，设其通过的正弦电流为

$$i(t) = \sqrt{2} I \sin(\omega t + \theta) \tag{4-4-7}$$

在电压、电流关联参考方向下，电感元件两端的电压为

$$u_L(t) = L\frac{\mathrm{d}i(t)}{\mathrm{d}t} = \sqrt{2}\,\omega LI\cos(\omega t + \theta) = \sqrt{2}\,\omega LI\sin\left(\omega t + \theta + \frac{\pi}{2}\right) \quad (4-4-8)$$

电压与电流的相量形式分别为

$$\dot{I} = I\angle\theta, \dot{U}_L = \omega LI\angle\theta + \frac{\pi}{2} = I\angle\theta \cdot \omega L\angle\frac{\pi}{2} = \dot{I}\cdot\omega L\angle\frac{\pi}{2} \quad (4-4-9)$$

电感的相量模型如图 4.4.2(b)所示，其电压相量和电流相量满足

$$\dot{U}_L = \mathrm{j}\omega L\dot{I}_L \quad (4-4-10)$$

令 $X_L = \omega L = 2\pi fL$，称之为感抗，单位为 Ω，是一个与频率成正比的量。电感元件电压在相位上超前电流 90°，如图 4.4.2(c)所示，电压大小等于电流有效值乘以感抗 X。

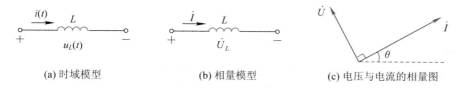

(a) 时域模型　　　　　　(b) 相量模型　　　　　　(c) 电压与电流的相量图

图 4.4.2　正弦交流电感电路

3) 电容元件

对于含有电容的交流电路(如图 4.4.3(a)所示)，设电容的电压为

$$u(t) = \sqrt{2}U\sin(\omega t + \theta) \quad (4-4-11)$$

则电流为

$$i_C(t) = C\frac{\mathrm{d}u(t)}{\mathrm{d}t} = \sqrt{2}\,\omega CU\cos(\omega t + \theta) = \sqrt{2}\,\omega CU\sin\left(\omega t + \theta + \frac{\pi}{2}\right) \quad (4-4-12)$$

以相量形式可表示为

$$\dot{U} = U\angle\theta, \dot{I}_C = \omega CU\angle\theta + \frac{\pi}{2} = U\angle\theta \cdot \omega C\angle\frac{\pi}{2} = \dot{U}\cdot\omega C\angle\frac{\pi}{2} \quad (4-4-13)$$

电容的相量模型如图 4.4.3(b)所示，电感的电压相量和电流相量满足关系

$$\dot{U}_C = -\mathrm{j}\frac{1}{\omega C}\dot{I}_C \quad (4-4-14)$$

令 $X_C = \dfrac{1}{\omega C} = \dfrac{1}{2\pi fC}$，称之为容抗，单位为 Ω，是一个与频率成反比的量。电容元件电压在相位上滞后电流 90°，如图 4.4.3(c)所示，电压的大小等于电流有效值乘以容抗 X_C。

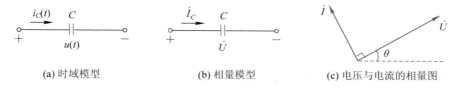

(a) 时域模型　　　　　　(b) 相量模型　　　　　　(c) 电压与电流的相量图

图 4.4.3　正弦交流电容电路

4) 多元件组合电路

如果交流电路中同时含有电阻、电感和电容或含有其中两种元件，那么该交流电路的阻抗都可以等效为复阻抗 $Z = R(\omega) + \mathrm{j}X(\omega)$，如图 4.4.4 所示。

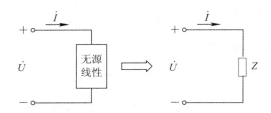

图 4.4.4　交流电路的复阻抗

复阻抗表达式中 $R(\omega)$ 是等效阻抗的实部，$X(\omega)$ 是等效阻抗的虚部，它们都是频率的函数。图 4.4.4 中复阻抗 Z 也可以表达为

$$Z = |Z| \angle \varphi_Z = \frac{\dot{U}}{\dot{I}} = \frac{U}{I}(\angle \varphi_u - \angle \varphi_i) \qquad (4-4-15)$$

其中 φ_Z 称为阻抗角。由 $\angle \varphi_Z$ 可判断二端网络的性质，具体如下：

（1）当 $\varphi_Z > 0$ 时，电压超前电流，该二端网络为感性。

（2）当 $\varphi_Z < 0$ 时，电压滞后电流，该二端网络为容性。

（3）当 $\varphi_Z = 0$ 时，电压和电流同相，该二端网络为阻性。

五、实验内容与步骤

1. 测量 R、L、C 元件的阻抗频率特性

在正弦交变信号作用下，R、L、C 电路元件在电路中的阻抗作用与信号的频率有关。

R、L、C 元件
的阻抗频率特性

1）电阻元件的阻抗频率特性

（1）按图 4.4.5(a)接线，其中 $R_1 = R_2 = R_3 = 1 \text{ k}\Omega$。

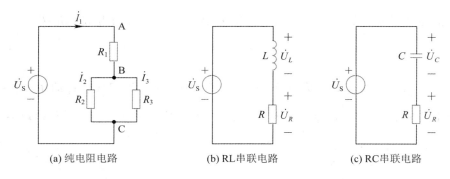

(a) 纯电阻电路　　　　(b) RL串联电路　　　　(c) RC串联电路

图 4.4.5　实验电路

（2）调节信号发生器，使输出信号频率为 400 Hz，电压 $U_S = 1 \text{ V}$（这里 U_S 是指有效值，以下同）。

（3）用晶体管毫伏表分别测量电压 U_{AC}、U_{BC}、U_{AB}，并记录于表 4.4.1 中。

（4）按照表 4.4.1 中所列信号频率，改变信号源频率，保持电压 $U_S = 1 \text{ V}$ 不变，依次重复上述步骤并记录实验结果。

表 4.4.1　电阻的频率特性测量数据

频率/Hz	U_{AC}/V	U_{BC}/V	U_{AB}/V	I_1/mA	I_2/mA	I_3/mA	$R=\dfrac{U_{AC}}{I_1}$
400							
600							
800							
1600							
2000							
2500							

2）电感元件的阻抗频率特性

（1）按图 4.4.5(b)接线，其中 $L=10$ mH，$R=1$ kΩ。

（2）调节信号源输出信号频率为 4 kHz，电压 $U_S=0.5$ V。

（3）用晶体管毫伏表分别测量 L 和 R 上的电压 U_L 与 U_R 并记录于表 4.4.2 中。

（4）按照表 4.4.2 所列频率，改变信号源频率，保持电压 $U_S=0.5$ V 不变，依次重复上述实验步骤并记录实验结果。

表 4.4.2　电感的频率特性测量数据

f/kHz	4	8	16	20	24	32	40
U_L/V							
U_R/V							
$X_L'=\dfrac{U_L}{U_R}R$							
$X_L=2\pi fL$							

3）电容元件的阻抗频率特性

（1）按图 4.4.5(c)接线，其中 $R=1.5$ kΩ，$C=0.01$ μF。

（2）调节信号源输出信号频率为 4 kHz，电压 $U_S=0.5$ V。

（3）分别测量 C 和 R 上的电压 U_L 与 U_R 并记录于表 4.4.3 中。

（4）按照表 4.4.3 所列频率，改变信号源频率，保持电压 $U_S=0.5$ V 不变，依次重复上述实验步骤并记录实验结果。

表 4.4.3　电容的频率特性测量数据

f/kHz	4	6	10	12	14	16	20
U_C/V							
U_R/V							
$X_C'=\dfrac{U_C}{U_R}R$							
$X_C=\dfrac{1}{2\pi fC}$							

2. 测量 L、C 元件的阻抗角

L、C 元件的阻抗角(即被测信号 u 和 i 的相位差 φ)会随着输入信号的频率变化而改变,阻抗角的频率特性曲线可以用双踪示波器来测量。

1) 电感元件的阻抗角测量

(1) 根据图 4.4.5(b)连接实验线路,取 $L=10$ mH,$R=1$ kΩ。

(2) 调节信号源输出信号频率为 4 kHz,输出电压有效值为 0.5 V,用双踪示波器测量电压、电流的相位差 φ。

(3) 按照表 4.4.4 所列频率,依次重复以上步骤,并将测量的 φ 值记录于表 4.4.4 中。

表 4.4.4　电感元件的阻抗角测量数据

频率/kHz	4	10	16	20	40
相位差 φ					

2) 电容元件的阻抗角测量

(1) 根据图 4.4.5(c)连接实验线路,取 $C=0.01$ μF,$R=1.5$ kΩ。

(2) 调节信号源输出信号频率为 4 kHz,输出电压有效值为 0.5 V,用双踪示波器测量电压、电流的相位差 φ。

(3) 按照表 4.4.5 所列频率,依次重复以上步骤,并将测量的 φ 值记录于表 4.4.5 中。

表 4.4.5　电容元件的阻抗角测量数据

频率/kHz	4	10	16	20	40
相位差 φ					

六、实验注意事项

(1) 实验中电压的有效值应使用晶体管毫伏表测量,而不可使用万用表测量。

(2) 使用晶体管毫伏表时,每改变一次量程都应校正零点。

(3) 函数信号发生器、晶体管毫伏表以及示波器的"地"端应连接在一起。

(4) 当信号频率改变时,输出电压会随之改变,应注意随时调节,使其符合实验要求。

七、实验报告

(1) 将实验数据填入相应表中,并和预习报告中计算的数据进行比较,分析误差产生的原因。

(2) 思考并回答下列问题:

① 测量交流电路频率特性时,若改变函数信号发生器的频率,为什么输出电压会发生变化?

② 在"实验内容与步骤"中,测量电感元件感抗 X_L 时,采用的频率最小值是 4 kHz,若采用频率为 50 Hz 交流电源测量,误差会大到无法测量的程度,原因是什么?测量时交流电源的频率是否越高越好?为什么?

4.5　三相电路电压、电流的测量

一、实验目的

（1）研究星形连接的三相负载在对称和不对称情况下线电压和相电压的关系。

（2）了解三相三线制和三相四线制的特点和中线所起的作用。

（3）研究三角形连接的三相负载在对称和不对称情况下线电流和相电流的关系。

二、实验预习要求

（1）总结三相负载星形接法在负载对称和不对称情况下，线电压、相电压、线电流、相电流之间的关系。

（2）总结三相负载三角形接法在负载对称和不对称情况下，线电压、相电压、线电流、相电流之间的关系。

三、实验仪器及组件

交流电流表	1 块
交流电压表	1 块
三相灯箱负载	1 个

四、实验原理

由大小相等、相位互差 120°的三个电源供电的电路称为三相电路。在三相电路中，负载的连接方式有星形（Y 型）连接和三角形（△型）连接两种。其中，负载星形连接的三相电路又有三相三线制（无中线）和三相四线制（有中线）两种情况。

1. 星形连接的三相电路

图 4.5.1 所示为星型连接的三相四线制电路。在三相四线制电路中，不论负载是否对称，负载相电压等于电源相电压，即负载相电压都是对称的，并且有 $U_{线}=\sqrt{3}U_{相}$ 的关系。当负载对称时，各相电流对称，中线电流 $\dot{I}_N=0$；当负载不对称时，虽然负载相电压对称，但相电流不对称，需要逐相进行计算，中线电流也不等于零。在图 4.5.1 中，中线电流 $\dot{I}_N = \dot{I}_a+\dot{I}_b+\dot{I}_c$。

在图 4.5.1 电路中，若去掉中线，则称该电路为三相三线制电路。若此时负载对称，则电源中点 N 和负载中点 N′为等电位点，电路和有中线时完全一样。若负载不对称，则负载相电压不对称，负载电压可用结点法算出。此时，有的负载相电压可能偏高，越过额定电压,有的负载相电压可能偏低,使负载不能正常工作。因此负载不对称时必须要有中线,才能保证负载正常工作。

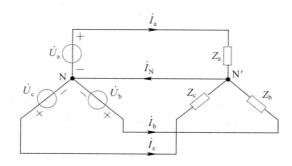

图 4.5.1　星型连接的三相四线制电路

2. 三角形连接的三相电路

负载采用三角形连接的三相电路,只有三相三线制。一般当负载的额定电压等于电源的线电压时,三相电路应采用三角形连接,如图 4.5.2 所示。在三角形连接的三相电路中,无论负载是否对称,负载的相电压都等于电源的线电压。负载对称时,负载的相电流对称,线电流也对称,线电流等于相电流的 $\sqrt{3}$ 倍,在相位上线电流滞后相应的相电流 30°。若负载不对称,则线电流与相电流的上述关系不成立,需求出每相电流后再由基尔霍夫电流定律(KCL)求出相应的线电流。

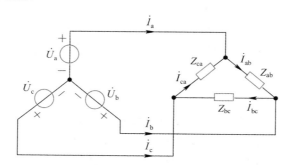

图 4.5.2　三角形连接的三相电路

五、实验内容与步骤

1. 负载星形连接

(1)按图 4.5.3 所示电路接线,灯泡接在三相四线制电源上,每相开两盏灯,构成对称负载。

(2)在负载对称、有中线的情况下,测量负载相电压、相电流、中线电流,并填入表 4.5.1 中。

(3)在负载对称、无中线的情况下,测量负载相电压、相电流、中点电压,并填入表 4.5.1 中。

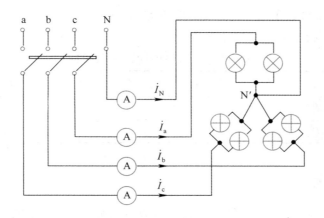

图 4.5.3　星形连接的三相四线制实验电路

（4）让各相负载灯数不同，a 相一个灯，b 相两个灯，c 相三个灯，构成不对称负载。

（5）在负载不对称、有中线的情况下，测量负载相电压、相电流、中线电流，并填入表 4.5.1 中。

（6）在负载不对称、无中线的情况下，测量负载相电压、相电流和中点电压，并填入表 4.5.1 中。

表 4. 5. 1　星形连接的三相四线制电路实验数据

电路状况		U_a/V	U_b/V	U_c/V	I_a/A	I_b/A	I_c/A	$U_{NN'}$/V	I_N/V
对称负载	有中线								
	无中线								
不对称负载	有中线								
	无中线								

2. 负载三角形连接

（1）将负载改成三角形连接，如图 4.5.4 所示，每相开两盏灯构成对称负载，测量负载相电流、线电流，并填入表 4.5.2 中。

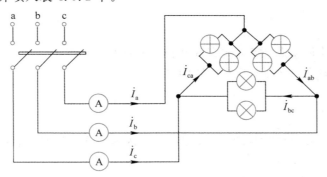

图 4.5.4　三角形连接实验电路

(2) 让各相负载灯数不同,a 相一个灯,b 相两个灯,c 相三个灯,构成不对称负载,测量负载相电流、线电流,填入表 4.5.2 中。

表 4.5.2 三角形连接实验数据

电路状况	I_{ab}/A	I_{bc}/A	I_{ca}/A	I_a/A	I_b/A	I_c/A
对称负载						
不对称负载						

六、实验注意事项

(1) 本实验电压较高,要注意安全,连接或改接线路前必须切断电源。实验过程中身体任何部位不得接触裸露导体。

(2) 由于灯泡的额定电压为 220 V,因此实验中负载相电压不能超过 220 V。

七、实验报告

(1) 根据实验结果验证对称三相电路中线电压与相电压、线电流与相电流之间的关系。

(2) 由实验观察到的现象,总结不对称负载星形连接电路中线的作用。

(3) 思考回答下列问题:

① 在三相四线制电路中,若其中一相出现短路或断路,电路将会发生什么现象? 其他两相负载能否继续正常工作?

② 在采用三角形连接的三相负载电路中,若断开一根火线,负载上的电压、电流有何变化?

③ 在三相四线制电路中,中线能否接保险丝? 为什么?

④ 一台三相异步电动机定子线圈的额定电压为 220 V,若接在线电压为 380 V 的三相交流电源上,电动机的定子线圈该如何连接? 若定子线圈的额定电压为 380 V,又该如何连接?

4.6 RLC 谐振电路的测试

一、实验目的

(1) 研究阻抗串联电路对于不同频率正弦激励的响应情况。

(2) 观察谐振现象,加深对谐振电路的理解。

二、实验预习要求

(1) 根据 RLC 串联电路(见图 4.6.3)和"实验内容与步骤"中所给数据,计算串联电路谐振频率 f_0 和品质因数 Q。

(2) 根据 RLC 并联电路(见图 4.6.4)和"实验内容与步骤"中所给数据,计算并联电路谐振频率 f_0。

三、实验仪器及组件

函数信号发生器	1 台
晶体管毫伏表	1 台
电路原理实验箱	1 个

四、实验原理

包含电感元件和电容元件的电路在特定的条件下可以呈现电阻性，即整个电路的总电压与总电流同相位，电路的这种现象称为谐振。谐振电路根据电路结构的不同，可分为 RLC 串联谐振电路和 RLC 并联谐振电路。

1. RLC 串联谐振电路

在图 4.6.1(a)所示的 RLC 串联电路中，存在以下关系，即

$$\dot{U} = \dot{U}_R + \dot{U}_L + \dot{U}_C = \dot{I}\left[R + j\left(\omega L - \frac{1}{\omega C}\right)\right] = \dot{I}Z \qquad (4-6-1)$$

式中

$$Z = \frac{\dot{U}}{\dot{I}} = R + j\left(\omega L - \frac{1}{\omega C}\right) = |Z|e^{j\varphi} = \frac{U}{I}e^{j\varphi}$$

$$\varphi = \arctan\frac{\omega L - \dfrac{1}{\omega C}}{R} \qquad (4-6-2)$$

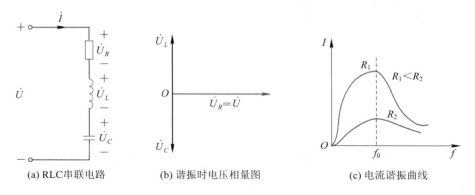

(a) RLC串联电路　　(b) 谐振时电压相量图　　(c) 电流谐振曲线

图 4.6.1　RLC 串联谐振电路

可见，当 $\omega L = \dfrac{1}{\omega C}$，即 $\omega = \omega_0 = \dfrac{1}{\sqrt{LC}}$ 时，电路中电压、电流同相，电路发生串联谐振，ω_0 被称为电路的谐振频率角。此时电路具有以下特点：

(1) 电路阻抗 $Z = R$，为纯阻性，并且其值最小。

(2) 电路中电流 $I = I_0 = \dfrac{U}{|Z|} = \dfrac{U}{R}$，为最大。

(3) 称 $\omega_0 L = \dfrac{1}{\omega_0 C} = \sqrt{\dfrac{L}{C}} = \rho$ 为特性阻抗，$Q = \dfrac{\omega_0 L}{R} = \dfrac{1}{\omega_0 CR} = \dfrac{\rho}{R}$ 为品质因数。

(4)电感电压 $\dot{U}_L$ 和电容电压 $\dot{U}_C$ 大小相同，相位相反互相抵消，如图 4.6.1(b)所示。外加电压等于电阻电压，即 $U_L = U_C = QU$。可见，当 $Q \gg 1$ 时，$U_L = U_C \gg U$，所以串联谐振也叫作电压谐振。

(5)电路的无功功率为零，电感和电容之间进行能量互换，电路与电源不交换能量。

在 RLC 串联电路中，电流、电压、阻抗存在以下关系：

$$I = \frac{U}{|Z|} = \frac{U}{\sqrt{R^2 + \left(\omega L - \dfrac{1}{\omega C}\right)^2}} \tag{4-6-3}$$

可见 I 是频率的函数。如果保持外加电压的有效值 U 和交流电路参数 R、L、C 不变，改变电源频率 f，便可得到电流的幅频曲线，如图 4.6.1(c)所示，该曲线也称为谐振曲线。从谐振曲线可以看出，电路中电阻 R 越小，Q 越大，曲线越尖锐，f 偏离 f_0 时电流下降得越剧烈，这也表明电阻 R 越小，电路对非谐振频率的电流具有较强的抑制能力，选择性好。

2. RLC 并联谐振电路

在工程上，当信号源的内阻较高时，若采用 RLC 串联谐振电路，会使电路品质因数 Q 降低到不被允许的程度，从而失去选频作用。为了获得较好的选频特性，需要采用 RLC 并联谐振电路。常用的 RLC 并联谐振电路如图 4.6.2(a)所示。

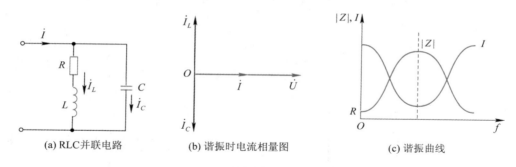

(a) RLC并联电路　　　　(b) 谐振时电流相量图　　　　(c) 谐振曲线

图 4.6.2　RLC 并联谐振电路

利用导纳 Y 表示电路参数，即可得到

$$Y = j\omega C + \frac{1}{R + j\omega L} = j\omega C - j\frac{\omega L}{R^2 + (\omega L)^2} + \frac{R}{R^2 + (\omega L)^2} \tag{4-6-4}$$

可见，当

$$\omega C + \frac{-\omega L}{R^2 + (\omega L)^2} = 0 \tag{4-6-5}$$

即电压 U 和电流 I 同相时，电路发生并联谐振。由上式解得并联谐振条件为

$$\omega = \omega_0 = \frac{1}{\sqrt{LC}} = \sqrt{1 - \frac{CR^2}{L}} \quad 或 \quad f = f_0 = \frac{1}{2\pi\sqrt{LC}} = \sqrt{1 - \frac{CR^2}{L}} \tag{4-6-6}$$

通常要求线圈的电阻很小，所以谐振时，$\omega_0 L \gg R$。此时式(4-6-6)可写成

$$\omega = \omega_0 \approx \frac{1}{\sqrt{LC}} \quad 或 \quad f = f_0 \approx \frac{1}{2\pi\sqrt{LC}} \tag{4-6-7}$$

发生并联谐振时，电路具有以下特点：

（1）电路中电压、电流同相，电路呈纯阻性。

（2）电路阻抗接近最大值，阻抗为 $|Z_0| = \dfrac{L}{RC}$，其中 $|Z_0|$ 相当于一个纯电阻。

（3）当电压源供电且电压一定时，电路中的电流接近最小，即

$$I = I_0 = \frac{U}{|Z_0|} = \frac{U}{\dfrac{L}{RC}} \qquad (4-6-8)$$

若由电流源供电，则电路两端将呈现高电压。

（4）并联谐振电路的品质因数为

$$Q = \frac{1}{R}\sqrt{\frac{1}{C}} \qquad (4-6-9)$$

并联谐振时，电感支路和电容支路的电流为

$$\dot{I}_{L_0} = (1-jQ)\dot{I}_0 \qquad \dot{I}_{C_0} = jQ\dot{I}_0 \qquad (4-6-10)$$

当 Q 值较高（即 R 较小）时，$I_{L_0} = I_{C_0} = QI_0$，可认为并联谐振时电感支路和电容支路的电流是总电流的 Q 倍。因此，并联谐振也称为电流谐振。

图 4.6.2(a) 中 RLC 并联电路阻抗 $|Z|$ 和电流 I 都是随频率变化的，改变电源频率，便可得到阻抗谐振曲线和电流谐振曲线，如图 4.6.2(c) 所示。电路的 Q 值越高，谐振曲线越尖锐，选频特性越好。

五、实验内容与步骤

电路是否产生谐振主要取决于电路的参数和电源的频率，因此本实验是在保持电路参数不变的条件下，通过改变电源（函数信号发生器）频率来进行谐振研究的。

1. RLC 串联电路

（1）取 $L = 10$ mH，$C = 4700$ pF，$R = 100$ Ω 组成如图 4.6.3 所示的 RLC 串联电路，计算出谐振频率 f_0，并将函数信号发生器的频率调至 f_0。

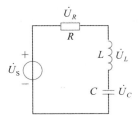

图 4.6.3　RLC 串联电路

（2）用晶体管毫伏表监测 R 上的电压，同时改变函数信号发生器的频率，找到使 U_R 数值最大时的频率，即为谐振频率 f_0；此时电路达到谐振状态，测量谐振状态下各元件上的电压值，即 U_S、U_L、U_C 与 U_R，并填入表 4.6.1 中。

表 4.6.1　谐振状态时 RLC 串联电路参数

测量项目	U_S/V	U_L/V	U_C/V	U_R/V	f_0/Hz	$I_0 = \dfrac{U_R}{R}/A$
测量数据						

（3）固定 $f = f_0$ 不变，调节函数信号发生器的输出，使电源电压 $U_S = 0.5$ V。

（4）改变函数信号发生器的频率(在谐振频率左右取 10 个点)，保持函数信号发生器的输出电压幅度不变，测量电阻电压 U_R，并填入表 4.6.2 中。

表 4.6.2　RLC 串联电路实验数据

序号	1	2	3	4	5	f_0	6	7	8	9	10
f/Hz											
U_R/V											

（5）根据表 4.6.2 中的数据，绘制 U_R-f 曲线。

（6）将电阻改为 200 Ω，重复（2）~（4）步骤。

2. RLC 并联电路

（1）取 $L = 10$ mH，$C = 4700$ pF，$R = 100$ Ω 组成如图 4.6.4 所示的 RLC 并联电路，计算出谐振频率 f_0，并将函数信号发生器的频率调至 f_0。

（2）用晶体管毫伏表监测 R 上的电压，同时改变函数信号发生器的频率，找到使 U_R 数值最小时的频率，即为谐振频率 f_0；此时电路达到谐振状态，读出 U_R 值，并填入表4.6.3中相应位置。

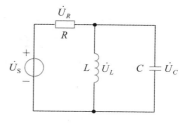

图 4.6.4　RLC 并联电路

（3）固定 $f = f_0$ 不变，调节函数信号发生器的输出，使电源电压 $U_S = 0.5$ V。

（4）改变函数信号发生器的频率(在谐振频率左右取 10 个点)，保持函数信号发生器的输出电压幅度不变，测量电阻电压 U_R，并填入表 4.6.3 中。

表 4.6.3　RLC 并联电路实验数据

序号	1	2	3	4	5	f_0	6	7	8	9	10
f/Hz											
U_R/V											

（5）根据表 4.6.3 中数据，绘制 U_R-f 曲线。

六、实验注意事项

（1）实验中测量电压的有效值应使用晶体管毫伏表，而不可使用万用表。万用表仅用于测量元器件的电阻值。

（2）取频率值时，在 f_0 附近取点应密一点。

七、实验报告

(1) 整理表 4.6.1、表 4.6.2 各项数据,并与预习报告中所计算的数据进行比较。

(2) 由 RLC 串联电路中所测数据,画出串联谐振电路的电流谐振曲线,并标明谐振频率 f_0 的位置。

(3) 由 RLC 并联电路中所测数据,画出并联谐振电路的电流谐振曲线,并标明谐振频率 f_0 的位置。

(4) 画出 RLC 并联电路谐振时的相量图。

(5) 思考并回答下列问题:

① 可以用哪些实验方法判定 RLC 串联电路处于谐振状态?

② 当 RLC 串联电路发生串联谐振时,应有 $U_S = U_R$,$U_C = U_L$,实验中该关系式是否成立? 若有误差,分析其原因。

③ 在 RLC 串联电路中,若所加电压为正弦交流电压,则电感或电容上的电压是否会大于电源电压? 为什么?

④ 在图 4.6.3 和图 4.6.4 中,电阻 R 的大小对 RLC 串联谐振电路的谐振频率和 RLC 并联谐振电路的谐振频率有无影响? 试说明理由。

4.7　微积分电路的设计与实现

一、实验目的

(1) 了解微分、积分电路的原理,能够画出简单的微分、积分电路,并解释其波形。

(2) 熟练掌握示波器、函数信号发生器以及电路实验箱的使用方法。

(3) 能够准确解读示波器的图像,读出实验所需数据。

二、实验预习要求

(1) 复习有关积分与微分电路的理论知识。

(2) 根据实验原理与内容要求,计算电路的时间常数理论值。

三、实验仪器及组件

函数信号发生器	1 台
电路原理实验箱	1 台
双踪示波器	1 台

四、实验原理

1. 微分电路和积分电路的设计原理

在图 4.7.1 所示 RC 电路中,开关 S 处于位置 1 且达稳态,在 $t=0$ 时,将开关 S 从位置 1 转换到位置 2,此时电路的响应为零状态响应。整个过程是电容器充电的过程,电路电流 i 和电容电压 u_C 分别为

$$i = \frac{U_s}{R} \cdot e^{-\frac{t}{\tau}} \qquad u_C = U_s(1 - e^{-\frac{t}{\tau}}) \qquad (4-7-1)$$

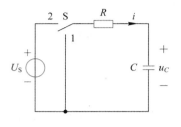

图 4.7.1 RC 电路

式(4-7-)1 中 $\tau = RC$,叫作电路的时间常数,它反映了电路暂态过程的长短,在数值上等于电容电压从初始电压零上升到稳态电压 U_s 的 63.2% 时所用的时间。τ 越大,暂态过程时间越长。

若开关 S 处于位置 2 且达稳态,在 $t=0$ 时将开关从位置 2 转换到位置 1,这时电路的响应为零输入响应。整个过程是电容放电过程,电路电流 i 和电容电压 u_C 分别为

$$i = -\frac{U_s}{R} \cdot e^{-\frac{t}{\tau}} \quad u_C = U_s \cdot e^{-\frac{t}{\tau}} \qquad (4-7-2)$$

2. 微分电路和积分电路实现条件

1) 微分电路实现条件

微分电路是 RC 充放电电路,微分电路必须满足以下两个条件:

(1) 输出电压必须从电阻两端取。

(2) 时间常数 $\tau = RC \ll t_p$,t_p 为方波脉冲脉宽,即 $\frac{1}{2}T = t_p$。通常应使 t_p 至少比时间常数 τ 大 5 倍,即

$$5\tau = 5RC \leqslant t_p \qquad (4-7-3)$$

若取 $R = R_0$,则

$$C \leqslant \frac{t_p}{5R_0} \qquad (4-7-4)$$

$$u_0 = u_R = iR = RC\frac{du_C}{dt} \approx RC\frac{du_s}{dt} \qquad (4-7-5)$$

式(4-7-5)表明,输出电压 u_0 与输入电压 u_s 对时间的微分呈正比关系。因此这种电路被称为微分电路。

2) 积分电路实现条件

积分电路也是 RC 充放电电路,积分电路也必须满足两个条件。具体如下:

(1) 输出电压必须从电容两端取。

(2) 时间常数 $\tau = RC \gg t_p$,t_p 为方波脉冲脉宽,即 $\frac{1}{2}T = t_p$。通常应使时间常数 τ 至少

比 t_p 大 5 倍，即

$$\tau = RC \geqslant 5t_p \qquad (4-7-6)$$

若取 $R = R_0$，则

$$C \geqslant \frac{5t_p}{R_0} \qquad (4-7-7)$$

$$u_0 = u_C = \frac{1}{C}\int i\,\mathrm{d}t \approx \frac{1}{RC}\int u_S\,\mathrm{d}t \qquad (4-7-8)$$

式（4-7-8）表明，输出电压 u_0 与输入电压 u_S 呈积分关系。因此称这种电路为积分电路。

五、实验内容与步骤

1. RC 微分电路设计

1）设计条件

设计一个简单的 RC 微分电路，将方波变换成尖脉冲波。具体设计条件如下：
(1) 输入一个频率为 1 kHz、电压峰-峰值为 1.6 V 的方波信号。
(2) 给定元件参数范围（从下列电阻、电容中只选择一个电阻和一个电容）。
① 电阻：

功率 1/8W	阻值 1 kΩ	5.1 kΩ	10 kΩ	100 kΩ	1 MΩ
功率 1/4W	阻值 1 kΩ	5.1 kΩ	10 kΩ	100 kΩ	1 MΩ
功率 1/2W	阻值 1 kΩ	5.1 kΩ	10 kΩ	100 kΩ	1 MΩ

② 电容：

耐压值 1.6 V	容量 1000 pF	3300 pF	0.01 μF	0.1 μF	1 μF
耐压值 4 V	容量 1000 pF	3300 pF	0.01 μF	0.1 μF	1 μF
耐压值 6.3 V	容量 1000 pF	3300 pF	0.01 μF	0.1 μF	1 μF

2）实验步骤

利用函数信号发生器产生实验所需波形，接入设计电路；输出端接示波器，测绘 RC 微分电路输入信号波形、电阻电压波形、电容电压波形，并在电容电压波形上测出时间常数。

通过对 RC 微分电路的观察，描述 RC 变大或变小时电阻电压、电容电压波形的变化情况。

2. RC 积分电路设计

1）设计条件

设计一个简单的 RC 积分电路，将方波变换成三角波。具体设计条件如下：
(1) 输入一个频率为 2 kHz、电压峰-峰值为 2.2 V 的方波信号。
(2) 给定元件参数范围（从下列电阻、电容中只选择一个电阻和一个电容）。
① 电阻：

功率 1/8W	阻值 1 kΩ	5.1 kΩ	100 kΩ	1 MΩ
功率 1/4W	阻值 1 kΩ	5.1 kΩ	100 kΩ	1 MΩ

功率 1/2W　阻值 1 kΩ　5.1 kΩ　100 kΩ　　1 MΩ

② 电容：

耐压值 1.6 V　容量 1000 pF　3300 pF　0.01 μF　0.1 μF　1 μF

耐压值 4 V　容量 1000 pF　3300 pF　0.01 μF　0.1 μF　1 μF

耐压值 6.3 V　容量 1000 pF　3300 pF　0.01 μF　0.1 μF　1 μF

2) 实验步骤

利用函数信号发生器产生实验所需波形，接入设计电路；输出端接示波器，测绘 RC 积分电路输入信号波形、电阻电压波形、电容电压波形，并分析电容电压变化量与电阻电压变化量在数值上有什么关系。

通过对 RC 积分电路的观察，描述 RC 变大或变小时电阻电压、电容电压波形的变化情况。

六、实验注意事项

(1) 使用示波器时，可通过调节亮度和聚焦旋钮使光点直径最小，以使波形清晰，减小测试误差。不要使光点停留在一点不动，否则电子束长时间轰击一点会在显示屏上形成暗斑，损坏显示屏。为保证波形稳定显示，应注意调节电平旋钮(LEVEL)。读取电压幅值时应检查灵敏度微调旋钮(VAR.PULL)是否顺时针旋到底(校准位置)，否则读数是错误的。类似地，读取周期时应检查扫描时间可变控制旋钮(SWP.VAR)是否顺时针旋到底(校准位置)。

(2) 设计微分电路与积分电路时，输入信号的设定是不同的，应注意区分调整。

七、实验报告

(1) 写出电路设计的计算过程。

(2) 在坐标纸上画出实验中所观察到的各种响应波形，并总结时间常数的物理意义。

(3) 根据实验所测出的一条 u_C 响应曲线，确定电路的时间常数，并与理论值进行比较。

(4) 分析积分电路中电容电压 u_C 和电阻电压 u_R 的响应波形与输入信号电压 U_S 的关系。

4.8　电路实验综合测试

一、实验目的

(1) 了解有关电路模型的知识，建立起理想电路元件的基本概念。例如：电感线圈在直流状态下可以是一个理想电阻元件；在较低频率下，可视为理想电阻元件和理想电感元件的串联模型；在较高频率下还要考虑电容效应等。

(2) 了解直流状态下电阻、电容、电感、二极管以及用导线连接的短路与开路等情况的电阻特性。

（3）了解交流状态下电阻、电容、电感以及用导线连接的短路与开路等情况的阻抗特性。

（4）了解有关电阻、电容、电感的分类以及标称值与额定值等参数含义。

二、实验预习要求

（1）复习前述章节相关实验知识及实验仪器的使用方法。

（2）利用所学的电路理论知识以及各种元器件的特性，结合基本电量的测量方法，按照实验内容要求，选择适当的仪器和实验器材，提前设计实验方案。

三、实验仪器及组件

函数信号发生器	1 台
电路原理实验箱	1 台
双踪示波器	1 台
数字万用表	1 个
标准电阻箱	1 个
直流稳压电源	1 台
晶体管毫伏表	1 台
电路综合测试箱（黑盒子）	1 只
导线	若干

四、实验原理

1. 阻抗模的测量方法

阻抗模 $|Z|$ 的测量可按图 4.8.1(a) 所示电路进行，用交流电流表和电压表分别测量出被测元件的电流 I 和端电压 U，则

$$|Z| = \frac{U}{I} \qquad (4-8-1)$$

但由于普通交流电流表频率特性较差，当频率较高时，测量误差大，故实际测量时多不采用此法。

测量阻抗模的实际测量电路如图 4.8.1(b) 所示，即在回路中串接一个已知电阻 r（通常使 r 较小）。设 r 和 Z 上的电压分别为 U_r 和 U_z，则有

$$I = \frac{U_r}{r} \qquad (4-8-2)$$

从而可得

$$|Z| = \frac{U_z}{I} = \frac{U_z}{U_r} \cdot r \qquad (4-8-3)$$

2. 阻抗角的测量方法

阻抗角 ϕ 的测量可采用三压法，电路如图 4.8.1(b) 所示，分别测量出 U_s、U_r、U_z，电

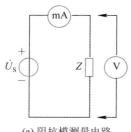
(a) 阻抗模测量电路

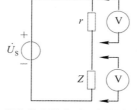
(b) 阻抗模(阻抗角)实际测量电路

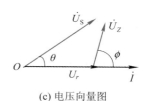
(c) 电压向量图

图 4.8.1 阻抗模测量电路及向量图

压向量图如图 4.8.1(c)所示。由余弦定理可得

$$\cos\phi = \frac{U_s^2 - U_r^2 - U_z^2}{2U_rU_z} \qquad (4-8-4)$$

从而可算出 ϕ 值。

五、实验内容与步骤

实验室备有万用表、电阻箱、示波器、直流稳压电源、信号发生器和若干导线,以及所要测试的电路综合测试箱(黑盒子),首先,利用所学的电路理论知识以及各种元器件的特性,结合基本电量的测量方法,设计实验方案,选择实验器材;然后,设计串联电路并画出串联电路组成结构图;最后,计算并测量出各参数,写出实验报告。

六、实验注意事项

1. 数字万用表使用的注意事项

(1) 正在测量时,不能旋转开关旋钮。

(2) 不能测试带电电阻。

(3) 为了防止电池被损坏,用数字万用表测量电阻时的"0 Ω"校正时间不宜过长,也不宜将电表长时间地停留于小电阻的测量上,否则电池的电能会很快用完而不能继续工作。

(4) 用数字万用表对小电阻进行测量时,可以利用 REC 功能将引线电阻消除后再测量。

(5) 用数字万用表对二极管进行测量时,应将旋转开关旋转到二极管/通断测试挡"➤⊢、·))",将红表笔(红表笔极性为正)。插在"V/Ω"输入孔,黑表笔插在"COM"输入孔。二极管正向连接时,数字万用表显示二极管正向压降的近似值(硅管为 0.7 V 左右,锗管为 0.3 V 左右)。如显示"0 L",则应将红黑表笔反向连接再进行二极管测试,若数字万用表仍显示"0 L",说明被测二极管是坏的。

(6) 绝对禁止将数字万用表的电流测试挡并联于被测电路两端测量电压。

2. 其他注意事项

(1) 晶体管毫伏表的频率响应范围为 5 Hz～3 MHz;数字万用表交流电压、电流挡频率响应范围为 22～1000 Hz,在测量信号频率时不得超过这些范围。

(2) 交流状态测试时,函数信号发生器应选择为正弦交流输出,对要计算电路参数的测量值，至少取三个不同频率点进行测量。

（3）注意排除实验电路中的开路、短路、接触不良等故障。

七、实验报告

（1）列出实验中用到的仪器名称、编号，并标明电路综合测试箱序列号。

（2）详述测试步骤，画出串联电路组成结构图，计算出各参数值；分析在交流状态下测量时，如何减小测量误差。

（3）思考并回答下列问题：

① 在 RL、RC 串联电路中，当改变电源频率时，为什么电源输出电压会发生变化？测量中如何避免误差过大？

② 总结测量过程中的问题，写出本次实验的心得体会，并对实验电路提出改进意见。

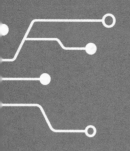

第 5 章　模拟电子技术实验

5.1　常用电子仪器的使用(二)

一、实验目的

(1) 熟悉示波器、函数信号发生器和数字交流毫伏表等常用电子仪器的基本结构和具体功能。

(2) 学会使用示波器进行波形显示以及测量读数。

(3) 学会使用函数信号发生器输出不同频率及电压幅值的正弦波。

(4) 学会使用数字交流毫伏表测量正弦波的有效值。

二、实验预习要求

(1) 仔细阅读第 3 章有关电子仪器的使用方法内容,熟悉各仪器面板中各个旋钮的作用和操作规范。

(2) 实验前自拟需要记录原始数据的表格。

三、实验仪器及组件

双踪示波器	1 台
函数信号发生器	1 台
数字交流毫伏表	1 台

四、实验原理

在模拟电子技术实验中,经常使用的电子仪器有示波器、函数信号发生器、直流稳压电源、交流毫伏表等。将它们和万用表一起使用,可以完成对模拟电子电路的静态和动态工作情况的测试。

实验中需要对各种电子仪器进行综合使用,应按照信号流向,以联机简捷、调节顺手、观察与读数方便等原则进行合理布局。各仪器与被测实验装置之间的布局与连接如图

5.1.1 所示。接线时应注意：为防止外界干扰，各仪器的公共接地端应连接在一起（称共地）；信号源和交流毫伏表的引线通常应使用屏蔽线或专用电缆线，示波器接线应使用专用电缆线，直流电源的接线则可以使用普通导线。

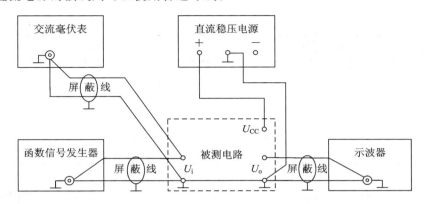

图 5.1.1 模拟电子电路中常用电子仪器布局图

示波器是一种用途很广的电子测量仪器，它既能直接显示电信号的波形，又能对电信号的各种参数进行测量。

函数信号发生器可以输出正弦波、方波、三角波等多种波形，通过调节输出幅度按键，可使输出电压在毫伏级到伏级范围内连续调节，通过频率按键可以对输出信号频率进行调节。

交流毫伏表只能在其工作频率范围之内，测量正弦交流电压的有效值。使用时选择一个通道接入被测信号，在显示屏上对应的通道处读出电压数值即可。

五、实验内容与步骤

1. 测试"校正信号"波形的幅度和频率

将示波器的"校正信号"通过专用电缆线引入选定的 Y 通道（CH1），并将 Y 轴输入耦合方式开关置于"AC"，触发源选择开关置于"CH1"，调节 X 轴扫描速率开关和 Y 轴输入灵敏度开关，使示波器显示屏上显示出一个或多个周期稳定的方波波形。

1）校准"校正信号"的幅度

将 Y 轴灵敏度微调旋钮置于"校准"位置，Y 轴灵敏度开关置于适当位置，将示波器显示格数记入表 5.1.1 中。

表 5.1.1 校准"校正信号"的幅度

Y 轴灵敏度	示波器显示格数
0.5 V/DIV	
1 V/DIV	
2 V/DIV	
校正信号的幅度＝	

2）校准"校正信号"的频率

将扫描微调旋钮置于"校准"位置，扫描速率开关置于适当位置，将示波器显示格数记入表5.1.2中。

表 5.1.2　校准"校正信号"的频率

X 轴灵敏度	示波器一个周期显示格数
1 ms/DIV	
0.5 ms/DIV	
0.2 ms/DIV	
校正信号的周期＝	

2. 使用示波器和毫伏表测量信号源的输出

由信号源输出 $f=1$ kHz 的信号，分别用毫伏表和示波器测量其有效值和峰-峰值，并填入表5.1.3中。

注意：正弦波的有效值 V_{rms} 与峰-峰值 V_{p-p} 的关系是 $V_{p-p}=2\sqrt{2}V_{rms}$。

示波器和交流毫伏表
测量信号源的输出

表 5.1.3　用毫伏表和示波器测量有效值和峰-峰值

信号源输出（有效值）	V_{rms}（毫伏表读数）	V_{p-p}（示波器读数）
50 mV		
1 V		
2 V		

使信号源输出频率 $f=5$ kHz、$V_{p-p}=2$ V 的正弦信号。要求：用示波器显示一个稳定的正弦波，记录以下旋钮的相应位置，并将结果填入表5.1.4中。

表 5.1.4　示波器旋钮相应位置

Y 轴灵敏度（　　）V/DIV	垂直方向显示（　　）DIV
扫描时间（　　）μs/DIV	一个周期显示（　　）DIV

完成上述内容后，可自拟题目，反复练习。

六、实验注意事项

（1）测量电压前应先确定被测信号是直流电压还是交流电压，然后选择对应的电压测量挡位。

（2）不能把示波器的两个测试探头的地线同时加在同一电路不同电位的两点上，以免电路短路。

（3）在使用示波器测量信号时，触发源必须和被测信号所在通道保持一致。

七、实验报告

（1）明确实验目的、实验仪器设备，并简述实验原理。

（2）整理实验内容与步骤，记录并计算出相应的测量结果，填入表中，并分析实验结果。

（3）说明能否用毫伏表测量放大器的直流工作点。

（4）说明能否用万用表测量正弦信号电压的大小。

5.2　晶体管共射极单管放大电路的测试

一、实验目的

（1）熟悉单级放大电路的结构和组成；了解电路中元器件参数对放大电路静态工作点的影响；熟悉模拟电路实验箱。

（2）学习放大器静态工作点的调试方法；掌握电压放大倍数的测试方法。

（3）分析静态工作点对放大器性能的影响。

二、实验预习要求

（1）复习三极管及单管放大电路工作原理。

（2）查阅放大器静态工作点及动态测量方法。

（3）复习信号发生器、示波器、交流毫伏表以及万用表的使用方法。

（4）画出实验内容的接线电路图。

三、实验仪器及组件

万用表	1 块
函数信号发生器	1 台
双踪示波器	1 台
数字交流毫伏表	1 台
模拟电子技术实验箱	1 台
单级放大电路板	1 块

四、实验原理

单级放大电路是构成多级放大电路和复杂电路的基本单元，为了稳定静态工作点，常采用带有直流负反馈的分压式单管放大电路。如图 5.2.1 所示为电阻分压式工作点稳定单管放大电路，它的偏置电路是由 R_{b1} 和 R_{b2} 组成的分压电路，并在发射级中接有电阻 R_e，以稳定放大器的静态工作点。当给放大器加入一个输入信号 U_i 后,在放大器的输出端便可得到一个与 U_i 相位相反且幅值被放大了的输出信号 U_o,从而实现电压放大。

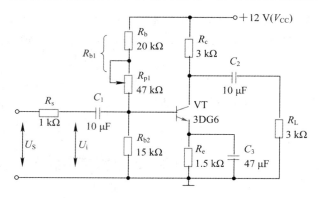

图 5.2.1 电阻分压式工作点稳定单管放大电路

在图 5.2.1 电路中,当流过偏置电阻 R_{b1} 和 R_{b2} 的电流远大于三极管 VT 的基极电流 I_B 时(一般为 5~10 倍),它的静态工作点可用下式估算:

$$U_B = [R_{b2} /\!/ (R_{b1} + R_{b2})] V_{CC} \qquad (5-2-1)$$

$$I_E = (U_B - U_{BE}) /\!/ R_e \approx I_C \qquad (5-2-2)$$

$$U_{CE} = V_{CC} - I_C(R_c + R_e) \qquad (5-2-3)$$

电压放大倍数为

$$A_u = -\beta(R_c /\!/ R_L /\!/ r_{be}) \qquad (5-2-4)$$

输入电阻为

$$R_i = R_{b1} /\!/ R_{b2} /\!/ r_{be} \qquad (5-2-5)$$

输出电阻为

$$R_o \approx R_c \qquad (5-2-6)$$

1. 放大器静态工作点的测量与调试

1)静态工作点的测量

测量放大器的静态工作点,应在输入信号 $U_i = 0$ 的情况下进行,需要用万用表分别测量三极管 VT 的集电极电流 I_C 以及各电极对地的电位 U_B、U_C 和 U_E。为了避免断开集电极,一般采用先测量出电压 U_E 或 U_C,然后计算出 I_C 的方法来进行实验。

2)静态工作点的调试

放大器静态工作点的调试是指对三极管集电极电流 I_C(或 U_{CE})的调整与测试。静态工作点是否合适,对放大器的性能和输出波形都有很大影响。如果工作点偏高,放大器在加入交流信号以后易产生饱和失真,此时 U_o 的负半周将被削底(一般很明显),如图 5.2.2(a)所示。这主要是因为当饱和失真发生前,三极管工作在线性区,突然进入饱和区,使输出波形的变化非常明显。如果工作点偏低,则易产生截止失真,即 U_o 的正半周被缩顶(一般截止失真不如饱和失真明显),如图 5.2.2(b)所示。这主要是因为三极管工作于靠近截止区时,三极管实际上已经工作于非线性区域,输出波形已经开始失真了。因此,在三极管靠近截止区时,要判断波形是否发生失真,只能采用这样的方法,即在信号增大的过程中,在靠近截止区的方向,如果可以明显判断出输出波形已经不是正弦波,则放大器发生了非线性失真。

由于这些情况都不符合不失真放大的要求,因此在选定放大器工作点以后还必须进行动态调试,即在放大器的输入端加入一定的输入电压 U_i,检查输出电压 U_o 的大小和波形是否满足要求。如不满足,则应调节其静态工作点的位置。

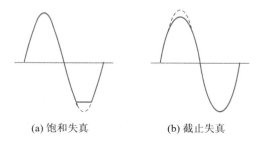

(a) 饱和失真　　　　　　(b) 截止失真

图 5.2.2　静态工作点对 U_o 波形失真的影响

改变电路参数 V_{CC}、R_c、R_b(R_{b1}、R_{b2})都会引起静态工作点的变化,如图 5.2.3 所示。通常多采用调节偏置电阻 R_{b2} 的方法来改变静态工作点,例如减小 R_{b2},可使静态工作点提高。

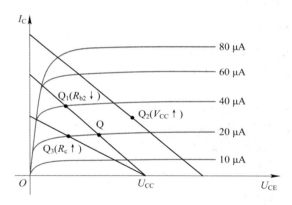

图 5.2.3　电路参数对静态工作点的影响

还要说明的是,上面所说的工作点“偏高”或“偏低”不是绝对的,应该是相对于信号的幅度而言的。例如,如果输入信号幅度很小,即使工作点较高或较低也不一定会出现失真。因此,确切地说,产生波形失真是信号幅度与静态工作点设置配合不当所致。如需满足较大信号幅度的要求,静态工作点最好尽量靠近交流负载线的中点。

2. 放大器动态指标的测试

1) 电压放大倍数 A_u 的测量

将放大器的静态工作点调整到合适的位置,然后加入输入电压 U_i,在输出电压 U_o 波形不失真的情况下,用交流毫伏表测出 U_i 和 U_o 的有效值,则可计算出电压放大倍数 $A_u = U_o / U_i$。

2) 最大不失真输出电压 U_{opp} 的测量(最大动态范围)

如上所述,为了得到最大动态范围,应将放大器静态工作点调至交流负载线的中点。

为此在放大器正常工作的情况下，逐步增大输入信号的幅度，并同时调节 R_{p1}（改变静态工作点），用示波器观察 U_o。当输出波形同时出现"削底"和"缩顶"的现象（如图 5.2.4 所示）时，说明静态工作点已调至交流负载线的中点，然后反复调整输入信号，使输出波形的幅度最大，且无明显失真时，用交流毫伏表测出 U_o 的值（有效值），则动态范围等于 $2\sqrt{2}U_o$，或用示波器直接读出 U_{opp} 的值。

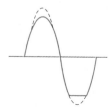

图 5.2.4　静态工作点正常且输入信号太大引起的失真

五、实验内容与步骤

按照图 5.2.1 所示实验电路图接线，并连接各个电子仪器。为了防止干扰，各仪器的公共端必须连接在一起，且函数信号发生器、交流毫伏表和示波器的引线应采用专用电缆线或屏蔽线。如果使用屏蔽线，则屏蔽线的外包金属网应接在公共接地端上。

1. 调试静态工作点

放大器的输入端先不加交流信号，接通 $+12$ V 电源和地线；调节 R_{p1}，（用万用表测量）使 $U_E = 2.5$ V；用万用表测量 U_B、U_C，填入表 5.2.1 中。

静态工作点的调试

表 5.2.1　静态工作点的测量

U_B/V	U_E/V	U_C/V

2. 测量电压放大倍数（注意：工作点不变，$U_E = 2.5$ V）

在放大器的输入端加入频率为 1 kHz 且电压有效值为 10 mV 的正弦信号，用交流毫伏表测量表 5.2.2 中两种情况下 U_o 的值，填入表 5.2.2 中，并计算出电压放大倍数 A_u 的值。

电压放大倍数测量

表 5.2.2　电压放大倍数的测量

$R_c/k\Omega$	$R_L/k\Omega$	U_o/V	A_u
3.0	∞		
3.0	3.0		

3. 观察静态工作点对输出波形失真的影响（负载 $R_L = 3$ kΩ）

在放大器的输入端加入频率为 1 kHz 且电压有效值为 10 mV 的正弦信号，分别增大和减小 R_{p1}，使输出波形出现失真，画出 U_o 的波形，并填入表 5.2.3 中。

表 5.2.3　静态工作点对输出波形失真的影响

U_o 波形	工作点 U_{CE} 电压	三极管工作状态

4. 使用双踪示波器定性观察输出与输入波形的相位关系

通道 1 接放大器输入端，通道 2 接放大器输出端（负载 $R_L = 3\ \text{k}\Omega$），观察、记录相应的波形，并用相关理论解释。

六、实验注意事项

（1）在实验操作过程中，应避免将函数信号发生器输出连线端的两个夹子碰撞在一起，以防短路烧毁仪器。

（2）调节电位器 R_{p1} 时应一点一点调节，不可太用力，以免损坏或过调。

七、实验报告

（1）画出实验电路的原理图，并整理实验结果。

（2）思考放大器接入负载 R_L 和不接负载 R_L 时，电压放大倍数 A_u 如何变化。

（3）阐述若放大器出现截止失真或饱和失真，应如何调整静态工作点。

5.3　负反馈放大电路的测试

一、实验目的

（1）加深理解放大电路中引入负反馈的作用。

（2）掌握两级放大电路静态工作点的调试方法；掌握负反馈放大电路性能指标的测量和调试方法。

（3）了解负反馈对放大器性能指标的影响。

二、实验预习要求

（1）复习放大电路中引入负反馈的作用。

（2）了解负反馈放大电路有哪几种基本类型，它们的特点各是什么。

（3）画出实验内容的接线电路图。

三、实验仪器及组件

万用表　　　　　　　　　　1 块

函数信号发生器	1 台
双踪示波器	1 台
模拟电子技术实验箱	1 台
负反馈放大电路板	1 块

四、实验原理

反馈是指将放大器输出量(电压或电流)的一部分或者全部,通过一定的网络,返回到放大器的输入回路,并同输入信号一起参与对放大器输入的控制,从而使放大器的某些性能获得有效改善的过程。

负反馈在电子电路中有着非常广泛的应用。虽然它降低了放大器的放大倍数,但能在多方面改善放大器的动态指标,如可稳定放大倍数、提高输入阻抗、降低输出阻抗、减小非线性失真和展宽通频带等。因此,几乎所有的实用放大器都带有负反馈功能。这种带有负反馈功能的电路称为负反馈放大电路。

负反馈放大电路有四种基本类型,即电压串联负反馈、电压并联负反馈、电流串联负反馈和电流并联负反馈。本实验以电压串联负反馈为例,分析负反馈对放大电路各项性能指标的影响。

带有负反馈的两级阻容耦合放大电路如图 5.3.1 所示,该电路由两级单管放大器和反馈电阻 $R_f(R_{13})$ 组成。在电路中,通过 $R_f(R_{13})$ 把输出电压 U_o 引回到输入端,加在三极管 VT_1 的发射极上,在发射极电阻 $R_{e1}(R_5)$ 上形成反馈电压 U_f。根据负反馈的判断方法可知,图 5.3.1 所示电路的反馈属于电压串联负反馈。

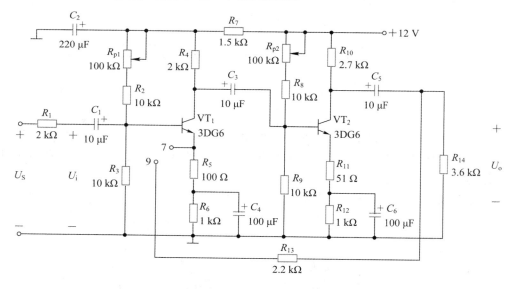

图 5.3.1 带负反馈的两级阻容耦合放大电路

电压串联负反馈放大电路的主要性能指标如下:

(1) 闭环电压放大倍数为

$$A_{uf} = \frac{A_u}{1 + A_u F_u} \qquad (5-3-1)$$

式中，A_u 为基本放大器(无反馈)的电压放大倍数，即开环电压放大倍数，$A_u = U_o/U_i$；F_u 为反馈系数，$F_u = R_5/(R_{13} + R_5)$；$1 + A_u F_u$ 为反馈深度，它的大小决定了负反馈对放大器性能改善的程度。

（2）输入电阻为

$$R_{if} = (1 + A_u F_u) R_i \tag{5-3-2}$$

（3）输出电阻为

$$R_{of} = \frac{R_o}{1 + A_u F_u} \tag{5-3-3}$$

式中，R_i、R_o 分别为基本放大器(无反馈)的输入电阻(不包括偏置电阻)和输出电阻；A_u 为基本放大器 $R_L = \infty$ 时的电压放大倍数。

五、实验内容与步骤

1. 测量静态工作点

按照图 5.3.1 所示连接实验电路，并连接直流电源电压($V_{CC} = +12$ V)和地线。

放大器输入端先不加交流信号，调节 R_{p1}，用万用表测 VT_1 的 E 极电压 $U_{E1} = 2.0$ V，调节 R_{p2}，用万用表测 VT_2 的 E 极电压 $U_{E2} = 1.8$ V，然后用万用表分别测量放大器第一级、第二级的静态工作点，并记入表 5.3.1 中。

表 5.3.1　静态工作点测量记录表

测量部位	U_B/V	U_C/V	U_E/V
第一级			2.0
第二级			1.8

2. 测量电压放大倍数 A_u

先将电路接成无反馈形式，即将反馈电阻 $R_f(R_{13})$ 并联在输出端，也就是将实验板上的节点 9 接地；在放大器输入端加入频率 $f = 1$ kHz、电压有效值等于 5 mV 的正弦交流信号，用交流毫伏表测量加负载的输出电压 $U_L(R_L = 3.6$ kΩ)，记入表 5.3.2 中；断开负载电阻 R_L(注意：R_{13} 不要断开)，测量空载时的输出电压 U_o，记入表 5.3.2 中，并计算出电压放大倍数 A_u 的值。

表 5.3.2　电压放大倍数 A_u 测量记录表

测量部位	R_L	U_i/mV	U_o/V	$A_u(A_{uf})$
基本放大器	∞	5		
	3.6 kΩ	5		
负反馈放大器	∞	10		
	3.6 kΩ	10		

再将实验电路恢复为图 5.3.1 所示的负反馈放大电路，也就是将 $R_f(R_{13})$ 接到第一级放大器的发射极(连接实验板上的节点 7 和节点 9)；将输入信号的电压有效值调至 10 mV，

用示波器观察输出波形;在输出波形不失真的情况下,重复以上测量步骤和内容,将测量结果记入表 5.3.2 中,并计算出电压放大倍数 A_u 的值。

3. 观察负反馈对非线性失真的改善

(1) 将实验电路接成基本放大器形式(无反馈),在输入端加入频率 $f=1\ \text{kHz}$ 的正弦信号,输出端接示波器,逐渐增大输入信号的幅度,使输出波形开始出现失真(注意不要过分失真),并记录下此时的输入、输出电压大小。

(2) 将实验电路改接成负反馈放大器形式,增大输入信号幅度,使输出电压幅度的大小与(1)中测得的相同,观察带有负反馈时输出波形的变化,并记录下此时的输入、输出电压大小,将(1)和(2)中的输入信号大小记录下来,比较当输出电压相同时输入电压的变化。

六、实验注意事项

用示波器测量电压时的读数为信号峰-峰值,若要测量信号的有效值应使用交流毫伏表或者数字万用表。

七、实验报告

(1) 画出实验电路的原理图,并整理实验结果。
(2) 说明负反馈对放大器性能指标的影响。

5.4 集成运放基本运算电路的应用(一)

一、实验目的

(1) 学习集成运算放大电路的使用方法。
(2) 掌握用集成运算放大器(简称为集成运放)构成比例、积分等基本运算电路的原理。
(3) 学习集成运算放大器构成的基本运算电路的测试方法。

二、实验预习要求

(1) 复习用集成运放构成比例运算电路的工作原理。
(2) 复习用集成运放构成积分运算电路的工作原理。
(3) 画出实验内容的接线电路图。

三、实验仪器及组件

函数信号发生器	1 台
双踪示波器	1 台
模拟电子技术实验箱	1 台

四、实验原理

集成运算放大器是一种具有高电压放大倍数的直接耦合多级放大电路，通常由输入级、中间级、输出级和偏置电路四部分组成。当外部接入不同的元器件时，集成运算放大器可以灵活地实现各种功能，例如比例、加法、减法、积分、微分和对数等模拟运算电路，还能对信号进行放大、限幅、比较等处理，还可以产生正弦波、三角波和锯齿波等振荡波形。

本实验采用的集成运算放大器的型号为 μA741，它是高性能、低功耗、内补偿运算放大器，可用作积分器、求和放大器及普通反馈放大器。μA741 的引脚排列如图 5.4.1 所示，它是八脚双列直插式组件。各个引脚名称及功能是：1 脚 OA_1 和 5 脚 OA_2 为失调调零端；2 脚 IN_- 为反相输入端；3 脚 IN_+ 为同相输入端；4 脚 V_- 为负电源端；6 脚 OUT 为输出端；7 脚 V_+ 为正电源端；8 脚 NC 为空脚。

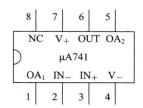

图 5.4.1　μA741 引脚排列

1. 反相比例运算电路

反相比例运算电路原理图如图 5.4.2 所示。对于理想运算放大器，该电路的输出电压与输入电压之间的关系为

$$U_o = -\frac{R_f}{R_1}U_i \qquad\qquad (5-4-1)$$

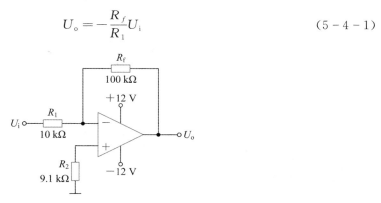

图 5.4.2　反相比例运算电路原理图

为了减小输入级偏置电流引起的运算误差，在同相输入端应接入平衡电阻 R_2，$R_2 = R_1 /\!/ R_f$。

2. 同相比例运算电路

同相比例运算电路原理图如图 5.4.3 所示。该电路的输出电压与输入电压之间的关系为

$$U_{\circ} = \left(1 + \frac{R_{f}}{R_{1}}\right) U_{i} \tag{5-4-2}$$

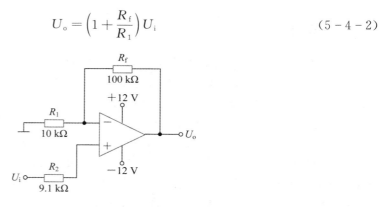

图 5.4.3　同相比例运算电路原理图

同样，为了减小输入级偏置电流引起的运算误差，在同相输入端应接入平衡电阻 R_2，$R_2 = R_1 /\!/ R_f$。

3.积分运算电路

积分运算电路原理图如图 5.4.4 所示，其中 R_1 为输入电阻，R_2 为平衡电阻，C 为积分电容，R_f 为直流反馈电阻。R_f 的作用是减小集成运算放大器输出端的直流漂移，但 R_f 的存在会影响积分电路的线性关系，为了改善该影响，R_f 不宜太大，一般取为 R_1 的 10 倍左右。

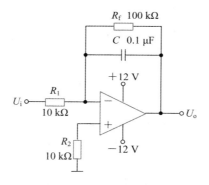

图 5.4.4　积分运算电路原理图

五、实验内容与步骤

反相比例
运算电路

1.反相比例运算

按照图 5.4.2 接线，接线时应注意，应先接运算放大器的 ±12 V 电源，再将实验箱的地线与电路的地线连接；电路输入端接入 $f = 1\ \text{kHz}$、$U_{ipp} = 0.5\ \text{V}$ 的正弦信号，用双踪示波器观察输入和输出波形，并测量 U_{ipp} 和 U_{opp} 的值；画出输入和输出波形图(纵坐标对齐)，计算出理论值，将其与实测值相比较，并将结果填入表 5.4.1 中。

表 5.4.1　反相比例运算测量记录表

U_{ipp}	U_{opp}	A_u		U_i 和 U_o 波形
		实测值	计算值	

2. 同相比例运算

　　按照图 5.4.3 接线，接线时应注意，应先接运算放大器的 ±12 V 电源，再将实验箱的地线与电路的地线连接；电路输入端接入 $f=1$ kHz、$U_{ipp}=0.5$ V 的正弦信号，用双踪示波器观察输入和输出波形，并测量 U_{ipp} 和 U_{opp} 的值；画出输入和输出波形图（纵坐标对齐），计算出理论值，将其与实测值相比较，并将结果填入表 5.4.2 中。

同相比例
运算电路

表 5.4.2　同相比例运算测量记录表

U_{ipp}	U_{opp}	A_u		U_i 和 U_o 波形
		实测值	计算值	

3. 积分运算

　　按照图 5.4.4 接线，接线时应注意，应先接运算放大器的 ±12 V 电源，再将实验箱的地线与电路的地线连接；电路输入端接入 $f=1$ kHz、幅度 $U=1$ V 的方波信号，用双踪示波器观察输入和输出波形，并测量 U_{ipp} 和 U_{opp} 的值；画出输入、输出波形图（纵坐标对齐）。另外，方波的调试方法为：在信号发生器上，先将输出信号类型用 Shift 键切换成方波，再调频率和幅度。

六、实验注意事项

　　(1) 在实验前，要确定好集成运算放大器各引脚的位置；接线时切忌将其正电源端和负电源端接反，若接反会烧毁芯片。

　　(2) 在实验过程中，要注意集成运算放大器的输入电压和输出电流不能超过它的额定工作电压与电流。

　　(3) 在改接电路前，必须先关断电源，切忌带电操作；改接好电路并确认无误后，再通电实验。

七、实验报告

　　(1) 画出实验电路的原理图，并整理实验结果。

　　(2) 阐述同相比例放大器和反相比例放大器的输入、输出电阻各有什么作用。

(3) 说明本实验中选取的集成运算放大器的型号、引脚,以及各个引脚的功能是什么。

5.5 集成运放基本运算电路的应用(二)

一、实验目的

(1) 掌握用集成运算放大器构成加法、减法等基本运算电路的原理。
(2) 学习集成运算放大器构成的加法、减法等运算电路的测试方法。
(3) 了解电压比较器的电路组成特点及其测试方法。

二、实验预习要求

(1) 复习用集成运放构成加法运算电路的工作原理。
(2) 复习用集成运放构成减法运算电路的工作原理。
(3) 复习用集成运放构成电压比较器的工作原理。
(4) 画出实验内容的接线电路图。

三、实验仪器及组件

函数信号发生器	1 台
双踪示波器	1 台
数字万用表	1 块
模拟电子技术实验箱	1 台

四、实验原理

本实验仍采用 μA741 集成运算放大器。

1. 反相加法电路

反相加法电路原理图如图 5.5.1 所示,该电路的输出电压与输入电压之间的关系为

$$U_o = -\left(\frac{R_f}{R_1}U_{i1} + \frac{R_f}{R_2}U_{i2}\right) \qquad (5-5-1)$$

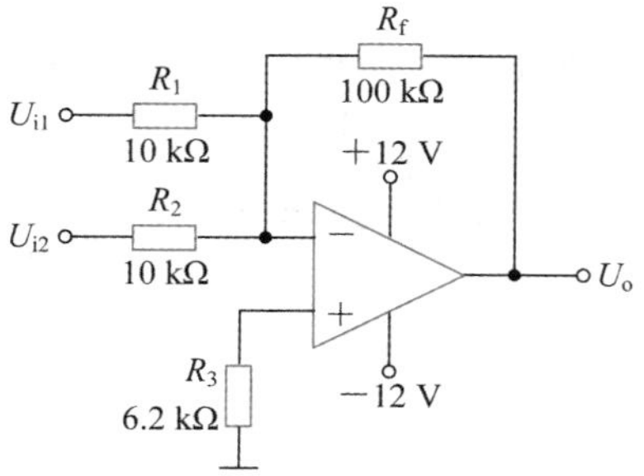

图 5.5.1 反相加法电路原理图

$$R_3 = R_1 \mathbin{/\mkern-5mu/} R_2 \mathbin{/\mkern-5mu/} R_f \tag{5-5-2}$$

2. 差动放大电路(减法器)

差动放大电路原理图如图 5.5.2 所示,当 $R_1 = R_2$,$R_3 = R_f$ 时,该电路的输出电压与输入电压之间的关系为

$$U_o = \frac{R_f}{R_1}(U_{i2} - U_{i1}) \tag{5-5-3}$$

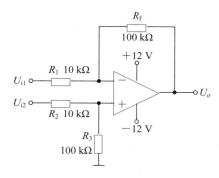

图 5.5.2　差动放大电路原理图

3. 电压比较器

电压比较器是集成运算放大器非线性应用电路,它将一个模拟电压信号和一个参考电压相比较,在二者幅度几乎相等时,输出电压将产生跃变,相应输出高电平或低电平。电压比较器可以组成非正弦波形变换电路,还可应用于模拟与数字信号转换等领域。

图 5.5.3(a)所示为一个最简单的电压比较器原理电路。U_R 为参考电压,加在集成运算放大器的同相输入端,输入电压 U_i 加在其反相输入端。表示输出电压与输入电压之间关系的特性曲线称为传输特性曲线。电压比较器的传输特性曲线如图 5.5.3(b)所示。

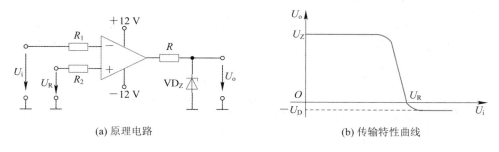

(a) 原理电路　　　　　　　　　　(b) 传输特性曲线

图 5.5.3　电压比较器原理电路及其传输特性曲线

当 $U_i < U_R$ 时,运算放大器输出高电平,稳压管 VD_Z 反向稳压工作,输出端电位被其钳位在稳压管的稳定电压 U_Z 上,即 $U_o = U_Z$;当 $U_i > U_R$ 时,运算放大器输出低电平,VD_Z 正向导通,输出电压等于稳压管的正向压降 U_D,即 $U_o = -U_D$。因此,以 U_R 为界,当输入电压 U_i 变化时,电压比较器输出端反映出两种状态,即高电位和低电位。

常用的电压比较器有过零比较器、具有滞回特性的过零比较器以及双限比较器(又称窗口比较器)等,本实验采用过零比较器。加限幅电路的过零比较器电路如图 5.5.4 所示,其中 VD_Z 为限幅稳压管,信号从运算放大器的反相输入端输入,参考电压为零。当 $U_i > 0$

时，输出电压 $U_o = -(U_Z + U_D)$；当 $U_i < 0$ 时，输出电压 $U_o = +(U_Z + U_D)$。过零比较器结构简单，灵敏度高，但抗干扰能力差。

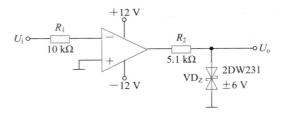

图 5.5.4　过零比较器

五、实验内容与步骤

1. 反相加法电路

按照图 5.5.1 接线，接线时应注意，先接运算放大器的 ±12 V 电源，再将实验箱的地线与电路的地线连接。电路输入信号采用实验箱上的直流信号源，用万用表测量输入和输出电压值，将结果填入表 5.5.1 中。

表 5.5.1　反相加法电路测量数据记录表

U_{i1}（直流）	U_{i2}（直流）	U_o（直流）	
		实测值	计算值
0.2 V	0.3 V		

2. 差动放大电路(减法器)

按照图 5.5.2 接线，接线时应注意，先接运算放大器的 ±12 V 电源，再将实验箱的地线与电路的地线连接。电路输入信号采用实验箱上的直流信号源，用万用表测量输入和输出电压值，将结果填入表 5.5.2 中。

表 5.5.2　差动放大电路测量数据记录表

U_{i1}（直流）	U_{i2}（直流）	U_o（直流）	
		实测值	计算值
0.2 V	0.3 V		

3. 过零比较器

按照图 5.5.4 接线，接线时应注意，先接运算放大器的 ±12 V 电源，再将实验箱的地线与电路的地线连接。电路输入端接入 $f=500$ Hz、$U_{ipp}=2$ V 的正弦信号，用双踪示波器观察输入和输出波形，画出输入和输出波形图(纵坐标对齐)，并在坐标轴上标出波形的峰值。

六、实验注意事项

（1）在实验前，要确定好集成运算放大器各引脚的位置；接线时切忌将其正电源端和负电源端接反，若接反会烧毁芯片。

（2）在实验过程中，要注意集成运算放大器的输入电压和输出电流不能超过它的额定工作电压与额定工作电流。

（3）在改接电路前，必须先关断电源，切忌带电操作，改接好电路并确认无误后，再通电实验。

（4）在电压比较器的实验过程中，实验电路、直流信号源等的地要共用一个地，若各部分之间没有共地，测量结果可能会不准确。

七、实验报告

（1）画出实验电路的原理图，并整理实验结果。

（2）说明在反相加法电路中，如果 U_{i1} 和 U_{i2} 都采用直流电压，且假设 $U_{i2} = -2$ V，那么 U_{i1} 的大小不应超过多少伏（集成运算放大器的最大输出幅度为 ± 12 V）。

（3）阐述通常情况下电压比较器中的集成运算放大器工作在正反馈、负反馈或开环中的哪种状态，以及它的输出电压一般情况下是否只有高电平和低电平这两个稳定状态。

5.6　波形发生电路的设计

一、实验目的

（1）学习 RC（文氏电桥）正弦波振荡器的设计方法。

（2）掌握 RC 正弦波振荡器的电路组成、工作原理和振荡条件。

（3）掌握 RC 正弦波振荡器的安装、调试与主要性能指标的测量方法。

二、实验预习要求

（1）复习正弦波自激振荡基本原理。

（2）了解 RC 正弦波振荡器的起振条件。

（3）设计电路并计算电路中各个元器件的参数值。

（4）画出实验内容的接线电路图。

三、实验仪器及组件

函数信号发生器	1 台
双踪示波器	1 台
模拟电子技术实验箱	1 台

元器件板   1块

四、实验原理

RC(文氏电桥)正弦振荡器是由集成运算放大器和文氏电桥反馈网络组成的正弦波振荡电路,如图 5.6.1 所示,它适用于产生频率低于或等于 1 MHz 的正弦信号。图中 RC 串并联电路构成正反馈选频网络;R_3、R_4 和 R_p 是集成运算放大器的负反馈网络;两个接法相反的二极管 VD_1、VD_2 和 R_5 并联构成稳幅电路,R_5 的接入是为了削弱二极管非线性的影响,改善波形失真。当集成运算放大器具有理想特性时,振荡条件主要由两个反馈网络的参数决定。

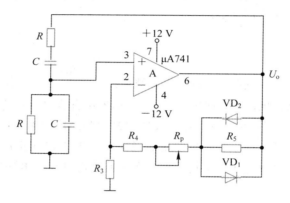

图 5.6.1 RC(文氏电桥)正弦波振荡器电路

RC 正弦振荡器产生自激振荡的平衡条件是 $\dot{A}\dot{F}=1$,起振条件为 $\dot{A}\dot{F}>1$,用幅值和相位可表示为

$$\begin{cases} AF > 1 \\ \varphi_A + \varphi_F = 2n\pi \quad (n = 0, \pm 1, \pm 2, \cdots) \end{cases} \tag{5-6-1}$$

式中,$\dot{A}$ 为无反馈时电路中放大器的放大倍数;$\dot{F}$ 为正反馈网络的反馈系数;φ_A 为集成运算放大器的相移角;φ_F 为选频网络的相移角。

正反馈网络的反馈系数为

$$\dot{F} = \cfrac{1}{3 + j\left(\omega RC - \cfrac{1}{\omega RC}\right)} \tag{5-6-2}$$

当

$$\omega = \omega_0 = \frac{1}{RC} \quad 或 \quad f = f_0 = \frac{1}{2\pi RC} \tag{5-6-3}$$

时,幅频特性的幅值为最大值,即

$$F = \frac{1}{3} \tag{5-6-4}$$

而相频特性的相位角为零,即

$$\varphi_F = 0 \tag{5-6-5}$$

因此，只要集成运算放大器的放大倍数略大于 3，且 $\varphi_A = 0$，电路就有可能产生振荡，振荡频率为

$$f_0 = \frac{1}{2\pi RC} \tag{5-6-6}$$

改变选频网络的参数 R 或 C，即可调节振荡频率。调节电位器 R_p 可以改变负反馈深度，以满足振荡的振幅条件和改善波形。若电路不起振，说明负反馈太强，应适当增大 R_p 的值；若输出波形严重失真，应减小 R_p 的值。

五、实验内容与步骤

1. 设计要求

设计一个振荡频率为 800 Hz 的 RC（文氏电桥）正弦波振荡器。

2. 参数计算

按照设计要求，参考设计提示，计算所设计电路的部分参数。已知电阻 $R = 10$ kΩ，计算电容 C 的参数；已知 $R_3 = 10$ kΩ、$R_5 = 2.7$ kΩ，计算 $R_4 + R_p$ 的参数。二极管选用 1N4148。

3. 设计提示

1）设计电路

这里以设计一个振荡频率为 800 Hz 的 RC 正弦波振荡器为例，设计步骤如下：

根据设计要求，选择如图 5.6.1 所示电路。

2）计算和确定电路中的元件参数并选择器件

（1）计算 RC 乘积的值。根据振荡器的频率，可得

$$RC = \frac{1}{2\pi f_0} = \frac{1}{2 \times 3.14 \times 800} \approx 1.99 \times 10^{-4} \text{ s} \tag{5-6-7}$$

（2）确定 R 和 C 的值。为了使选频网络的特性不受运算放大器输入电阻和输出电阻的影响，按照 $R_i \gg R \gg R_o$ 的关系确定 R 的值。其中，R_i（几百千欧以上）为运算放大器同相端的输入电阻，R_o（几百欧姆以下）为运算放大器的输出电阻。

因此，初选 $R = 20$ kΩ，则

$$C = \frac{1.99 \times 10^{-4}}{20 \times 10^3} = 0.0995 \times 10^{-7} \approx 0.01 \ \mu\text{F} \tag{5-6-8}$$

（3）确定 R_3 和 R_f 的值。由图 5.6.1 可知 $R_f = R_4 + R_p + r_d // R_5$，其中，$r_d$ 为二极管导通时的动态电阻。由振荡的振幅条件可知，要使电路起振，R_f 应略大于 $2R_3$，通常取 $R_f = 2.1R_3$，以保证电路能起振和减小波形失真。另外，还要满足 $R = R_3 // R_f$ 的直流平衡条件，以减小集成运放输入失调电流的影响。因此可求出

$$R_3 = \frac{3.1}{2.1}R = \frac{3.1}{2.1} \times 20 \times 10^3 \approx 29.5 \times 10^3 \ \Omega \tag{5-6-9}$$

取标称值 $R_3 = 30$ kΩ。所以

$$R_f = 2.1R_3 = 2.1 \times 30 \times 10^3 = 63 \text{ kΩ} \tag{5-6-10}$$

为了达到最佳效果，R_f 与 R_3 的值还需通过实验调整后确定。

（4）确定稳幅电路及其元件值。稳幅电路由 R_5 和两个接法相反的二极管 VD_1、VD_2 并联而成，如图 5.6.1 所示。稳幅二极管 VD_1、VD_2 应选用温度稳定性较高的硅管，而且二极管 VD_1、VD_2 的特性必须一致，以保证输出波形正负半周对称。

（5）确定 $R_4 + R_p$ 串联阻值。由于二极管的非线性会引起波形失真，因此，为了减小非线性失真，可在二极管的两端并联一个阻值与 r_d 相近的电阻 R_5（一般取几千欧，本例中取 $R_5 = 2\ \text{k}\Omega$），然后再经过实验调整，以达到最佳效果。R_5 确定后，可求出

$$R_4 + R_p = R_f - (R_5 \mathbin{/\!/} r_d) \approx R_f - \frac{R_5}{2} = 62\ \text{k}\Omega \qquad (5-6-11)$$

为了达到最佳效果，R_4 选用 $30\ \text{k}\Omega$ 电阻，R_p 选用 $50\ \text{k}\Omega$ 的电位器，调试时进行适当调节即可。

（6）运算放大器选型。该电路中的运算放大器要求其输入电阻高，输出电阻小，且增益带宽积要满足 $A_u \cdot \text{BW} > 3f_0$ 的条件。由于本例中 $f_0 = 800\ \text{Hz}$，故可选用 $\mu\text{A}741$ 集成运算放大器。

4. 安装与调试

按照图 5.6.1 连接电路，集成运算放大器 $\mu\text{A}741$ 的 7 脚接 $+12\ \text{V}$ 电源，4 脚接 $-12\ \text{V}$ 电源，用示波器测量 $\mu\text{A}741$ 的 6 脚是否有输出波形。然后调整 R_p，使输出波形为幅度最大且失真最小的正弦波。若电路不起振，应适当增大 R_p 的值；若输出波形严重失真，应减小 R_p 的值。

当调试出幅度最大且失真最小的正弦波后，可用示波器测量出振荡器的频率 f_0。若所测频率 f_0 不满足设计要求，可根据其大小，判断选频网络的元件值是偏大还是偏小，从而改变 R 或 C 的值，使振荡频率满足设计要求。

六、实验注意事项

（1）改接电路时必须先关断电源，切忌带电操作，电路改接好并确认无误后方可接通电源进行实验。

（2）注意集成运算放大器 $\mu\text{A}741$ 的正电源端、负电源端的正确连接，且输出端不能对地短接，否则会烧坏集成运算放大器。

七、实验报告

（1）画出实验电路的原理图，并整理实验结果。

（2）说明若输出波形失真，该如何调节电路中元件的参数。

（3）阐述二极管 VD_1 和 VD_2 的作用。

第6章　数字电子技术实验

6.1　集成逻辑门电路的基本应用

一、实验目的

(1) 掌握基本门电路的逻辑功能。

(2) 学习使用基本门电路实现简单应用电路的方法。

二、预习要求

(1) 复习门电路工作原理及其逻辑表达式。

(2) 熟悉 TTL 与非门和异或门的引脚排列图。

三、实验仪器及元器件

双踪示波器	1 台
数字电子技术实验箱	1 台
数字万用表	1 台
元器件　74LS00 四 2 输入与非门	1 片
74LS86 四 2 输入异或门	1 片

四、实验原理

目前数字集成电路主要有 TTL、ECL 和 CMOS 三类产品。ECL 速度快，但功耗较大；CMOS 功耗低，但速度较慢；TTL 的速度与功耗界于两者之间。它们各有优缺点，在构成具体数字电路时，可以通过接口电路进行补充以发挥各自所长，从而获得最佳效果。

本实验采用与非门集成电路 74LS00 和异或门集成电路 74LS86，其中 74LS00 是 TTL 型四 2 输入与非门，74LS86 是 TTL 型四 2 输入异或门。每个集成块上都有一个圆弧形缺口或一个小圆,正面向上,此端朝左,则下侧引脚从左到右依次为 1,2,3,…,7,上侧引脚从右到左依次为 8,9,…,14(逆时针排列)。74LS00 与 74LS86 引脚排列如图 6.1.1 所示。

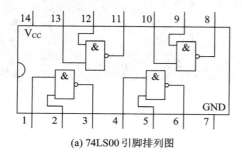
(a) 74LS00引脚排列图

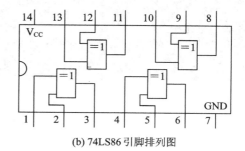
(b) 74LS86引脚排列图

图 6.1.1　引脚排列图

1. TTL 器件的使用规则

(1) 接插集成块时,要认清定位标记,不得插反。

(2) 电源:$V_{CC} = 5$ V($\pm 10\%$)。

(3) 多余输入端的处理:对于输入端接有长线、触发器和中大规模集成块较多的复杂电路,多余输入端必须按逻辑要求接电源或地,不得悬空,否则易受干扰。

(4) 输出端的处理:输出端不得直接与电源正、负极相连,也不能接输入信号。

2. CMOS 器件的使用规则

(1) 电源:C4000 系列 $V_{DD} = (3\sim18)$ V;74HCXX 系列 $V_{DD} = (2\sim6)$ V。

(2) 多余输入端的处理:CMOS 集成电路中未使用的输入端不能悬空,必须按要求接电源或地,工作速度不高时,可以与使用的输入端并联。

(3) 输出端的处理:输出端不得直接与电源正、负极相连,也不能接输入信号。

五、实验内容与步骤

74LS86 逻辑
功能测试

1. 异或门 74LS86 逻辑功能测试

选用异或门 75LS86 按图 6.1.2 连线,其中输入端 A、B、C 和 D 接数字电子技术实验箱逻辑电平插孔,输出端接电平显示插孔。当输入端分别为表 6.1.1 中各值时,观察发光二极管显示状态,二极管亮表示输出为高电平"1",不亮表示输出为低电平"0",将结果记入表 6.1.1 中。

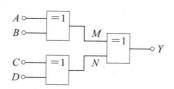

图 6.1.2　异或门 74LS86 逻辑功能测试电路

表 6.1.1　74LS86 真值表

输　　入				输　　出		
A　B		C　D		M	N	Y
0　0		0　0				
0　1		0　1				
1　0		0　0				
1　1		0　0				
1　1		1　0				
1　1		1　1				

2. 与非门实现或门逻辑电路

用与非门可以构成与门、或门和异或门。按图 6.1.3 所示用与非门实现或门逻辑电路接线,写出逻辑表达式的变换过程;改变输入电平,根据二极管显示的状态,记录输出端对应的电平,做出真值表。

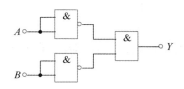

图 6.1.3　用与非门实现的或门逻辑电路

3. 与非门 74LS00 功能测试

按图 6.1.4 接线,S 接任一电平开关,T 接输入信号(选用数字电子技术实验箱中 1~10 kHz 脉冲),用示波器观察输入、输出信号波形。

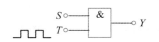

图 6.1.4　与非门 74LS00 功能测试电路

74LS00
功能测试

六、实验注意事项

(1) 集成元件的电源极性不能接错。

(2) 各集成元件的输出端不得接+5 V 电源或地端,也不得输入电平和触发信号。

七、实验报告

整理实验数据,画出逻辑电路图,并对实验结果进行分析。

6.2 编码器、译码器和数码管的功能测试与应用

一、实验目的

(1) 学习中规模集成编码器、译码器的性能和使用方法。
(2) 熟悉半导体数码管的结构和使用。

二、实验预习要求

(1) 查阅集成芯片 74LS148、74LS138、CD4511 的引脚排列图。
(2) 了解共阴/共阳极数码管内部不同的连接方式。

三、实验仪器及组件

数字电子技术实验箱　　　　　　　　　　　　　　　1 台
元器件　74LS138　3 线-8 线译码器　　　　　　　1 片
　　　　74LS148　8 线-3 线优先编码器　　　　　　1 片
　　　　CD4511　BCD 七段译码器/驱动器(锁存输出)　1 片
　　　　共阴极数码管　　　　　　　　　　　　　　1 块

四、实验原理

1. 优先编码器

编码是将某种信号或十进制的 10 个数码(输入)编成二进制代码(输出),完成这一功能的逻辑电路称为编码器。优先编码器是对各输入信号具有识别能力并按一定顺序优先编码的编码器。

本实验采用 8 线-3 线优先编码器 74LS148,如图 6.2.1 所示为其引脚及实验接线图。

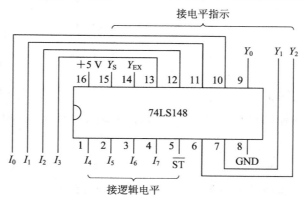

图 6.2.1　74LS148 引脚及实验接线图

它有 8 个输入端 $I_0 \sim I_7$，对低电平有效，I_7 优先级别最高，I_0 优先级别最低；3 个输出端 $Y_2 \sim Y_0$，反码输出；$\overline{\text{ST}}$ 为输入使能端，$\overline{\text{ST}} = 0$ 时允许编码，$\overline{\text{ST}} = 1$ 禁止编码（此时，$Y_2 Y_1 Y_0 = 111$，$Y_{\text{EX}} = 1$，$Y_\text{S} = 1$）；Y_S 为输出使能端，当 $\overline{\text{ST}} = 0$ 且不进行编码时 $Y_\text{S} = 0$，其余为 1；Y_{EX} 为优先编码标志位，当允许编码且有输入信号时 $Y_{\text{EX}} = 0$，否则为 1。

2. 二进制译码器

译码是编码的逆过程，就是将特定意义的二进制代码识别出来，翻译成具有特定意义的信息代码。这种将特定意义的二进制代码翻译出来的电路称为译码器，而将二进制代码翻译成特定信息输出的电路称为二进制译码器。二进制译码器若有 n 个输入信号，则对应有 2^n 个输出，这种译码器称为 n 线-2^n 线译码器。

本实验采用 3 线-8 线译码器 74LS138，如图 6.2.2 所示为其引脚及实验接线图。A_2、A_1、A_0 为译码地址输入端，$\overline{Y_0} \sim \overline{Y_7}$ 为译码输出（低电平有效）端，ST_A、$\overline{\text{ST}_\text{B}}$、$\overline{\text{ST}_\text{C}}$ 是三个控制输出端（使能控制端）。当 $\text{ST}_\text{A} = 1$，$\overline{\text{ST}_\text{B}} + \overline{\text{ST}_\text{C}} = 0$ 时，译码器处于工作状态；当 $\text{ST}_\text{A} = 0$，$\overline{\text{ST}_\text{B}} + \overline{\text{ST}_\text{C}} = 1$ 时，译码器被禁止（即译码器不工作）。

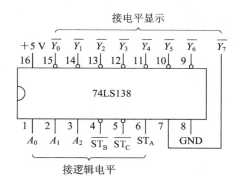

图 6.2.2　74LS138 引脚及实验接线图

3. 显示译码器

数字系统中使用的是二进制数，但在数字测量仪表和各种显示系统中，为了便于表示测量和运算的结果以及对系统的运行情况进行检测，常需要将数字量用人们习惯的十进制数直观地显示出来，也就是需要用译码电路把二进制数译成十进制数。常用的显示器件有多种，本实验采用半导体数码管。

1）半导体（LED）数码管

半导体（LED）数码管是目前最常用的数字显示器，它是把加正向电压时能发光的 PN 结（称发光二极管）分段封装构成数字显示器（因此称为半导体数码管）。半导体数码管将十进制数码管分成 7 个字段（若有小数点则为 8 个字段），每段为一个发光二极管，这就是所谓的七段 LED 数码管，如图 6.2.3 所示。根据内部连接的不同，七段 LED 数码管有共阴极和共阳极两种接

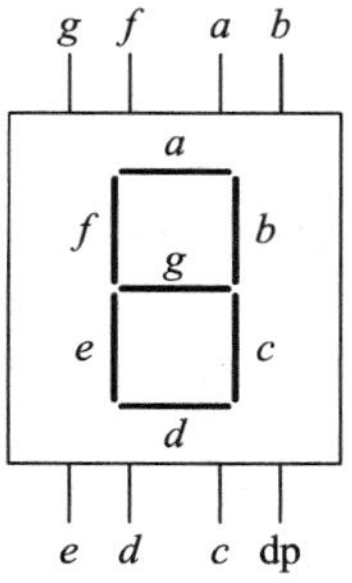

图 6.2.3　七段 LED 数码管

法,分别如图 6.2.4、图 6.2.5 所示。前者某字段接高电平时发光,后者某字段接低电平时发光。

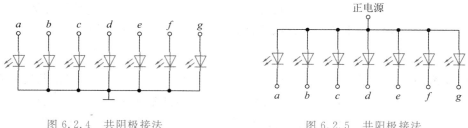

图 6.2.4　共阴极接法　　　　　　　　　　图 6.2.5　共阳极接法

2)七段显示译码器

本实验采用 CD4511 BCD 码锁存/七段译码/驱动器来驱动共阴极 LED 数码管。图 6.2.6 所示为 CD4511 的引脚及实验接线图,其中 D、C、B、A 为 BCD 码输入端,a、b、c、d、e、f、g 为译码器输出端,输出高电平有效。$\overline{LT}$ 为试灯输入端,用来检验数码管的七段是否能正常工作。当 $\overline{LT}=0$ 时,不管 LE、$\overline{BI}$、D、C、B、A 是什么状态,译码器输出全为"1",正常工作时接高电平。$\overline{BI}$ 为消隐输入端,当 $\overline{LT}=1$、$\overline{BI}=0$ 时,无论 LE 和 D、C、B、A 是什么状态,译码器输出全为"0",正常工作时接高电平。$\overline{LE}$ 为锁存端,当 $\overline{LT}=1$、$\overline{BI}=1$、$\overline{LE}=1$ 时,译码器处于锁存(保持)状态,译码器输出保持 $\overline{LE}=0$ 时的数值,正常工作时接低电平。

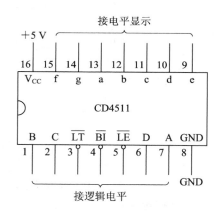

图 6.2.6　CD4511 引脚及实验接线图

五、实验内容与步骤

1. 74LS148 优先编码器的逻辑功能测试

按图 6.2.1 所示将编码器的使能端 $\overline{ST}$ 和 $I_0 \sim I_7$ 8 个输入端接逻辑电平插孔;将输出使能端 Y_S、优先编码标志位 Y_{EX} 和 3 个输出端 $A_2 \sim A_0$ 接电平显示插孔,按表 6.2.1 逐项测试并记录。

表 6.2.1　74LS148 优先编码器的逻辑功能测试表

输　　入									输　　出				
$\overline{ST}$	I_0	I_1	I_2	I_3	I_4	I_5	I_6	I_7	A_2	A_1	A_0	Y_{EX}	Y_S
1	×	1	×	×	×	×	×	×					
0	1	1	1	1	1	1	1	1					
0	×	×	×	×	×	×	×	0					
0	×	×	×	×	×	×	0	1					
0	×	×	×	×	×	0	1	1					
0	×	×	×	×	0	1	1	1					
0	×	×	×	0	1	1	1	1					
0	×	×	0	1	1	1	1	1					
0	×	0	1	1	1	1	1	1					
0	0	1	1	1	1	1	1	1					

2. 74LS138 译码器的逻辑功能测试

按图 6.2.2 所示将译码器的使能端 ST_A、$\overline{ST_B}$、$\overline{ST_C}$，以及输入端 A_2、A_1、A_0 分别接逻辑电平插孔；8 个输出端 $\overline{Y_0}\sim\overline{Y_7}$ 按图中顺序接电平显示插孔，按表 6.2.2 逐项测试并记录。

表 6.2.2　74LS138 译码器的逻辑功能测试表

输　　入					输　　出							
ST_A	$\overline{ST_B}+\overline{ST_C}$	A_2	A_1	A_0	$\overline{Y_0}$	$\overline{Y_1}$	$\overline{Y_2}$	$\overline{Y_3}$	$\overline{Y_4}$	$\overline{Y_5}$	$\overline{Y_6}$	$\overline{Y_7}$
0	×	×	×	×								
×	1	×	×	×								
1	0	0	0	0								
1	0	0	0	1								
1	0	0	1	0								
1	0	0	1	1								
1	0	1	0	0								
1	0	1	0	1								
1	0	1	1	0								
1	0	1	1	1								

3. CD4511 七段译码器的逻辑功能测试

按图 6.2.6 所示将显示译码器的辅助控制端 $\overline{LT}$、$\overline{LE}$、$\overline{BI}$，以及输入端 D、C、B、A 分别接逻辑电平插孔；7 个输出端 $\overline{a}\sim\overline{g}$ 按图中顺序接电平显示插孔，按表 6.2.3 逐项测试并记录。

表 6.2.3   CD4511 显示译码器的逻辑功能测试表

输 入							输 出							
$\overline{LE}$	$\overline{BI}$	$\overline{LT}$	D	C	B	A	a	b	c	d	e	f	g	字形显示
0	1	1	0	0	0	0								
0	1	1	0	0	0	1								
0	1	1	0	0	1	0								
0	1	1	0	0	1	1								
0	1	1	0	1	0	0								
0	1	1	0	1	0	1								
0	1	1	0	1	1	0								
0	1	1	0	1	1	1								
0	1	1	1	0	0	0								
0	1	1	1	0	0	1								
0	1	1	1	0	1	0								
0	1	1	1	0	1	1								
0	1	1	1	1	0	0								
0	1	1	1	1	0	1								
0	1	1	1	1	1	0								
0	1	1	1	1	1	1								
×	×	0	×	×	×	×								

4. 简单的数字系统设计

设计一个简单的数字系统,要求输入十进制数 0~9,通过数码管显示出来。提示:选择显示译码器 CD4511 和一个共阴极数码管,显示译码器 CD4511 输入端接数字电子技术实验箱的逻辑电平插孔,输出端对应接数码显示管的 a~g 端,其余辅助输入端对应接正常工作时的电平。

六、实验注意事项

插入或拔取集成电路时,必须切断电源,不能带电操作。

七、实验报告

(1) 分析各集成电路使能端的作用以及如何在实验中设置。
(2) 整理实验结果,并归纳各电路的用途。

6.3　中规模集成芯片的应用

一、实验目的

（1）掌握加法器、比较器、显示译码器等 MSI 器件的工作原理和基本功能。

（2）学习用组合 MSI 芯片实现功能电路的方法。

二、实验预习要求

查阅集成芯片 74LS283、74LS85、CD4511 的引脚排列图。

三、实验仪器及组件

双踪示波器			1 台
数字电子技术实验箱			1 台
元器件	74LS283	4 位二进制超前进位全加器	1 片
	74LS85	4 位数值比较器	1 片
	CD4511	BCD 七段译码器	1 片

四、实验原理

1. 超前进位全加器 74LS283

74LS283 是 4 位二进制超前进位全加器，引脚排列如图 6.3.1 所示。其中，$A_3 \sim A_0$ 和 $B_3 \sim B_0$ 分别是 4 位被加数和加数的数据输入端；$S_3 \sim S_0$ 为 4 位和输出端；CI 为低位器件向本器件最低位进位的进位输入端；CO 是本器件最高位向高位器件进位的进位输出端。二进制全加器可以进行多位连接使用，也可设计成 BCD 码加法运算电路。

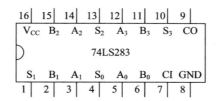

图 6.3.1　74LS283 引脚排列图

2. 数值比较器 74LS85

74LS85 是 4 位数值比较器，引脚排列如图 6.3.2 所示。其中，$A_3 \sim A_0$、$B_3 \sim B_0$ 是相比较的两组 4 位二进制数的输入端，$F_{A<B}$、$F_{A=B}$、$F_{A>B}$ 是比较结果输出端，$I_{A<B}$、$I_{A=B}$、$I_{A>B}$ 是级联输入端，用于扩展多于 4 位的两个二进制数的比较。

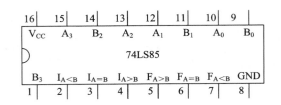

图 6.3.2　74LS85 逻辑符号图

五、实验内容与步骤

使用 4 位二进制超前进位全加器 74LS283、4 位数值比较器 74LS85 与七段显示译码器 CD4511 和 LED 显示器设计两个 4 位二进制数的加法运算电路(如图 6.3.3 所示),要求当求和结果小于 10 时显示求和的值。

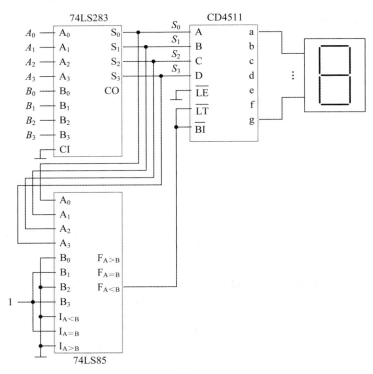

图 6.3.3　相加求和译码显示电路

全加器的 $A_3 \sim A_0$、$B_3 \sim B_0$ 接数字电子技术实验箱的逻辑电平插孔,输出 $S_3 \sim S_0$ 是 $A_3 \sim A_0$ 与 $B_3 \sim B_0$ 的和。当 $S_3 S_2 S_1 S_0 < 1010$ 时,比较器电路输出 $F_{A<B} = 1$,即相加结果小于等于 9,数码管显示和的值;当相加结果大于 9 时,可列出数据自行分析。

在实验过程中可自拟实验数据,观察并记录显示结果,并分析电路的逻辑功能。

六、实验注意事项

(1) 注意数值比较器 74LS85 的 A_3 和 B_3 是最高位,A_0 和 B_0 是最低位。

（2）各集成元件的输出端不得接+5 V 或地端，也不得接输入电平和触发信号。

七、实验报告

（1）整理实验数据，对实验结果进行分析。

（2）说明数值比较器 74LS85 级联输入端的作用及该如何连接。

（3）思考如何设计两个 4 位二进制数相加并使用数码管正确显示的电路。

6.4　双稳态触发器的测试及应用

一、实验目的

（1）学习触发器逻辑功能的测试方法。

（2）掌握基本 RS 锁存器、集成 JK 触发器和 D 触发器的逻辑功能及触发方式。

二、实验预习要求

（1）查阅集成双 JK 和双 D 触发器的引脚排列图。

（2）复习双稳态触发器的图形符号、逻辑功能、触发方式。

（3）画出实验内容的逻辑电路图。

三、实验仪器及组件

双踪示波器		1 台
数字电子技术实验箱		1 台
元器件	74LS00 四 2 输入与非门	1 片
	74LS74 双上升沿 D 触发器	1 片
	74LS112 双下降沿 JK 触发器	1 片

四、实验原理

触发器是存放二进制信息的最基本单元，是构成时序电路的主要组件。触发器具有两种稳定状态，即"0"状态和"1"状态。在时钟脉冲作用下，根据输入信号的不同，触发器具有置"0"、置"1"、保持和翻转 4 种功能。

由于输入方式以及触发器状态随输入信号变化的规律不同，各种触发器在逻辑功能上有所差别。根据这些差别将触发器分为 RS、JK、T、D 等逻辑功能类型，可以使用功能表、特征方程、状态转换图、波形图等描述。

1. 基本 RS 触发器

两个与非门首尾相接构成的基本 RS 触发器如图 6.4.1(a)所示。$\overline{S_D}$ 和 $\overline{R_D}$ 是两个输入端，Q 和 $\overline{Q}$ 是两个输出端。通常将 Q 的状态称为触发器的状态，它有两个稳定状态：$Q=$ 1，称为置位状态（"1"态）；$Q=0$，称为复位状态（"0"态）。输出与输入的逻辑关系如下：

(1) 当 $\overline{S_D}=0$，$\overline{R_D}=1$ 时，$Q=1$，称置位状态，$\overline{S_D}$ 称直接置位端或置"1"端。

(2) 当 $\overline{S_D}=1$，$\overline{R_D}=0$ 时，$Q=0$，称复位状态，$\overline{S_D}$ 称直接复位端或置"0"端。

(3) 当 $\overline{S_D}=\overline{R_D}=1$ 时，Q 保持原状态不变。

(4) 当 $\overline{S_D}=\overline{R_D}=0$ 时，$Q=\overline{Q}=1$，违背了 Q 与 $\overline{Q}$ 的状态应相反的逻辑关系。若将 $\overline{S_D}$ 和 $\overline{R_D}$ 同时撤除低电平状态，触发器的状态受竞争冒险现象的影响出现"不定"，在使用中应避免出现这种情况。

如图 6.4.1(b)所示是基本 RS 触发器的逻辑符号，两输入端靠近方框的小圆圈表示置位或复位时需输入低电平，称为低电平有效。

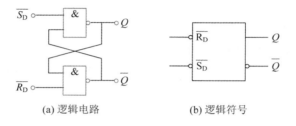

(a) 逻辑电路　　　　　　　(b) 逻辑符号

图 6.4.1　基本 RS 触发器

2. D 触发器

在输入信号为单端的情况下，D 触发器用起来最为方便，其状态方程为 $Q^{n+1}=D$，Q 的状态随输入端 D 的状态而变化且输出状态的更新发生在 CP 脉冲的上升沿，故又称为上升沿触发的边沿触发器。D 触发器的状态只取决于时钟到来前 D 端的状态，D 触发器的应用很广，可用作数字信号的寄存、移位寄存、分频和波形发生等。D 触发器有多种型号可按需选用，如双 D 触发器 74LS74、四 D 触发器 74LS175 和六 D 触发器 74LS174 等。

图 6.4.2 所示是 D 触发器的逻辑符号图，$\overline{R_D}$ 为直接置"0"端，$\overline{S_D}$ 为直接置"1"端，它们用于确定触发器的初态，初态确定好后，$\overline{R_D}$ 和 $\overline{S_D}$ 应悬空或接高平"1"。时钟脉冲输入端无小圆圈表示触发器在时钟脉冲的前沿(上升沿)触发。本实验采用 74LS74 双 D 触发器，是上升边沿触发的边沿触发器，其引脚排列图如图 6.4.3 所示。

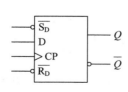

图 6.4.2　D 触发器逻辑符号图

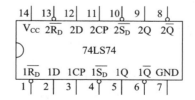

图 6.4.3　74LS74 引脚图

双 D 上升边沿触发器 74LS74 芯片的引脚说明如下：

(1) 1CP、2CP：时钟脉冲输入端。

(2) 1D、2D：数据输入端。

（3）$1Q$、$2Q$、$1\overline{Q}$、$2\overline{Q}$：输出端。

（4）$1\overline{R_{\mathrm{D}}}$、$2\overline{R_{\mathrm{D}}}$：直接复位端（低电平有效）。

（5）$1\overline{S_{\mathrm{D}}}$、$2\overline{S_{\mathrm{D}}}$：直接置位端（低电平有效）。

3. JK 触发器

在输入信号为双端的情况下，JK 触发器是功能完善、使用灵活和通用性较强的一种触发器。JK 触发器的状态方程为 $Q^{n+1} = J\overline{Q^{n}} + \overline{K}Q^{n}$。式中，$J$ 和 K 为数据输入端，是触发器状态更新的依据，若 J、K 有两个或两个以上输入端时，组成"与"的关系；Q^{n+1} 是时钟脉冲触发后的状态，Q^{n} 是现态，Q^{n} 与 $\overline{Q^{n}}$ 为两个互补输出端。JK 发器的输出与输入的逻辑关系如下：

（1）$J = K = 0$ 时，时钟脉冲触发后触发器保持原来的状态不变。

（2）$J = 0$，$K = 1$ 时，时钟脉冲触发后触发器输出状态为 0。

（3）$J = 1$，$K = 0$ 时，时钟脉冲触发后触发器输出状态为 1。

（4）$J = K = 1$ 时，时钟脉冲触发一次（即 CP 输入一个脉冲），Q 的状态就翻转一次（即由"0"变为"1"或反之），即计数一次。

图 6.4.4 所示是 JK 触发器的逻辑符号图，$\overline{R_{\mathrm{D}}}$、$\overline{S_{\mathrm{D}}}$ 与 D 触发器的功能相同。本实验采用 74LS112 双 JK 触发器，是下降沿触发的边沿触发器，其引脚排列图如图 6.4.5 所示。

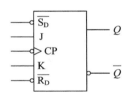
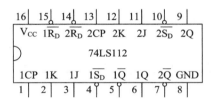

图 6.4.4　JK 触发器符号图　　　图 6.4.5　74LS112 引脚排列图

双 JK 下降边沿触发器 74LS112 芯片的引脚说明如下：

（1）1CP、2CP：时钟输入端（下降沿有效）。

（2）$1J$、$2J$、$1K$、$2K$：数据输入端。

（3）$1Q$、$2Q$、$1\overline{Q}$、$2\overline{Q}$：输出端。

（4）$1\overline{R_{\mathrm{D}}}$、$2\overline{R_{\mathrm{D}}}$：直接复位端（低电平有效）。

（5）$1\overline{S_{\mathrm{D}}}$、$2\overline{S_{\mathrm{D}}}$：直接置位端（低电平有效）。

五、实验内容与步骤

1. 基本 RS 锁存器功能测试

选用与非门，按图 6.4.1 所示组成 RS 锁存器，其中电源接 +5 V，$\overline{R_{\mathrm{D}}}$ 和 $\overline{S_{\mathrm{D}}}$ 端接逻辑电平插孔，按表 6.4.1 给定条件测试并记录 Q、$\overline{Q}$ 的状态。

基本 RS 锁存器
功能测试

表 6.4.1 基本 RS 锁存器功能测试表

$\overline{R_D}$	$\overline{S_D}$	Q	$\overline{Q}$
0	1		
1	0		
1	1		
0	0		

2. D 触发器功能测试

(1) 逻辑功能测试。CP 端接单脉冲(1 Hz)插孔,D、$\overline{R_D}$、$\overline{S_D}$ 端接拨码开关插孔,用 $\overline{R_D}$、$\overline{S_D}$ 确定触发器初态后即悬空或接高电平"1"。按动单脉冲按键,按表 6.4.2 给定条件测试并记录 Q 的状态,表中 Q^n 代表现态,Q^{n+1} 代表一个时钟脉冲触发后的状态。

D 触发器
功能测试

表 6.4.2 D 触发器逻辑功能测试表

D	Q^n	Q^{n+1}
0	0	
	1	
1	0	
	1	

(2) 将 D 端与 $\overline{Q}$ 端相连,CP 端加连续脉冲(1 kHz),用示波器双踪观察并记录 CP 端和 Q 端的波形。

3. JK 触发器功能测试

(1) 逻辑功能测试。CP 端接单脉冲(1 Hz)插孔,J、K、$\overline{R_D}$、$\overline{S_D}$ 端接拨码开关插孔,用 $\overline{R_D}$、$\overline{S_D}$ 端确定初态后即悬空或接高电平"1"。按动单脉冲按键,按表 6.4.3 给定条件测试并记录 Q 的状态。

JK 触发器
功能测试

表 6.4.3 JK 触发器逻辑功能测试表

J	K	Q^n	Q^{n+1}
0	0	0	
		1	
0	1	0	
		1	
1	0	0	
		1	
1	1	0	
		1	

(2) 置 $J=K=1$,CP 端加连续脉冲(1 kHz),用示波器双踪观察并记录 Q 端和 CP 的波形。

六、实验注意事项

（1）注意置位与复位的操作方式。

（2）各集成元件的输出端不得接＋5 V 或地端，也不得接输入电平和触发电平。

七、实验报告

（1）画出实验电路的原理图，整理实验结果。

（2）说明使用 $\overline{S_D}$ 和 $\overline{R_D}$ 输入端时，有何限制；触发器工作时，这些输入端应处于什么状态。

（3）总结 D 和 JK 触发器的逻辑功能和触发方式。

6.5　触发器的应用

一、实验目的

（1）掌握触发器的原理、功能及调试方法。

（2）学习应用触发器构成应用电路的方法。

（3）了解由小规模集成电路组成的组合逻辑电路与由中规模集成电路组成的时序逻辑电路设计的不同。

二、实验预习要求

（1）查阅集成 JK 和 D 触发器的引脚排列图。

（2）复习双稳态触发器的逻辑符号、逻辑功能、触发方式。

（3）画出利用 D 触发器实现双向脉冲源的逻辑电路图。

三、实验仪器及组件

双踪示波器	1台
数字电子技术实验箱	1台
元器件　74LS00 四 2 输入与非门	1片
74LS74 双上升沿 D 触发器	1片
74LS86 四 2 输入异或门	1片
74LS175 四 D 触发器	1片

四、实验原理

1. 用 JK 触发器组成双相脉冲源

用 JK 触发器组成的双相脉冲源逻辑电路如图 6.5.1 所示。两相脉冲 S_1、S_2 正好覆盖

$90°$，波形如图 6.5.2 所示。改变组合网络还可获得其他不同相位的双向脉冲源。

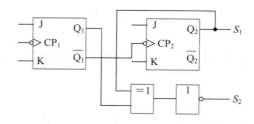

图 6.5.1　JK 触发器构成的双相脉冲源逻辑电路

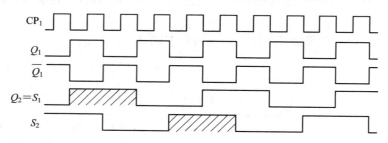

图 6.5.2　JK 触发器双相脉冲源波形

2. 四 D 触发器 74LS175

74LS175 是常用的四 D 触发器集成电路，内含 4 组 D 触发器，可用来构成寄存器、抢答器等功能部件。本实验采用 74LS175 四 D 触发器、是上升边沿触发的边沿触发器，引脚排列图如图 6.5.3 所示，输入输出逻辑关系如表 6.5.1 所示。

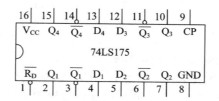

图 6.5.3　74LS175 引脚排列图

表 6.5.1　74LS175 功能表

输　入			输　出	
$\overline{R_D}$	CP	D	Q^{n+1}	$\overline{Q^{n+1}}$
0	$\times$	$\times$	0	1
1	↑	1	1	0
1	↑	0	0	1
1	0	$\times$	Q^n	$\overline{Q^n}$

四 D 上升沿边沿触发器 74LS175 芯片的引出端说明如下：

(1) CP：时钟输入端(上升沿有效)。

(2) $\overline{R_D}$：直接复位端(低电平有效)。

（3）$D_1 \sim D_4$：数据输入端。

（4）$Q_1 \sim Q_1$、$\overline{Q}_1 \sim \overline{Q}_4$：输出端。

五、实验内容与步骤

1. 用 D 触发器组成双向脉冲源

参照 JK 触发器组成双向脉冲源的方法，用 D 触发器组成双向脉冲源，画出电路原理图，用示波器观察并记录 CP、Q_1、S_1、S_2 的波形。观察波形时，示波器采用双踪显示方式，将 S_1 固定在示波器的某一个通道，触发源与其一致，用另一个通道分别观察 CP、Q_1、S_2 的波形，并将观察到的波形纵向对齐绘制出波形。

JK 触发器组成
双向脉冲源

2. 智力竞赛抢答装置设计

图 6.5.4 所示为四人智力竞赛抢答装置逻辑电路图，用以判断抢答优先权。图中四 D 触发器 74LS175 具有公共置 0 端和公共 CP 端；74LS40 为双 4 输入与非门；74LS00 与非门组成多谐振荡器；74LS74 双 D 触发器组成四分频电路；多谐振荡器和四分频电路组成抢答电路中的 CP 时钟脉冲源。抢答开始时，由主持人清除信号，按下复位开关 S，74LS175 的输出 $Q_1 \sim Q_4$ 全为 0，所有发光二极管 LED 均熄灭；当主持人宣布"抢答开始"后，首先作出判断的参赛者立即按下自己的开关，对应的发光二极管点亮，同时，通过与非门 F2 送出信号锁住其余三个抢答者的电路，不再接受其他信号，直到主持人再次清除信号为止。

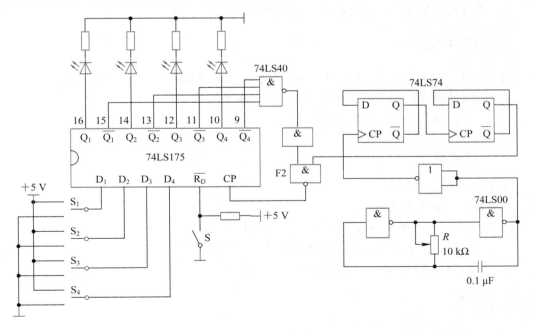

图 6.5.4　四人智力竞赛抢答装置逻辑电路图

抢答器 4 个开关（$S_1 \sim S_4$）接实验箱上的数据开关，4 个输出（$Q_1 \sim Q_4$）接电平指示灯，S 接单脉冲。

抢答开始前,开关 S_1、S_2、S_3、S_4 均置"0"准备抢答,并将开关 S 置"0",发光二极管全熄灭,然后将 S 置"1"。抢答开始,S_1、S_2、S_3、S_4 某一个开关置"1",观察发光二极管的亮、灭情况,然后再将其他三个开关中的任意一个置"1",观察发光二极管的亮、灭是否改变。

六、实验注意事项

(1) 注意置位与复位的操作方式。
(2) 各集成元件的输出端不得接+5 V 或地端,也不得接输入电平和触发电平。

七、实验报告

(1) 画出 D 触发器组成双向脉冲源的原理图,整理实验结果。
(2) 总结四人智力竞赛抢答装置逻辑电路设计原理和方案。

6.6　集成计数器的应用

一、实验目的

(1) 熟悉集成计数器的功能及使用。
(2) 学习利用集成计数器构成多种进制计数器的方法。

二、实验预习要求

(1) 复习计数器的工作原理;复习如何利用集成计数器组成任意进制计数器。
(2) 复习同步 4 位二进制计数器 74LS161 的逻辑符号、逻辑功能、触发方式。
(3) 预习实现任意进制计数的方法。

三、实验仪器及组件

双踪示波器	1 台
数字电子技术实验箱	1 台
元器件　74LS00 四 2 输入与非门	1 片
74LS161 同步 4 位二进制计数器	1 片
74LS40 双 4 输入与缓冲门	1 片

四、实验原理

计数器的基本功能是统计时钟脉冲的个数,即实现计数操作。计数器也可用于分频、定时、产生节拍脉冲和脉冲序列以及进行数字运算等。

计数器种类繁多,按照组成计数器各触发器状态转换所需的时钟脉冲是否来自统一的计数脉冲,计数器可分为同步计数器和异步计数器;按照计数数值递增还是递减,计数器可分为加法(递增)计数器，减法(递减)计数器和可逆计数器；按照计数进位制的不同，计数器可分为二进制计数器、十进制计数器、任意进制计数器；按照集成制造工艺的不同，计数器可分为双极型计数器和单极型计数器。有时也按照计数器的技术容量来区分各种计数器等。

1. 4 位二进制同步加法计数器 74LS161

74LS161 是 4 位二进制同步加法计数器，具有计数、保持、同步置数、异步清零功能。它是一种功能很强、使用很灵活的中规模集成计数器。本实验采用 74LS161 构成任意进制计数器，其引脚排列图如图 6.6.1 所示，输入输出逻辑关系如表 6.6.1 所示。

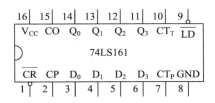

图 6.6.1　74LS161 引脚排列图

表 6.6.1　74LS161 逻辑关系表

$\overline{CR}$	CT_T	CT_P	$\overline{LD}$	CP	功　能
0	×	×	×	×	清零
1	×	×	0	↑	预置数
1	1	1	1	↑	计数
1	0	×	1	×	保持
1	×	0	1	×	保持

4 位二进制同步加法计数器 74LS161 芯片的引脚说明如下：

(1) CP：时钟输入端(上升沿有效)。

(2) $\overline{CR}$：异步清零端(低电平有效)。

(3) $\overline{LD}$：同步预置数端(低电平有效)。

(4) CT_T、CT_P：计数控制端(高电平有效)。

(5) $D_0 \sim D_3$：并行数据输入端，其中 D_0 为低位，D_3 为高位。

(6) $Q_0 \sim Q_3$：输出端，其中 Q_0 为低位，Q_3 为高位。

(7) CO：进位输出端。

2. 实现任意进制计数

利用 74LS161 的二进制或十进制计数器的清零端或预置数端，外加适当的门电路连接便可构成 N 进制计数器。在设计此种计数器时序逻辑电路时有两种方法，一种为反馈清零法，另一种为反馈置数法。反馈清零法是利用反馈电路产生一个给集成计数器复位(清零)的信号，使计数器各输出端为零(清零)。反馈置数法是将反馈电路产生的信号送到计数电路的置数端，在满足条件时，计数电路输出状态为给定的二进制码。反馈电路一般是组合逻辑电路，计数器的输出部分或全部作为其输入，在计数器一定的输出状态下即产生复位(清零)或置数信号，使计数电路同步或异步地复位(清零)或计数，其逻辑框图如图 6.6.2 所示。

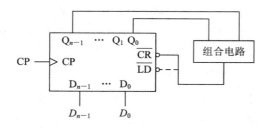

图 6.6.2 反馈清零法与反馈置数法逻辑框图

1)用异步清零端或异步置数端构成 N 进制计数器

当 N 进制计数器计数到 S_N 时,异步清零端或异步置数端立即产生清零或置数信号,使计数器返回到 S_0 状态。异步清零法适用于具有清零端的集成计数器;异步预置数法适用于具有异步预置端的集成计数器。

设计步骤如下:

(1)写出状态 S_N 的二进制代码。

(2)求归零逻辑,即求异步清零端或置数控制端信号的逻辑表达式。

(3)画逻辑电路图。

2)用同步清零端或同步置数端构成 N 进制计数器

当 N 进制计数器计数到 S_{N-1} 后同步清零端或同步置数端使计数器返回到 S_0 状态。同步清零法适用于具有同步清零端的集成计数器;同步预置数法适用于具有同步预置端的集成计数器。

设计步骤如下:

(1)写出状态 S_{N-1} 的二进制代码。

(2)求归零逻辑,即求同步清零端或置数控制端信号的逻辑表达式。

(3)画逻辑电路图。

3. 举例说明 74LS161 的使用方法

例 1 用集成计数器 74LS161 和与非门 74LS00 组成六进制计数器。

思路:使用 74LS161 的异步清零端完成。

具体步骤为:

(1)写出 S_N 的二进制代码。$S_5 = 0110$。

(2)求归零逻辑:$\overline{CR} = \overline{Q_2 Q_1}$。

(3)画出逻辑电路图如图 6.6.3 所示。

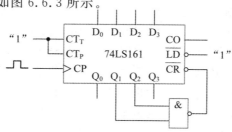

图 6.6.3 74LS161 组成六进制计数器逻辑电路图

（4）画出输出波形图如图 6.6.4 所示。

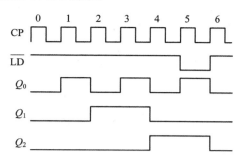

图 6.6.4　输出波形图

例 2　用集成计数器 74LS161 和与非门 74LS00 组成七进制计数器。要求计数序列为 $9 \rightarrow 10 \rightarrow 11 \rightarrow 12 \rightarrow 13 \rightarrow 14 \rightarrow 15 \rightarrow 9$。

思路：使用 74LS161 的同步置数端，并且利用进位 CO 跳过 0～8 这 9 个状态。

具体步骤为：

（1）写出 9 的二进制代码：$S_9 = 1001$。

（2）求归零逻辑：$\overline{LD} = \overline{CO}$。

（3）画出逻辑电路图如图 6.6.5 所示。

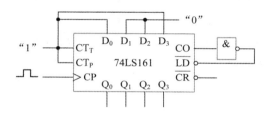

图 6.6.5　74LS161 组成七进制计数器逻辑电路图

五、实验内容与步骤

1. 用 74LS161 实现一个十二进制（模 $N = 12$）的计数器

用 74LS161 实现一个十二进制计数器，要求计数序列为 0～11。

（1）画出电路原理图。

（2）静态测试：CP 加单脉冲，清零端 $\overline{CR}$、置数端 $\overline{LD}$、$D_0 \sim D_3$ 并行数据输入端分别接逻辑电平开关，$Q_0 \sim Q_3$ 输出端接电平显示插孔，并记录输出电平显示过程。

（3）动态测试：CP 端加连续脉冲，其余端与（2）中相同，用双踪示波器观察并记录 CP 及置数端 $\overline{LD}$ 的波形。

74LS161 实现

十二进制计数器

提示：① 74LS40 双 4 输入与非缓冲门引脚排列图如图 6.6.6 所示；② 观察波形时，应将 $\overline{LD}$ 固定接在某一个通道，触发源与其选择一致；画波形时纵向对齐。

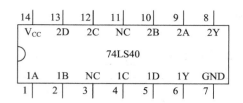

图 6.6.6　74LS40 引脚排列图

2. 用 74LS161 实现一个十进制(模 $N=10$)的计数器

用 74LS161 实现一个十进制计数器,要求计数序列为 $0 \to 4 \to 5 \to 6 \to 7 \to 8 \to 12 \to 13 \to 14 \to 15 \to 0$。

(1)画出逻辑电路图,如图 6.6.7 所示。

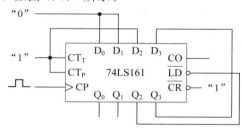

图 6.6.7　74LS161 组成十进制计数器逻辑电路图

(2)静态测试:CP 加单脉冲,清零端 $\overline{\text{CR}}$、置数端 $\overline{\text{LD}}$、$D_0 \sim D_3$ 并行数据输入端分别接逻辑电平开关,$Q_0 \sim Q_3$ 输出端接电平显示插孔,记录输出电平显示过程。

(3)动态测试:CP 端加连续脉冲,其余端与(2)中相同,用双踪示波器观察并记录 CP 及各级输出端的波形。

六、实验注意事项

(1)注意异步清零端与同步置数端实现任意进制计数器时,归零逻辑的不同。
(2)各集成元件的输出端不得接 +5 V 或地端,也不得接输入电平和触发电平。

七、实验报告

(1)画出实验电路图,记录、整理实验所观察到的有关波形;对实验结果进行分析。
(2)总结使用集成计数器构成任意进制计数器的方法。

6.7　计数、译码、显示电路的设计

一、实验目的

(1)掌握中规模集成计数器的工作原理。
(2)学习中规模集成计数器、译码显示器的使用方法。

二、实验预习要求

（1）复习计数器的工作原理，了解如何利用集成计数器组成任意进制计数器。

（2）复习异步二-五-十进制计数器 74LS90 的逻辑符号、逻辑功能、触发方式。

（3）预习计数器级联的方法。

三、实验仪器及组件

双踪示波器		1 台
数字电子技术实验箱		1 台
元器件	74LS08 四 2 输入与门	1 片
	74LS90 异步二-五-十进制计数器	2 片

四、实验原理

异步计数器的计数脉冲不是直接加到所有触发器的时钟脉冲（CP）输入端的，而是当一个计数脉冲作用之后，计数器中某些触发器的状态发生变化，而另一些触发器则保持原来状态不变，即计数器中各触发器状态更新与输入时钟异步。

1. 二-五-十进制异步计数器 74LS90

74LS90 引脚排列图如图 6.7.1 所示，输入输出逻辑关系如表 6.7.1 所示。

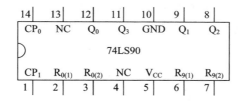

图 6.7.1　74LS90 引脚排列图

表 6.7.1　**74LS90 输入输出逻辑关系表**

输　入						输　出				功　能
$R_{0(1)}$	$R_{0(2)}$	$R_{9(1)}$	$R_{9(2)}$	CP_0	CP_1	Q_3	Q_2	Q_1	Q_0	
1	1	0	$\times$	$\times$	$\times$	0	0	0	0	异步清 0
1	1	$\times$	0	$\times$	$\times$	0	0	0	0	
0	$\times$	1	1	$\times$	$\times$	1	0	0	1	异步置 9
$\times$	0	1	1	$\times$	$\times$	1	0	0	1	
$R_{0(1)} \cdot R_{0(2)} = 0$ $R_{9(1)} \cdot R_{9(2)} = 0$				$\downarrow$	$\times$	二进制				计数
				$\times$	$\downarrow$	五进制				
				$\downarrow$	Q_0	8421BCD 码				
				Q_3	$\downarrow$	5421BCD 码				

二-五-十进制异步计数器 74LS90 芯片的引脚说明如下：

（1）CP_0、CP_1：时钟输入端（下降沿有效）。

（2）$R_{0(1)}$、$R_{0(2)}$：异步置零端（同时为高电平有效）。

（3）$R_{9(1)}$、$R_{9(2)}$：异步置 9 端（同时为高电平有效）。

（4）NC：空脚，没有实际意义。

（5）$Q_0 \sim Q_3$：输出端，其中 Q_0 为低位，Q_3 为高位。

注意：二进制计数时 CP_0 输入，Q_0 输出；五进制计数时 CP_1 输入，$Q_3 Q_2 Q_1$ 输出；十进制计数两种接法如图 6.7.2 所示，图 6.7.2(a)为 8421 码十进制，图 6.7.2(b)为 5421 码十进制。

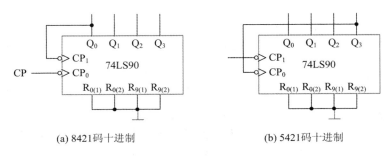

(a) 8421码十进制　　　　　　　　(b) 5421码十进制

图 6.7.2　74LS90 十进制计数不同接法逻辑电路

2. 举例说明 74LS90 的使用方法

例 1　用集成计数器 74LS90 和与非门组成七进制计数器。

方法一：异步清 0，计数到 7 异步清 0，其逻辑电路如图 6.7.3(a)所示。

方法二：异步置 9，计数序列为 $0 \to 1 \to 2 \to 3 \to 4 \to 5 \to 9$，其逻辑电路如图 6.7.3(b)所示。

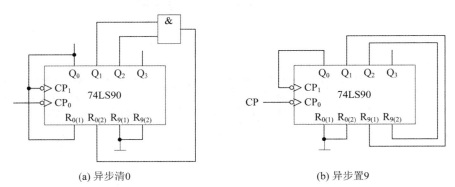

(a) 异步清0　　　　　　　　　　(b) 异步置9

图 6.7.3　74LS90 七进制计数器逻辑电路

例 2　计数器的级联。

多片计数器级联可以扩展计数容量。两个计数容量为 N 的计数器级联，可实现 $N \times N$ 容量的计数器，图 6.7.4 所示是由 3 个十进制计数器 74LS90 组成的计数器，可实现进制 $N = 1 \sim 999$ 中任意一个整数的计数。

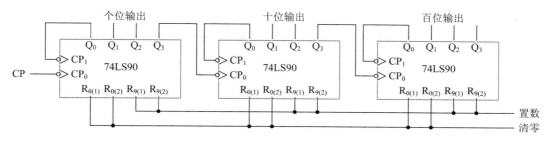

图 6.7.4　74LS90 级联计数器逻辑电路

例 3　使用 74LS90 实现四十五进制计数器，逻辑电路如 6.7.5 所示。

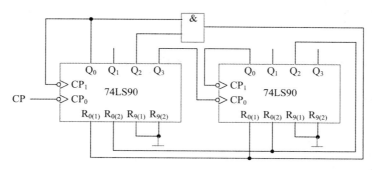

图 6.7.5　74LS90 构成的四十五进制计数器逻辑电路

五、实验内容与步骤

1.实现六十进制计数、译码、显示电路

用两片 74LS90 和两片 CD4511 及两位数码管组成一个六十进制计数、译码、显示电路。

（1）画出电路原理图。

（2）静态测试：CP 加单脉冲或频率为 1 Hz 的连续脉冲，计数器的输出 $Q_0 \sim Q_3$ 对应接显示译码器 CD4511 的 4 个输入，显示译码器输出的七段对应接数码显示管；记录输出电平显示过程。

2.实现二十四制计数器

用两片 74LS90 实现一个二十四进制计数器，并连接到译码显示电路中，观察结果是否正确。

六、实验注意事项

（1）74LS90 有两个时钟脉冲，利用其实现二进制和五进制计数时应注意不同脉冲输入端及输出端的选取。

（2）注意 74LS90 十进制计数器两种不同接法的区别。

七、实验报告

（1）画出实验电路图，记录、整理实验现象所得的有关波形，并对实验结果进行分析。

（2）总结使用集成计数器 74LS90 构成任意进制计数器的方法。

6.8　555定时器的应用

一、实验目的

(1) 熟悉555定时器的组成、工作原理及其特点。

(2) 掌握555定时器电路的典型应用。

二、实验预习要求

(1) 复习555集成定时器的工作原理。

(2) 复习单稳态触发器、多谐振荡器和施密特触发器的工作原理。

三、实验仪器及组件

双踪示波器	1台
数字电子技术实验箱	1台
元器件　555定时器	2片
电阻和电容	若干

四、实验原理

555定时器是一种中规模集成电路，利用它可方便地构成施密特触发器、单稳态触发器和多谐振荡器等。555定时器具有功能强、使用灵活、应用范围广等优点，目前在仪器、仪表和自动化控制装置中得到了广泛应用。

555定时器的原理图及引脚排列如图6.8.1和图6.8.2所示，其功能表见表6.8.1。定

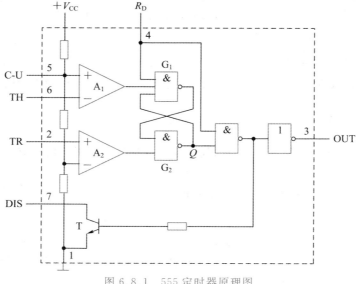

图6.8.1　555定时器原理图

时器内部由电压比较器、分压电路、基本 RS 触发器、放电三极管和输出缓冲级组成。分压电路由 3 个 5 kΩ 的电阻构成，它为两个比较器提供参考电平。若电压控制端（5 端）悬空，则比较器的参考电压分别为 $\frac{2}{3}V_{CC}$ 和 $\frac{1}{3}V_{CC}$。改变电压控制端的电压可以改变比较器的参考电平。A_1 和 A_2 是两个结构完全相同的高精度的电压比较器。A_1 的同相输入端接参考电压 $V_{REF1} = \frac{2}{3}V_{CC}$，$A_2$ 的反相输入端接参考电压 $V_{REF2} = \frac{1}{3}V_{CC}$，在高触发端和低触发端输入电压的作用下，$A_1$ 和 A_2 的输出电压不是 V_{CC} 就是 0，它们作为基本 RS 触发器的输入信号。基本 RS 触发器的输出 Q 经过一级与非门控制放电三极管，再经过一级反相驱动门作为输出信号。R_D 为复位端，在正常工作时应接高电平。

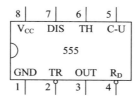

图 6.8.2 555 定时器引脚排列图

表 6.8.1 555 定时器功能表

u_6(TH)	u_2(TR)	R_D	u_3(OUT)	DIS
×	×	0	0	导通
$>\frac{2}{3}V_{CC}$	$>\frac{1}{3}V_{CC}$	1	0	导通
$<\frac{2}{3}V_{CC}$	$>\frac{1}{3}V_{CC}$	1	不变	不变
×	$<\frac{1}{3}V_{CC}$	1	1	截止

当高触发端（6 端）输入电压 $u_6 > \frac{2}{3}V_{CC}$，低触发端（2 端）输入电压 $u_2 > \frac{1}{3}V_{CC}$ 时，比较器 A_1 输出低电平，A_2 输出高电平，基本 RS 触发器被清 0，放电管 T 导通，输出 u_3（OUT）为低电平；当 $u_6 < \frac{2}{3}V_{CC}$，$u_2 > \frac{1}{3}V_{CC}$ 时，A_1 输出高电平，A_2 输出高电平，基本 RS 触发器的状态不变，电路也保持原状态不变。当 $u_2 < \frac{1}{3}V_{CC}$ 时，A_1 输出高电平，A_2 输出低电平，基本 RS 触发器被置 1，放电管 T 截止，输出 u_3 为高电平。

1. 施密特触发器

由 555 定时器构成的施密特触发器电路如图 6.8.3 所示，u_S 为正弦波，经二极管 VD 半波整流到 555 定时器的 2 脚和 6 脚，当 u_i 上升到 $\frac{2}{3}V_{CC}$ 时，u_o 从 1→0；u_i 下降到 $\frac{1}{3}V_{CC}$

时，u_o 又从 0→1。此电路的工作波形如图 6.8.4 所示。

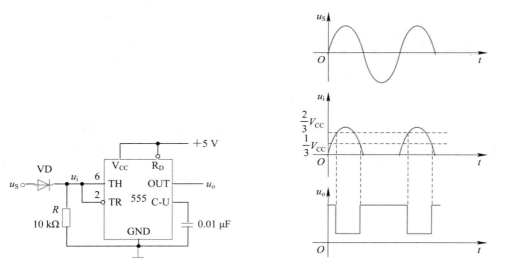

图 6.8.3　由 555 定时器构成施密特触发器电路　图 6.8.4　由 555 定时器构成的施密特触发器的工作波形

2. 单稳态触发器

由 555 定时器构成的单稳态触发器的电路如图 6.8.5 所示，其中 VD 为钳位二极管，稳态时输入 u_i(低触发端 u_2)处于高电平($u_i \approx V_{cc}$)，定时电容 C 两端电压为低电平，即高触发端(u_6)为低电平，电路输出 $u_o \approx 0$。当输入信号 u_i 的负脉冲经 C_1 加到低触发端(2 端)，只要负脉冲的低电平值小于 $\frac{1}{3}V_{cc}$，电路输出 u_o 就跃变为高电平，放电管截止，电路处于暂稳态。同时，电源 V_{cc} 通过 R 对电容 C 充电。当电容 C 充电使 $u_c \geqslant \frac{2}{3}V_{cc}$ 时，u_o 跃变为低电平，555 定时器内部放电管 T 导通，电容 C 通过 T 迅速放电，电路返回到稳态，工作波形如图6.8.6所示。

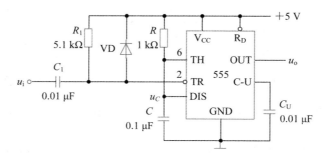

图 6.8.5　由 555 定时器构成的单稳态触发器电路

暂稳态的持续时间 T_w(即为延时时间)取决于外接元件 R 和 C 的数值，即

$$T_w = RC\ln3 \approx 1.1RC$$

一般取 $R = 1$ kΩ～10 MΩ，$C > 1000$ pF，只要满足 u_i 的重复周期大于 T_w，电路即可工作，实现较精确的定时。

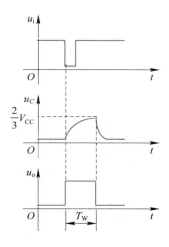

图 6.8.6 由 555 定时器构成的单稳态触发器的工作波形

在单稳态触发器的输入端输入 $f=1\ \text{kHz}$ 连续脉冲,测量幅度及暂稳态时间 T_W,观察 u_i、u_C、u_o 的波形,并注意纵坐标对齐画出波形。

3. 多谐振荡器

由 555 定时器构成的多谐振荡器的电路如图 6.8.7 所示,与 555 定时器构成的施密特触发器和单稳态触发器的区别是无外接触发信号,电路没有稳态,仅存在两个暂稳态。它利用电源通过 R_1、R_2 向 C 充电,以及 C 通过 R_2 向放电端 DIS 放电,使电路产生振荡。电容 C 在 $\frac{1}{3}V_\text{CC}\sim\frac{2}{3}V_\text{CC}$ 之间充电和放电,其工作波形如图 6.8.8 所示。输出信号的振荡参数为

$$T_\text{W1}=(R_1+R_2)C\ln2\approx 0.693(R_1+R_2)C$$
$$T_\text{W2}=R_2C\ln2\approx 0.693R_2C$$
$$T=T_\text{W1}+T_\text{W2}$$

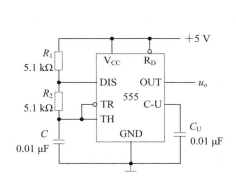

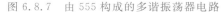

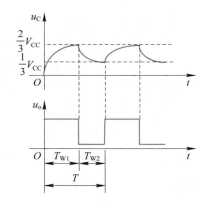

图 6.8.7 由 555 构成的多谐振荡器电路   图 6.8.8 由 555 构成的多谐振荡器的工作波形

由 555 定时器构成的多谐振荡器电路要求 R_1 与 R_2 均应大于或等于 $1\ \text{k}\Omega$,使 (R_1+R_2) 应小于或等于 $3.3\ \text{M}\Omega$。此种多谐振荡器的外部元件的稳定性决定了多谐振荡器的稳定性,

555定时器配以少量的元件即可获得较高精度的振荡频率和具有较高的功率输出能力。因此这种多谐振荡器应用很广。

五、实验内容与步骤

1. 占空比可调的多谐振荡器

将图6.8.7所示电路略加改变,就可构成占空比可调的多谐振荡器,如图6.8.9所示。图中增加了可调电位器 R_p 和两个引导二极管 VD_1、VD_2,其中 VD_1、VD_2 用来决定电容充放电电流流经电阻的途径(充电时 VD_1 导通,VD_2 截止;放电时 VD_2 导通,VD_1 截止)。此多谐振荡器输出脉冲的占空比为

$$q = \frac{T_{W1}}{T_{W1} + T_{W2}} \approx \frac{0.7R_A C}{0.7(R_A + R_B)} = \frac{R_A}{R_A + R_B}$$

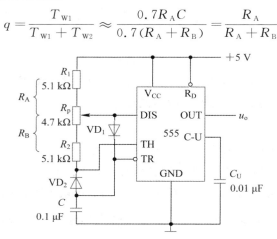

图 6.8.9　由 555 构成的占空比可调多谐振荡器电路

按图6.8.9接线,将占空比调至40%,用示波器观察 u_C 和 u_o 的波形,测量振荡周期 T、T_{W1}、T_{W2},画出 u_C 和 u_o 的工作波形图。

2. 叮咚门铃电路

图6.8.10所示为一常用叮咚门铃电路,555定时器与外围元器件一起构成多谐振荡电路,按下和松开按键AN,则接入振荡回路的电阻值不同,因此振荡频率也就不同。当按钮AN按下时,555定时器的4脚(复位端)的电位迅速升高至接近电源电压(6 V),而在此电路中,只要4脚电位大于1 V,振荡器就开始工作。同时,按键AN被按下,电源通过 VD_2、R_3、R_4 向 C_2 充电,所以振荡频率由 R_3、R_4 和 C_2 的参数确定,约为 $\dfrac{1}{0.7 \times (R + R_3 + 2R_4) \times C_2}$(其中 R 是二极管电阻),于是发出"叮——"的声音。当按钮AN松开时,电容 C_1 中储存的电荷向 R_1 泄放,电容 C_1 两端电压降至1 V大约需要1~2 s的时间,而在这一过程中,振荡可以继续维持,只是此时按键AN已经断开,它的振荡频率由 R_2、R_3、R_4 和 C_2 决定,振荡频率变低,约为 $\dfrac{1}{0.7 \times (R_2 + R_3 + 2R_4) \times C_2}$,于是发出"咚——"的声音。

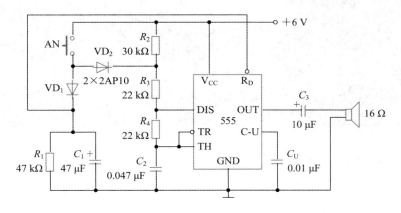

图 6.8.10　叮咚门铃电路

　　按图 6.8.10 接线，用双踪示波器分别测量按键 AN 按下和松开时 u_C 和 $u_。$ 的波形，画出被测量的波形并记录测量值（标明单位）；分析各测量值与理论值是否一致。

六、实验注意事项

　　（1）注意 R、C 等元件参数的选取。
　　（2）注意由 555 定时器构成的电路电源的选取。

七、实验报告

　　（1）根据实验内容，记录数据，画出波形。
　　（2）分析、总结实验结果。

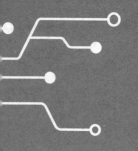

第7章 电子电路计算机仿真实验

7.1 Multisim 仿真软件的使用

一、Multisim 简介

Multisim 电路仿真软件最早是加拿大图像交互技术公司(Interactive Image Technologies，IIT)于 20 世纪 80 年代末推出的一款专门用于电子线路仿真的虚拟电子工作平台(Electronics Workbench，EWB)。2005 年以后，加拿大 IIT 公司隶属于美国国家仪器(NI)有限公司，于是 NI 公司的 Multisim 在学术界以及产业界被广泛地应用于电路教学、电路图设计以及 SPICE 模拟。它提供了全面集成化的设计环境，可完成从原理图设计输入、电路仿真分析到电路功能测试等一系列工作。当改变电路连接或改变元件参数，对电路进行仿真时，可以清楚地观察到各种变化对电路性能的影响。

Multisim 电路仿真软件有如下特点：

(1)操作界面方便友好，原理图的设计输入快捷。

(2)元器件丰富，有数千个器件模型。

(3)虚拟电子设备种类齐全，如同操作真实设备一样。

(4)分析工具广泛，可帮助设计者全面了解电路的性能。

(5)能对电路进行全面的仿真分析和设计。

(6)可直接打印输出实验数据、曲线、原理图和元件清单等。

Multisim 软件发展至今已有十几个版本，本章主要以 Multisim 13.0 为基础来介绍 Multisim 软件的相关功能和使用方法。

二、Multisim 界面功能

1. Multisim 13.0 基本界面

Multisim 13.0 软件以图形界面为主，采用菜单、工具栏和热键相结合的方式，具有一般 Windows 应用软件的界面风格。双击计算机桌面上仿真软件 NI Multisim 13.0 的快捷键图标，等待几秒钟后便进入它的基本界面，如图 7.1.1 所示。

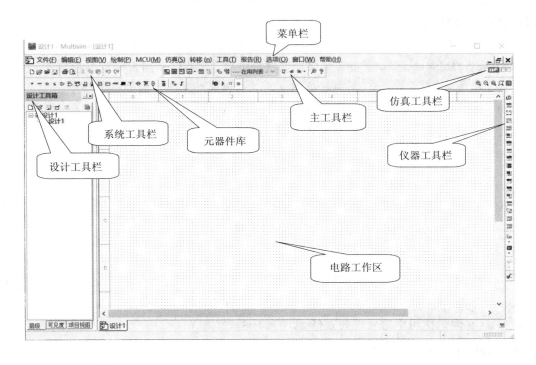

图 7.1.1　Multisim 13.0 基本界面

从图中可以看出，Multisim 13.0 的主窗口界面包含多个区域，有菜单栏、系统工具栏、主工具栏、仿真工具栏、元器件库、设计工具栏、电路工作区窗口和仪器工具栏等。通过对各部分的操作可以实现电路的输入、编辑，并可根据需要对电路进行相应的观测和分析。

2. Multisim 13.0 菜单栏

Multisim 13.0 基本界面最上方是菜单栏(Menus)，菜单中的功能有文件、编辑、视图、选项、工具、帮助等。另外，还有一些 EDA(Electronic Design Automation，电子设计自动化)软件专用的选项，如绘制(放置)、MCU、仿真等。

(1) 文件(File)菜单。文件菜单中包含了对文件和项目的基本操作以及打印等命令。

(2) 编辑(Edit)菜单。编辑菜单功能类似于图形编辑软件的基本编辑功能。在电路绘制过程中，利用编辑菜单可对电路和元件进行剪切、粘贴、翻转、对齐等操作。

（3）视图（View）菜单。视图菜单用于选择操作界面上所显示的内容，也可对一些工具栏和窗口进行控制。

（4）绘制（Place）菜单。绘制菜单提供在电路工作区内放置元件、连接点、总线和文字等的命令，用于输入电路。

（5）MCU（微控制器）菜单。MCU 菜单提供在电路工作区内对 MCU 的调试操作命令。

（6）仿真（Simulate）菜单。仿真菜单提供电路的仿真设置与分析操作命令。

（7）转移（Transfer）菜单。转移菜单提供将 Multisim 格式转换成其他 EDA 软件时所需要的文件格式操作命令。

（8）工具（Tools）菜单。工具菜单主要提供对元器件进行编辑与管理的命令。

（9）报告（Reports）菜单。报告菜单提供材料清单、元器件和网表等的报告命令。

（10）选项（Option）菜单。选项菜单提供对电路界面和某些功能的设置命令。

（11）窗口（Windows）菜单。窗口菜单提供对窗口进行关闭、层叠、平铺等操作命令。

（12）帮助（Help）菜单。帮助菜单提供对 Multisim 的在线帮助和使用指导说明等操作命令。

3. Multisim 13.0 系统工具栏

Multisim 13.0 基本界面中菜单栏的左下方为系统工具栏（System Toolbar），包括设计、打开、打开样本、保存、打印和打印预览等工具。

4. Multisim 13.0 主工具栏

Multisim 13.0 基本界面中菜单栏的右下方为主工具栏（MainToolbar），包括设计工具箱、电子表格视图、SPICE 网表查看器、图示仪、后处理器、元器件向导和数据库管理器等工具，工具右侧是使用中的元件列表（In Use List）。

5. Multisim 13.0 仿真工具栏

在 Multisim 13.0 仿真工具栏可以控制电路仿真的开始、结束和暂停，包括仿真开关和暂停正在运行的交互仿真按钮。

6. Multisim 13.0 元器件库

Multisim 13.0 基本界面第三行为常用元器件库，分别是电源库（Source）、基本元件库（Basic）、二极管库（Diode）、晶体管库（Transistor）、模拟器件库（Analog）、TTL 器件库（TTL）、CMOS 器件库（CMOS）、各种数字元件库（Miscellaneous Digital）、混合器件库（Mixed）、指示器件库（Indicator）、功率元器件库（Power）、其他器件库（Miscellaneous）、高级外设库（Advanced_Periph）、射频元件库（RF）、机电类器件库（Electro mechanical）、NI 元器件库（NI）、连接器库（Connectors）以及 MCU 模块元件库（MCU）。

7. Multisim 13.0 仪器工具栏

对电路进行仿真运行后，通过对运行结果的分析，判断设计是否正确合理，是 EDA 软件的一项主要功能，为此，Multisim 提供了类型丰富的 20 种虚拟仪器。仪器工具栏位于

Multisim 13.0 基本界面的最右侧，从上到下分别为数字万用表（Multimeter）、函数信号发生器（Function Generator）、瓦特计（Wattmeter）、示波器（Oscilloscope）、波特测试仪（Bode Plotter）、频率计（Frequency Counter）、字信号发生器（Word Generator）、逻辑变换器（Logic Converter）、逻辑分析仪（Logic Analyzer）、IV 分析仪（IV Analyzer）、失真分析仪（Distortion Analyzer）、光谱分析仪（Optical Spectrum Analyzer）、网络分析仪（Network Analyzer）、Agilent 函数发生器（Agilent Function Generator）、Agilent 万用表（Agilent Multimeter）、Agilent 示波器（Agilent Oscilloscope）、Tektronix 示波器（Tektronix Oscilloscope）、测量探针（Measuring Probe）、LabVIEW 测试仪（LabVIEW Instrument）和电流探针（Current Probe）。

另外，设计工具栏与电路工作区窗口这里不做介绍，请读者查阅相关资料自行了解。

这些虚拟仪器仪表的参数设置、使用方法和外观设计与实验室中的真实仪器基本一致，在选用后，各种虚拟仪表都以面板的方式显示在电路中。

三、Multisim 基本操作

1. 元器件调用

（1）元器件选择。单击 Multisim 13.0 基本界面第 3 行元件库第 2 个基本元件图标（Basic），将出现"Select a component"对话框，单击"Family"栏中的"RESISTOR"，再拉动"Component"栏的滚动条，选取"100 Ω"，单击"OK"按钮，再在电路工作区域单击鼠标左键即可将电阻 R1 放置到平台上，继续单击"OK"按钮可以继续放置该元器件。

（2）元器件参数设置。双击 R1，将出现"RESISTOR"对话框，在"Label"界面中，将"RefDes(D)"栏改为 R2，按"确定"按钮退出。

（3）元器件旋转。单击 R1，在 R1 四周会出现虚线框，再单击鼠标右键，在弹出的下拉菜单中选择"Edit/90Clockwise"，可将 R1 顺时针转 90°竖放。

（4）元器件移动。当单击 R1 后，R1 四周出现虚线框时按住鼠标左键不放，可将 R1 拖放到电路工作区的任何地方。

（5）元器件删除。鼠标右键单击 R1，在弹出的下拉菜单中选择"Delete"可删除该元器件。

2. 线路连接

放置好元器件后需要对其进行线路连接，操作步骤如下：

（1）将光标指向所要连接的元件引脚，光标指针就会变成带十字圆点状。

（2）按下鼠标左键并移动鼠标，即可拉出一条虚线，如要在某点转弯，则在转弯处单击一下，然后继续连线，到终点后再按下鼠标左键即自动产生红色连线。

（3）如要删除连线，鼠标右键单击该连线，在弹出的下拉菜单中选"Delete"即可删除。

按照上述方法，将各连线连接好后如图 7.1.2 所示。

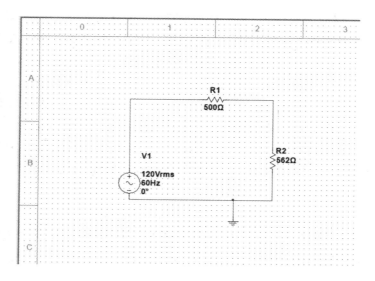

图 7.1.2　电路连线图

四、Multisim 虚拟仪器的使用方法

Multisim 13.0 中提供了 20 种在电子线路分析中常用的仪器仪表。这些虚拟仪器仪表的参数设置、使用方法和外观设计与实验室中的真实仪器仪表基本一致。

1. 数字万用表

数字万用表(Multimeter)可以用来测量交流电压(电流)、直流电压(电流)、电阻以及电路中两节点的分贝损耗，其量程也可自动调整，其图标如图 7.1.3(a)所示。双击该图标可得到数字万用表参数设置控制面板，如图 7.1.3(b)所示。

(a) 图标　　　(b) 参数设置控制面板

图 7.1.3　数字万用表

数字万用表参数设置控制面板中顶部的黑色条形框用于显示测量数值，其下面为测量类型选取栏，其中各个按钮的功能如下所述：

(1) A：测量对象为电流。

(2) V：测量对象为电压。

(3) Ω：测量对象为电阻。

(4) dB：将万用表切换到分贝显示。

(5) ～：表示万用表的测量对象为交流参数。

（6）—：表示万用表的测量对象为直流参数。

（7）＋对应万用表的正极；—对应万用表的负极。

（8）设置：单击该按钮，可以设置数字万用表的各个参数，如图 7.1.4 所示。

图 7.1.4　数字万用表参数设置界面

2. 函数信号发生器

函数信号发生器(Function Generator)是用来提供正弦波、三角波和方波信号的电压源。其图标如图 7.1.5(a)所示，双击该图标，可得到如图 7.1.5(b)所示的函数信号发生器参数设置控制面板。

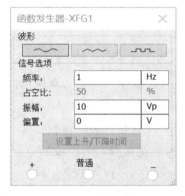

（a）图标　　　　　　　　　（b）参数设置控制面板

图 7.1.5　函数信号发生器

函数信号发生器参数设置控制面板顶部的三个按钮用于选择输出波形，分别为正弦波、三角波和方波。其他选项包括：

（1）频率：设置输出信号的频率。

（2）占空比：设置输出的方波和三角波电压信号的占空比。

（3）振幅：设置输出信号幅度的峰值。

（4）偏置：设置输出信号的偏置电压，即设置输出信号中直流成分的大小。

（5）设置上升/下降时间：设置上升沿与下降沿的时间（仅对方波有效）。

（6）＋：表示波形电压信号的正极性输出端。

（7）－：表示波形电压信号的负极性输出端。

（8）普通：表示公共接地端。

3. 双通道示波器

双通道示波器(Oscilloscope)主要用来显示被测量信号的波形，还可以用来测量被测信号的频率和周期等参数。其图标如图7.1.6(a)所示，双击该图标，得到图7.1.6(b)所示的双通道示波器参数设置控制面板。

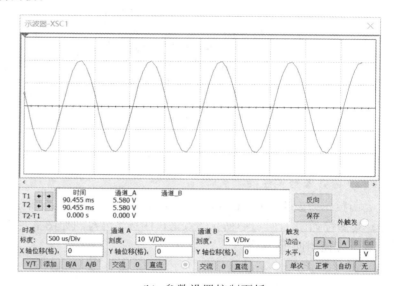

（a）图标　　　　　　　　　　　　（b）参数设置控制面板

图 7.1.6　双通道示波器

双通道示波器参数设置控制面板与真实示波器的基本一致，一共分为以下3个模块。

1）时基模块(Timebase)

该模块主要用来进行时基信号的控制调整，各部分功能如下所述：

（1）标度：X轴的刻度选择，当示波器显示信号时，控制横轴每一格所代表的时间单位，默认为 ms/Div，范围为(1ps～1000s)/Div。

（2）X轴位移：用来调整时间基准的起始点位置，即控制信号在X轴的偏移位置。

（3）Y/T：选择X轴显示时间刻度及Y轴显示电压信号幅度的示波器显示方法。

（4）添加：选择X轴显示时间以及Y轴显示的电压信号幅度为A通道和B通道的输入电压之和。

（5）B/A：选择将A通道信号作为X轴扫描信号，B通道信号幅度除以A通道信号幅度后所得信号作为Y轴的信号输出。

（6）A/B：选择将B通道信号作为X轴扫描信号，A通道信号幅度除以B通道信号幅度后所得信号作为Y轴的信号输出。

2) 通道模块(Channel)

该模块用于双通道示波器输入通道的设置,各部分功能如下:

(1) 通道 A:A 通道设置。

(2) 刻度:Y 轴的刻度选择,当示波器显示信号时,控制 Y 轴每一格所代表的电压刻度,默认单位为 V/Div,范围为(1pV~1000V)/Div。

(3) Y 轴位移:用来调整示波器 Y 轴方向的原点。

(4) 交流:滤除显示信号的直流部分,仅仅显示信号的交流部分。

(5) 0:没有信号显示,输出端接地。

(6) 直流:将显示信号的直流部分与交流部分作和后进行显示。

(7) 通道 B:B 通道设置。

3) 触发模块(Trigger)

该模块用于设置示波器的触发方式,各部分功能如下:

(1) 边沿:触发边缘的选择设置,有上边沿和下边沿等选择方式。

(2) 水平:设置触发电平的大小,该选项表示只有当被显示的信号幅度超过右侧的文本框中的数值时,示波器才能进行采样显示。

(3) 单次:单脉冲触发方式,满足触发电平的要求后,示波器仅采样一次。每按"单次"一次便产生一个触发脉冲。

(4) 正常:只要满足触发电平要求,示波器就采样显示输出一次。

(5) 自动:自动触发方式,只要有输入信号就显示波形。

(6) 无:输入信号时,不需要触发信号,自己触发自己。

4) 数值显示区

数值显示区用于设置示波器波形的显示。在数值显示区,T1 对应着 T1 的游标指针,T2 对应着 T2 的游标指针。单击 T1 右侧的左右指向的两个箭头,可以将 T1 的游标指针在示波器的显示屏中移动。T2 的使用同理。当波形在示波器的屏幕上稳定后,左右移动 T1 和 T2 的游标指针,在示波器显示屏下方的条形显示区中,对应显示 T1 和 T2 游标指针对应的时间和相应时间所对应的 A/B 波形的幅值。通过这个操作,可以简要地测量 A/B 两个通道各自波形的周期和某一通道信号的上升与下降时间。

7.2　Quartus Ⅱ 仿真软件的使用

一、Quartus Ⅱ 简介

Quartus Ⅱ 可编程逻辑开发软件是 Altera 公司为 FPGA/CPLD 芯片设计的集成化专用开发工具,是一个完全集成化的可编程逻辑设计环境。它具有开放性、与结构无关、多平台、完全集成化等特点,拥有丰富的设计库、模块化工具,支持原理图、VHDL、VerilogHDL 以及 AHDL(Altera Hardware Description Language)等多种设计输入形式,内嵌综合器、仿真器等,可以完成从设计输入到硬件配置的完整 PLD(可编程逻辑器件)设计流程。

Quartus Ⅱ 支持 Altera 公司的 MAX3000 系列、MAX7000 系列、MAX9000 系列、ACEX1K 系列、ACEX20K 系列、APEX Ⅱ系列、FLEX6000 系列、FLEX10K 系列；支持 MAX7000/MAX3000 等乘积项器件；支持 MAX Ⅱ CPLD 系列、Cyclone 系列、Cyclone Ⅱ 系列、Stratix Ⅱ系列、Stratix GX 系列等；支持 IP 核，包含了 LPM/MegaFunction(宏功能)模块库，用户可以充分利用成熟的模块，简化设计的复杂性，加快设计速度。此外，Quartus Ⅱ通过和 DSP builder 工具与 Matlab/Simulik 相结合，可以方便地实现各种 DSP 应用系统；Quartus Ⅱ还支持 Altera 的片上可编程系统(SOPC)开发，集系统级设计、嵌入式软件开发、可编程逻辑设计于一体，是一种综合性的开发平台。

二、Quartus Ⅱ 基本操作步骤

1. 创建工程和编辑设计文件

(1) 在计算机上创建工程文件夹。本设计在 D 盘中建立名为 my_design 的文件夹，如图 7.2.1 所示。

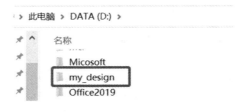

图 7.2.1　创建工程文件夹

(2) 打开 Quartus Ⅱ 13.1软件，其初始界面如图 7.2.2 所示。

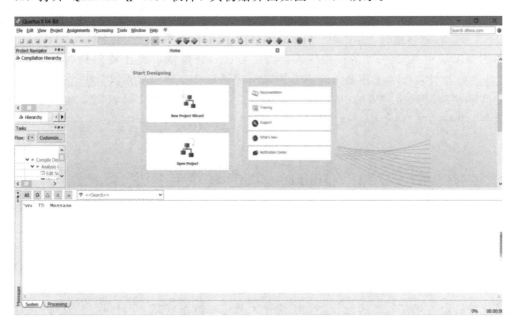

图 7.2.2　Quartus Ⅱ 13.1 软件初始界面

（3）输入源程序。点击左上角的图标 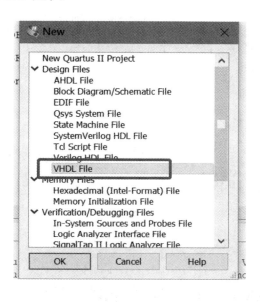，或者选择"File"菜单下的"New"命令，弹出如图 7.2.3 所示的"New"窗口，选择"New"窗口中的"Design Files"下的"VHDL File"选项，单击"OK"按钮打开一个无标题文本文件编辑窗口，如图 7.2.4 所示，然后在 VHDL 文本编辑窗口中输入 VHDL 程序。

图 7.2.3　"New"窗口

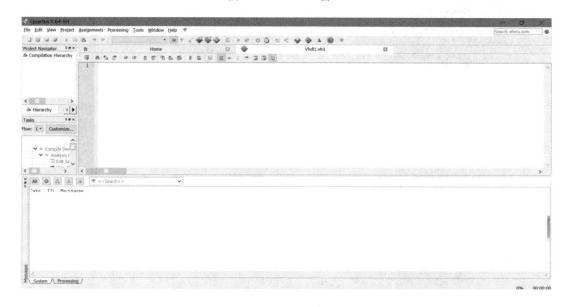

图 7.2.4　Quartus Ⅱ 13.1 软件 VHDL 文本编辑窗口

（4）文件存盘。源程序输入完毕后，单击按钮 ，或者选择"File"菜单下的"Save"命令，弹出如图 7.2.5 所示的"另存为"对话框。注意，文件名（File Name）必须与实体名相同，本例程实体名为 mux21a,所以此时输入"mux21a"。保存此文件到之前建立的工程文件夹下。当出现"Do you want to create"对话框时,单击"是"按钮,则直接进入创建工程窗口"New Project Wizard",如图 7.2.6 所示。

图 7.2.5 Quartus Ⅱ 13.1 软件"另存为"窗口

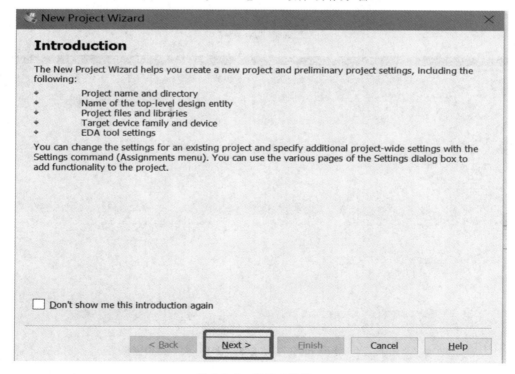

图 7.2.6 创建工程窗口

(5)将设计文件加入工程中。使用 New Project Wizard 可以为工程指定工作目录、工程名称及顶层设计实体名称等。在此要利用 New Project Wizard 工具创建此设计工程，即令顶层设计 mux21a 为工程。单击"Next"按钮即弹出工程设置对话框，如图 7.2.7 所示。设置好之后单击"Next"按钮。

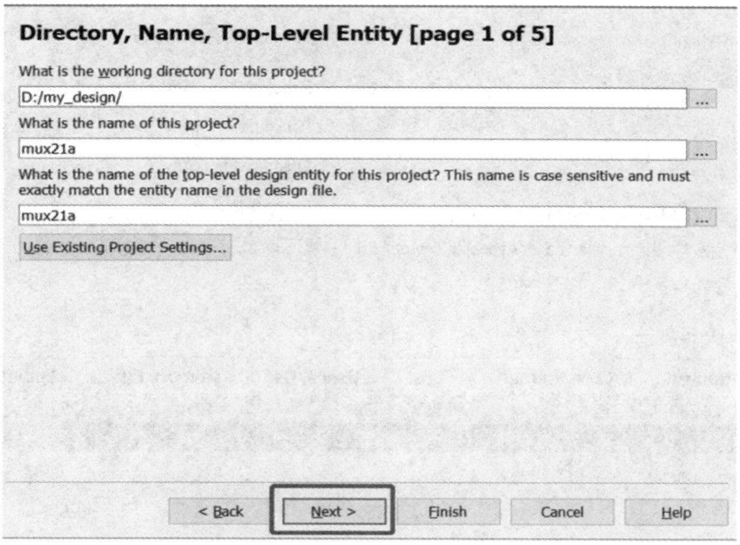

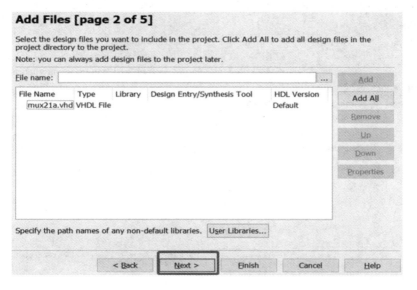

图 7.2.7　Quartus Ⅱ 13.1 软件工程设置窗口

（6）将设计文件加入工程中。在弹出的对话框中单击"File Name"后面的按钮 **...**，选中与工程相关的所有 VHDL 文件，单击"Add"按钮加入工程，即得到如图 7.2.8 所示的添加工程文件窗口，之后继续单击"Next"按钮。

图 7.2.8　添加工程文件

（7）选择目标芯片。在弹出的对话框中的"Family"栏选择芯片系列，这里选择 Cyclone 系列，具体芯片为 EP3C40Q240C8，如图 7.2.9 所示，之后继续单击"Next"按钮。

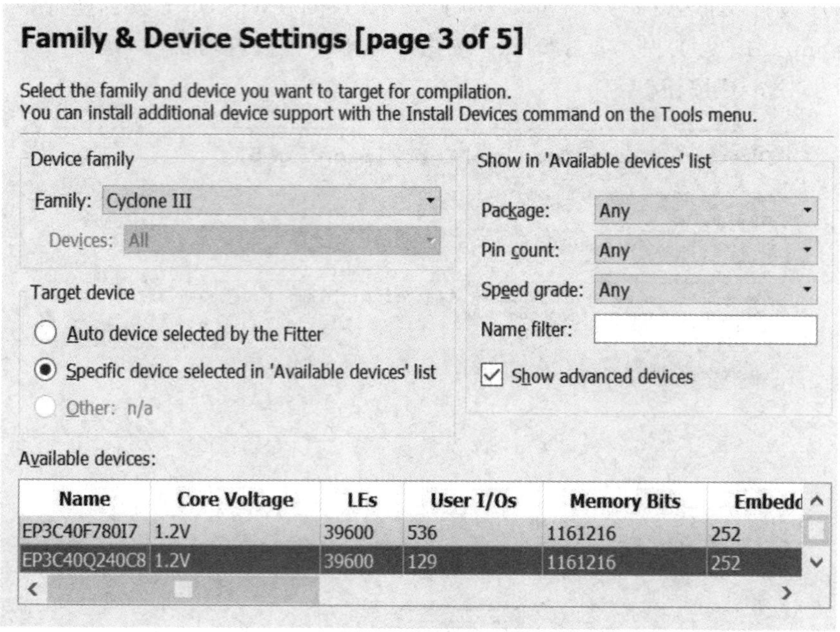

图 7.2.9　芯片选择窗口

（8）选择仿真器和综合器类型。弹出的仿真器和综合器类型选择窗口如图 7.2.10 所示，在此窗口中各项都选择默认项"None"，之后继续单击"Next"按钮。

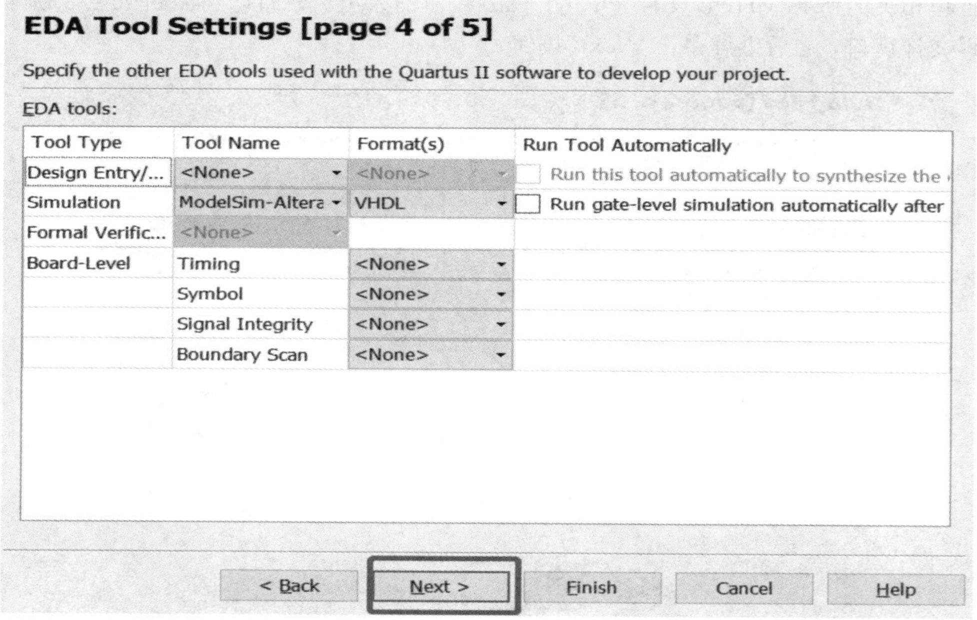

图 7.2.10　仿真器和综合器类型选择窗口

（9）结束设置。弹出的工程设置统计窗口中列出了此工程相关的设置情况，如图 7.2.11 所示，单击"Finish"按钮，完成设置。

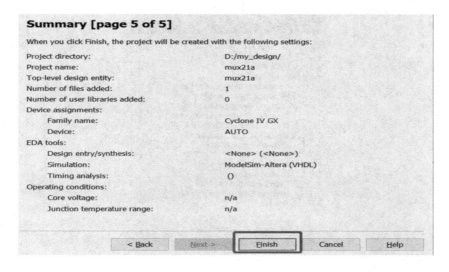

图 7.2.11　工程设置统计窗口

（10）选择"Processing"菜单下的"Start Compilation"命令，如图 7.2.12 所示，启动程序编译。若编译未通过，则反复修改程序，并重复步骤（3）～（10），直至编译成功。如图 7.2.13 所示为编译成功信息。

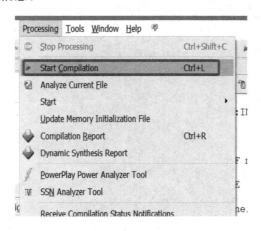

图 7.2.12　启动程序编译

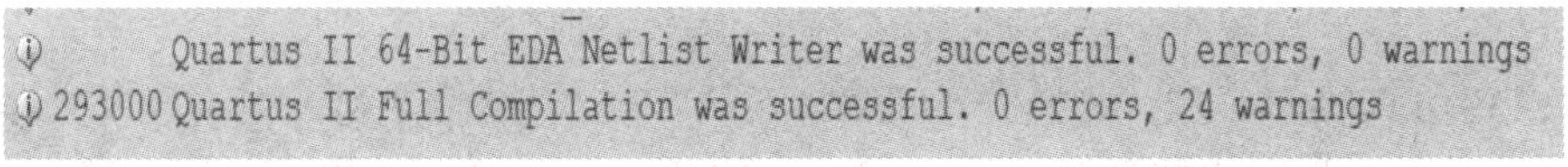

① 　　Quartus II 64-Bit EDA Netlist Writer was successful. 0 errors, 0 warnings
① 293000 Quartus II Full Compilation was successful. 0 errors, 24 warnings

图 7.2.13　编译成功信息

2. 仿真

（1）打开波形编辑器。点击左上角的图标 　，或者选择菜单"File"下的"New"命令，弹出如图 7.2.14 所示的"New"对话框，在此对话框中选择"Verification/Debugging Files"下的"University Program VWF"选项，单击"OK"按钮，即弹出空白的波形编辑器，如图 7.2.15 所示。

图 7.2.14 "New"对话框

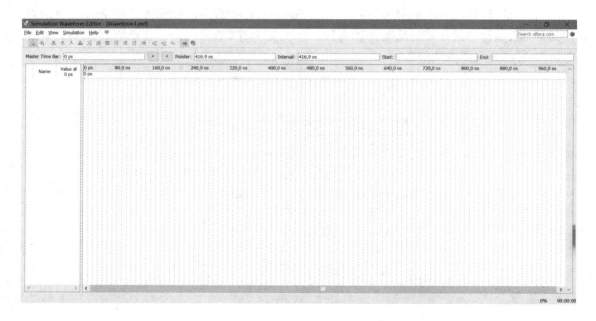

图 7.2.15 空白波形编辑器

(2) 设置仿真时间区域。选择"Edit"菜单下的"Set End Time"命令,在弹出的仿真时间设置窗口中的"End Time"栏处输入"50.0",单位选择"us",如图 7.2.16 所示,之后单击"OK"按钮。

(3) 波形文件存盘。选择"File"菜单下的"Save As"命令,将默认后缀为".vwf"的波形文件存入已建立的文件夹中,如图 7.2.17 所示。

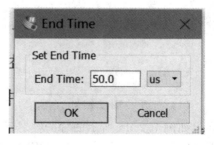

图 7.2.16 仿真时间设置窗口

图 7.2.17 保存波形文件

（4）将工程的端口信号节点选入波形编辑器中。具体方法是：选择"Edit"菜单中的
"Insert"命令的"Insert Node or Bus"子命令，如图 7.2.18 所示，在弹出的节点查找对话框
（如图 7.2.19 所示）中，单击"Node Finder"按钮，弹出如图 7.2.20 所示的添加端口节点对
话框，在此对话框中对本实验输入输出的引脚信号进行仿真设置。进行仿真设置时，首先
在"Filter"中选择"Pins：all"，单击"List"按钮；然后用鼠标将重要的端口节点分别拖到波
形编辑窗口中；接着单击"Node Finder"对话框的"OK"按钮返回到"Insert Node or Bus"对
话框，如图7.2.20 所示；最后单击"Insert Node or Bus"对话框的"OK"按钮。

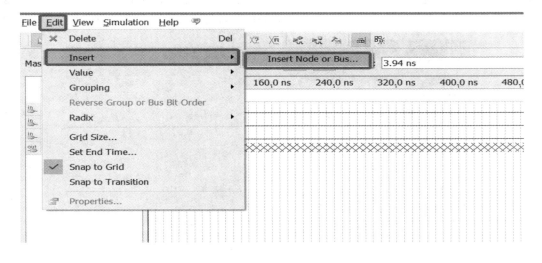

图 7.2.18 工程端口信号节点编辑窗口

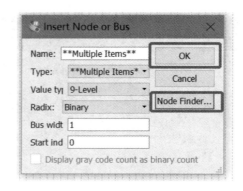

图 7.2.19　节点查找

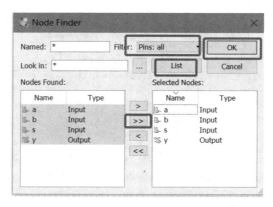

图 7.2.20　添加端口节点

（5）编辑输入波形（输入激励信号）。具体方法是：首先单击输入的信号名（如 a 信号），使之变成蓝色条；再单击快捷键 $\boxed{\text{Xc}}$ 对 a 信号进行设置，初始电平为高电平，间隔 1.0 ns，如图 7.2.21 所示；接着对 b 信号进行设置，初始电平为低电平，间隔 2 ns，如图 7.2.22 所示；最后对 s 信号进行设置，初始电平为高电平，间隔 2 ns，如图 7.2.23 所示。

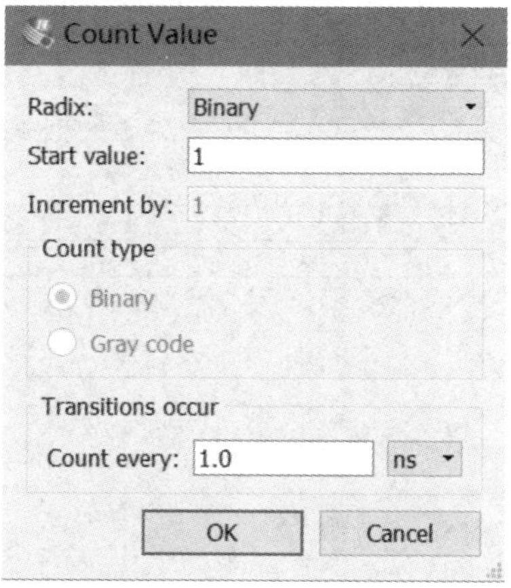

图 7.2.21　a 信号设置 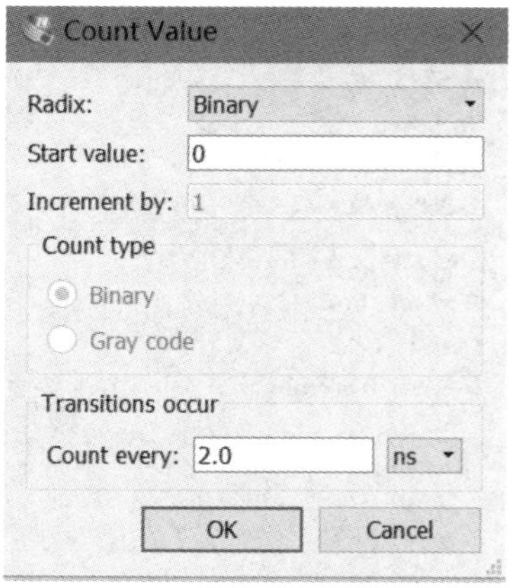　　　　　　　图 7.2.22　b 信号设置

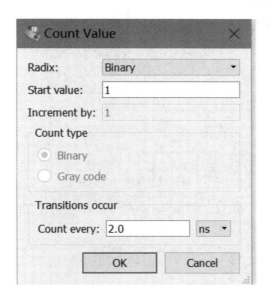

图 7.2.23　s 信号设置

（6）启动仿真器。完成所有设置后，在"Simulation"菜单下选择"Run Functional Simulation"命令，启动仿真，如图 7.2.24 所示。单击放大器将波形放大进行查看，如图 7.2.25 所示。

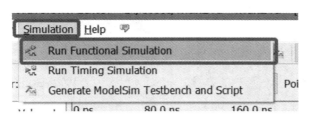

图 7.2.24　启动仿真

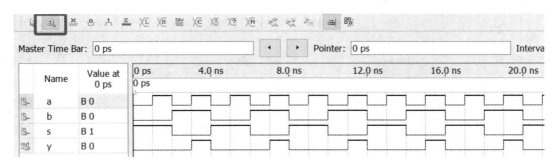

图 7.2.25　波形查看

3. 引脚锁定和程序下载

（1）生成 RTL 电路图。在"Tools"菜单下选择"Netlist Viewers"命令的子命令"RTL Viewer"，如图 7.2.26 所示，生成的 RTL 电路图如图 7.2.27 所示。

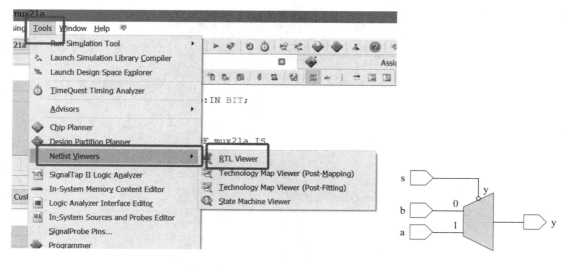

图 7.2.26　RTL 电路生成选项

图 7.2.27　RTL 电路图

(2) 根据硬件接口设计，对芯片引脚进行锁定。选择"Assignment"菜单中的"Pin Planner"命令，弹出"Pin Planner"对话框。双击对应引脚的 Location 空白框，在弹出的下拉菜单中选择要绑定的引脚，完成所有引脚的分配。在此工程中，a 选择引脚 31，b 选择引脚 151，s 选择引脚 18，y 选择引脚 164，如图 7.2.28 所示。

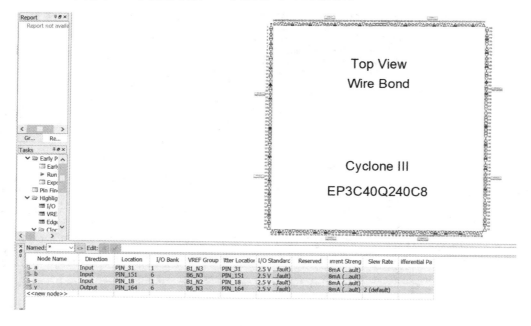

图 7.2.28　芯片引脚锁定

(3) 存储这些引脚锁定的信息后，必须再编译一次，才能将引脚锁定信息编译进程序下载文件中。单击编译器快捷方式按钮 ，或者选择"Processing"菜单下的"Start I/O Assignment Analysis"命令重新编译工程，如图 7.2.29 所示，结果如图 7.2.30 所示。

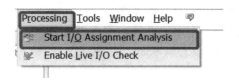

图 7.2.29　重新编译工程

	Status	From	To	Assignment Name	Value	Enabled
1	✓ Ok		out y	Location	PIN_164	Yes
2	✓ Ok		in s	Location	PIN_18	Yes
3	✓ Ok		in b	Location	PIN_151	Yes
4	✓ Ok		in a	Location	PIN_31	Yes
5		<<new>>	<<new>>	<<new>>		

图 7.2.30　编译结果

（4）打开编程窗和配置文件。将实验系统与并口通信线连接好，打开电源。在菜单"Tool"中选择"Programmer"命令，弹出编程窗。在"Mode"编程模式栏中选择"JTAG"选项，单击左侧的"Start"按钮，当"Progress"栏显示出 100%，并且底部的处理栏中出现"Configuration Succeeded"时，表示文件配置成功，如图 7.2.31 所示。

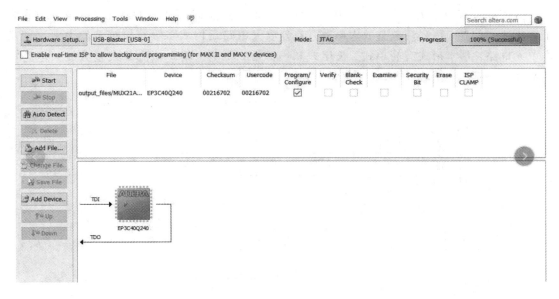

图 7.2.31　文件配置成功编程窗

7.3　差分放大电路仿真

一、实验目的

（1）掌握用 Multisim 仿真软件对差分放大电路进行仿真实验。

（2）了解恒流源式差分放大器的工作原理。

（3）掌握差分放大器静态工作点的设置和测试方法。

（4）掌握差分放大器差模、共模放大状态的测试方法。

二、实验预习要求

（1）复习本章 7.1 节 Multisim 仿真软件介绍内容。

（2）复习差分放大器的工作原理。

（3）画出实验内容的接线电路图。

三、实验仪器及组件

计算机	1 台
Multisim 仿真软件	1 套

四、实验原理

直接耦合直流放大电路有一个缺点，即零点漂移严重时会使放大器无法正常工作。为了解决这一问题，可采用差分放大电路。差分放大电路是构成多级直接耦合放大电路的基本单元电路，基本形式有简单式、长尾式和恒流源式 3 种。其中恒流源式差分放大电路如图 7.3.1 所示。

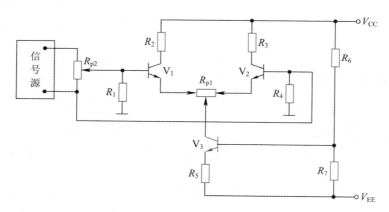

图 7.3.1　恒流源式差分放大电路

恒流源式差分放大电路在静态时可忽略 V_3 的基极电流，那么电阻 R_7 上的电压就为直流电源 $|V_{CC}|$ 与 $|V_{EE}|$ 之和经过电阻 R_6、R_7 分压后得到，即

$$U_{R_7} \approx \frac{R_7}{R_6 + R_7}(|V_{CC} + V_{EE}|) \tag{7-3-1}$$

电阻 R_5 上的电压为

$$U_{R_5} = U_{R_7} - V_{BEQ3} \tag{7-3-2}$$

恒流管 V_3 的静态电流为

$$I_{CQ3} \approx I_{EQ3} = \frac{U_{R_5}}{R_5} \qquad (7-3-3)$$

设两个放大管 V_1 与 V_2 的参数对称，则它们的静态电流和电压为

$$I_{CQ1} = I_{CQ2} \approx \frac{1}{2} I_{CQ3} \qquad (7-3-4)$$

$$U_{CQ1} = U_{CQ2} = V_{CC} - I_{CQ1} \cdot R_2 (对地) \qquad (7-3-5)$$

由于恒流管所引入的是共模负反馈，当加入差模输入信号时，两个放大管的集电极电流一个将增加，另一个则减少，二者之和保持不变，因而，它们的发射极电位也保持不变，相当于一个固定电压。因此，在交流通路中，恒流源可看作短路，此时图 7.3.1 所示的等效电路如图 7.3.2 所示。

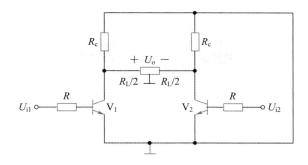

图 7.3.2　等效电路

当输入交流差模信号时，单端输出差模电压放大倍数为

$$A_{d单} = \frac{u_{dc1}}{u_{db1} - u_{db2}} \qquad (7-3-6)$$

双端输出差模电压放大倍数为

$$A_{d双} = \frac{u_{dc1} - u_{dc2}}{u_{db1} - u_{db2}} \qquad (7-3-7)$$

共模电压放大倍数为

$$A_c = \frac{u_{cc1}}{u_{cb1}} \qquad (7-3-8)$$

五、实验内容与步骤

（1）在 Multisim 仿真软件平台上搭建图 7.3.3 所示差分放大电路静态工作点测试仿真电路，晶体管 β 值设为 80。

（2）单击仿真开关进行静态分析，待电路稳定后，各电压表的测量数据如图 7.3.3 所示。

（3）删除图 7.3.3 中的所有电压表，并从 Multisim 仿真软件基本界面最右侧调出函数信号发生器和示波器各一台，搭建如图 7.3.4 所示的差分放大电路动态测试仿真电路。

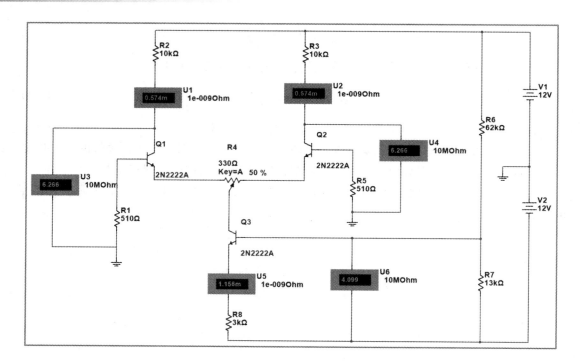

图 7.3.3　差分放大电路静态工作点测试仿真电路图

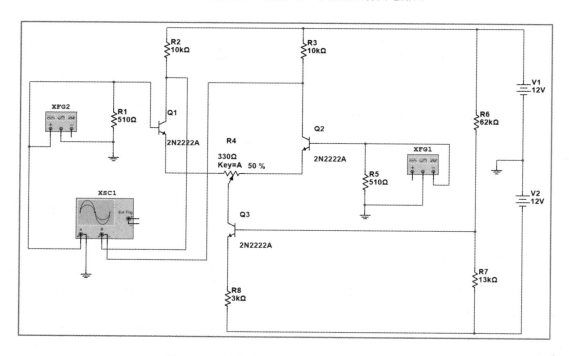

图 7.3.4　差分放大电路动态测试仿真电路图

（4）单击仿真开关进行动态分析。函数信号发生器参数设置如图 7.3.5 所示，示波器显示如图 7.3.6 所示。观察差模双端输入、双端输出时电路工作状态。

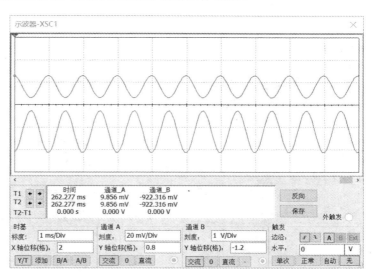

图 7.3.5　函数信号发生器
参数设置

图 7.3.6　示波器显示

（5）搭建如图 7.3.7 所示的共模差分放大电路。

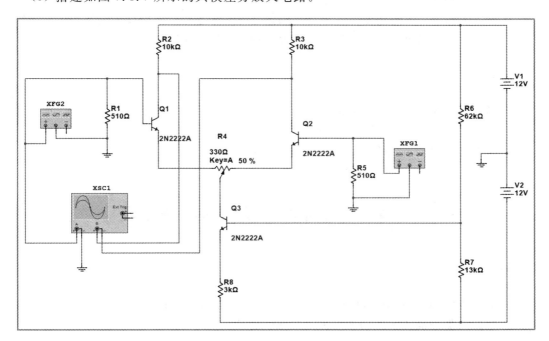

图 7.3.7　共模差分放大电路

（6）单击仿真开关进行动态分析。函数信号发生器参数设置如图 7.3.8 所示，示波器显示如图 7.3.9 所示。观察共模双端输入、双端输出时电路工作状态。

图 7.3.8 函数信号发生器参数设置

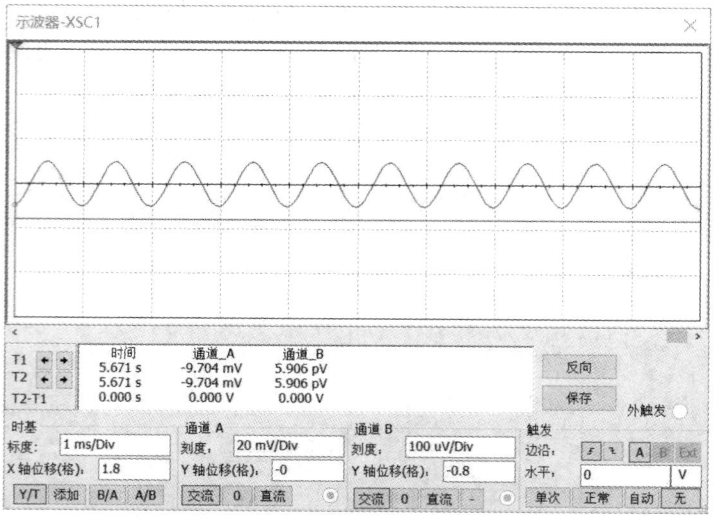

图 7.3.9 示波器显示

六、实验注意事项

(1) 注意开启仿真后,当运行结束时要记得按停止键。

(2) 静态测试时,不需要修改各电压表参数,待电路运行稳定后直接读数即可。

(3) 从示波器上读数时,要先按下运行停止键,再利用标尺进行读数。

七、实验报告

(1) 画出实验电路的原理图,整理实验结果。

(2) 简要总结 Multisim 仿真软件的使用方法。

(3) 说明差分放大电路中发射极电阻及恒流源的作用。

7.4 互补推挽功率放大电路仿真

一、实验目的

(1) 掌握用 Multisim 仿真软件进行乙类推挽放大器仿真实验方法。

(2) 掌握乙类推挽放大器静态工作点的测试方法。

(3) 观察乙类推挽放大器输出波形的交越失真及最大不失真输出电压。

二、实验预习要求

(1) 复习 Multisim 13.0 电子仿真软件使用方法。

（2）复习推挽放大器的工作原理。

（3）画出实验内容的接线电路图。

三、实验仪器及组件

计算机	1 台
Multisim 仿真软件	1 套

四、实验原理

功率放大器的任务是对信号进行功率放大，提供不失真且功率足够大的信号，以推动负载工作，功率放大器除了有较大的输出功率外，还应该有较高的效率。目前广泛采用互补对称功率放大电路。图 7.4.1 所示为乙类互补对称功率放大电路，也称乙类 OTL 电路。

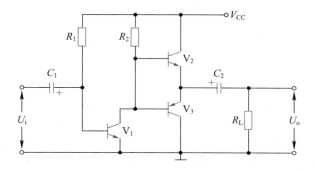

图 7.4.1　乙类互补对称功率放大电路

在乙类互补对称功率放大电路中，由于三极管为零偏置，因此乙类推挽功率放大电路将产生一种特殊的交越失真，如图 7.4.2 所示，即在输出波形两个半周期交接处波形不平滑。

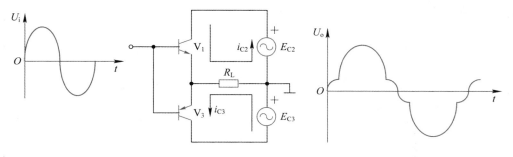

图 7.4.2　交越失真

五、实验内容与步骤

（1）首先在 Multisim 仿真软件平台上搭建如图 7.4.3 所示的乙类推挽放大器静态工作点测试仿真电路。然后双击电位器（R_8）图标，在弹出的对话框"Value"界面中，将"Increment"栏改成 1%。

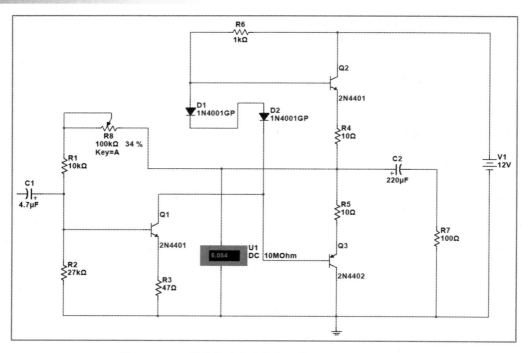

图 7.4.3　乙类推挽放大器静态工作点测试仿真电路图

(2) 单击仿真电源开关,并调整电位器的百分比,使电压表指示为电源电压的一半,即 6 V。

(3) 将电压表拆除,从平台右侧调出虚拟信号发生器和示波器,按照图 7.4.4 所示交越失真测试仿真电路连接电路;单击仿真电源开关,并双击信号发生器和示波器图标;信号发生器输入 $f=1$ kHz、$V_i=10$ mV 的信号,这时可以看到交越失真的输出波形。

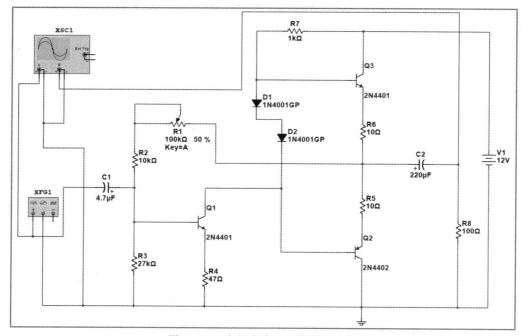

图 7.4.4　交越失真测试仿真电路图

（4）关闭仿真开关，从 Multisim 仿真软件基本界面左侧调出一只二极管将它串联到 D_1、D_2 中，如图 7.4.5 所示；重新开启仿真开关，这时将看到不失真的输出波形；单击信号发生器面板上"Amplitude"栏右侧的小箭头，逐渐增大输入信号的幅值，直到示波器上显示的波形幅度最大且不失真。

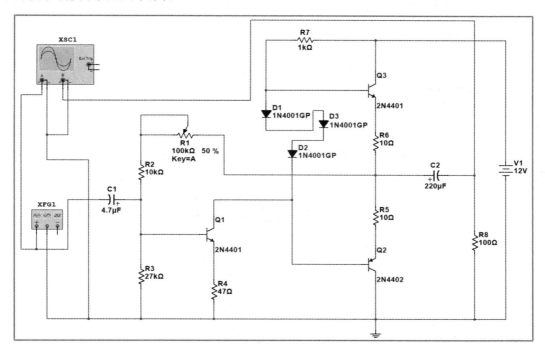

图 7.4.5　最大不失真波形测试仿真电路图

六、实验注意事项

（1）注意开启仿真后，当运行结束时要记得按停止键。

（2）从示波器上读数时，要先按下运行停止键，再利用标尺进行读数。

七、实验报告

（1）画出实验电路的原理图，整理实验结果。

（2）请说明增加乙类推挽放大器输入信号的幅值至多大时，输出为最大且波形不失真。

7.5　计数器设计及仿真

一、实验目的

（1）掌握十进制加减计数器的工作原理。

（2）熟悉中规模集成计数器及译码器的逻辑功能和使用方法。

二、实验预习要求

(1) 了解 74LS193 可逆计数器的工作原理。

(2) 掌握 Multisim 仿真软件实现计数器电路的方法。

三、实验仪器及组件

计算机   1 台

Multisim 仿真软件   1 套

四、实验原理

74LS193 是双时钟输入 4 位二进制同步可逆计数器,主要功能是可逆计数,其引脚如图 7.5.1 所示,功能表如表 7.5.1 所示。

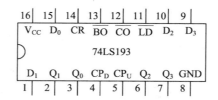

图 7.5.1　74LS193 引脚图

同步可逆计数器 74LS193 芯片的引脚说明如下:

(1) CP_U:加法计数时钟输入端(上升沿有效)。

(2) CP_D:减法计数时钟输入端(上升沿有效)。

(3) CR:异步清零端(高电平有效)。

(4) $\overline{LD}$:异步预置数端(低电平有效)。

(5) $\overline{CO}$:加法进位信号输出端。

(6) $\overline{BO}$:减法借位信号输出端。

(7) $D_0 \sim D_3$:并行数据输入端,其中其 D_0 为低位,D_3 为高位。

(8) $Q_0 \sim Q_3$:输出端,其中 Q_0 为低位,Q_3 为高位。

表 7.5.1　74LS193 功能表

CP_U	CP_D	CE	$\overline{LD}$	工作状态
×	×	1	×	清零
×	×	0	0	预置数
↑	1	0	1	加法计数
1	↑	0	1	减法计数

当 CR=0,CP_D=1 时,时钟信号引入 CP_U,74LS193 做加法计数。加法计数进位输出

$\overline{\text{CO}}=\overline{Q_3 Q_2 Q_1 Q_0 \overline{\text{CP}_U}}$，计数器输出 1111，且 CP_U 为低电平时，$\overline{\text{CO}}$ 输出一个负脉冲。

当 CR＝0，CP_U＝1 时，时钟信号引入 CP_D，74LS193 做减法计数。减法计数借位输出

$\overline{\text{BO}}=\overline{\overline{Q_3} \overline{Q_2} \overline{Q_1} \overline{Q_0} \overline{\text{CP}_U}}$，计数器输出 0000，且 CP_D 为低电平时，$\overline{\text{BO}}$ 输出一个负脉冲。

74LS193 的预置数是利用芯片内每个触发器的直接清零信号 $\overline{R}_D$ 和直接置位信号 $\overline{S}_D$ 来实现的，当 $\overline{\text{LD}}$＝0 时，将 $D_3 D_2 D_1 D_0$ 立即置入计数器中，使 $Q_3 Q_2 Q_1 Q_0 = D_3 D_2 D_1 D_0$，此时是异步送数，与 CP 无关。

当 CR＝1 时，74LS193 立即异步清零，与其他输入端的状态无关。

五、实验内容与步骤

1. 在 Multisim 仿真软件平台使用同步十进制可预置加法计数器 74LS160 完成六进制加法计数器的仿真

（1）按图 7.5.2 所示 74LS160 七进制加法计数器仿真电路，从 Multisim 仿真软件平台调出所需元件。

74LS160 集成电路从 place TTL 图标中调出，具体步骤为：Family→74LS；Component→74LS160D；采用同样方法调出 74LS04D。指示灯从 place Indicator 中调出，具体步骤为：Family→PROBE；Component→PROBE-RED。单刀双掷开关从 place Basic 中调出，具体步骤为：Family→SWITCH；Component→SPDT。电源从 place Source 中调出，具体步骤为：Family → POWER-SOURCE；Component → V_{CC}，然后双击，将"Value"界面的"Voltage"栏改成 5 V；采用同样方法调出 Ground。

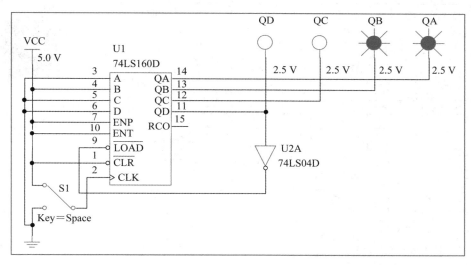

图 7.5.2　74LS160 六进制加法计数器仿真电路

（2）打开仿真开关，将 S1 置低电平再置高电平，重复 S1 的操作，观察输出端指示灯变化情况，并填写表 7.5.2。

（3）变换初始预置数端 QD、QC、QB、QA 端数据，将 S1 置低电平再置高电平，观察输出端指示灯变化情况，自拟表格列写变化过程。

表 7.5.2 输出端指示灯变化表

脉冲 CLK	QD	QC	QB	QA
1				
2				
3				
4				
5				
6				
7				
8				
9				
10				

2. 在 Multisim 平台使用同步可逆计数器 74LS193 完成九进制减法计数器的仿真

(1) 按图 7.5.3 所示仿真电路，从 Multisim 仿真软件平台调出所需元件。

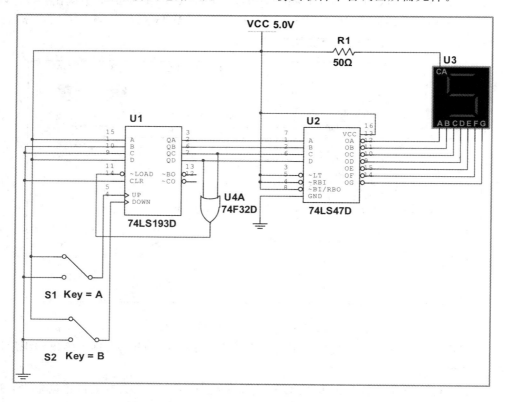

图 7.5.3 74LS193 九进制减法计数器仿真电路

74LS193 集成电路从 place TTL 图标中调出，具体步骤为：Family→74LS；Component→74LS194D；同样方法调出 74LS47D 和 74LS32D。数码管从 place Indicator 中调出，具体步骤为：Family→HEX_DISPLAY；Component→SEVEV_SEG _COM_A。单刀双掷开关从 place Basic 中调出，具体步骤为：Family→SWITCH；Component→SPDT。电源从 place Source 中调出，具体步骤为：Family→POWER-SOURCE；Component→V_{CC}，然后双击，将"Value"界面的"Voltage"栏改成 5 V；采用同样方法调出 Ground。

（2）打开仿真开关，将 S1 置高电平，S2 置低电平再置高电平，重复 S2 的操作，观察数码管的变化情况。

六、实验注意事项

（1）正确在元器件库中选取所需元器件，特别应注意要使用共阳极数码管。

（2）在实验过程中，要注意减法计数方式的设置。

七、实验报告

（1）根据实验内容，记录数据，分析表 7.5.2 和图 7.5.3 实验结果，并利用相关知识分析其工作原理。

（2）总结减法计数器实现任意进制计数的方法。

7.6　移位寄存器应用及仿真

一、实验目的

（1）掌握中规模 4 位双向移位寄存器的逻辑功能及使用方法。

（2）掌握移位寄存器的典型应用，实现数据的串行、并行转换和构成环形计数器。

二、实验预习要求

（1）复习集成移位寄存器 74LS194 的引脚功能。

（2）掌握中规模 4 位双向移位寄存器逻辑功能及使用方法。

（3）熟悉应用移位寄存器实现数据的串行、并行转换方法。

三、实验仪器及组件

计算机　　　　　　　　1 台

Multisim 仿真软件　1 套

四、实验原理

移位寄存器是计算机中不可缺少的基本逻辑部件，是具有移位功能的寄存器，在进行移位时，每来一个 CP 脉冲，寄存器里存放的数码依次向左或向右移动 1 位。按照移位方式分类，移位寄存器分为单向移位寄存器和双向移位寄存器，其中单向移位寄存器只具有向左或向右移位功能，而双向移位寄存器则兼有左移和右移功能。移位寄存器的工作方式主要有串行输入并行输出、串行输入串行输出、并行输入并行输出和并行输入串行输出。

1. 用触发器构成移位寄存器

将若干个触发器串联起来，就可以构成一个移位寄存器。如图 7.6.1 所示是由 4 个 D 触发器构成的 4 位移位寄存器逻辑电路图，数据从串行输入端输入，左边触发器的输出作为右边触发器的数据输入，输出数据既可以并行输出也可以串行输出。

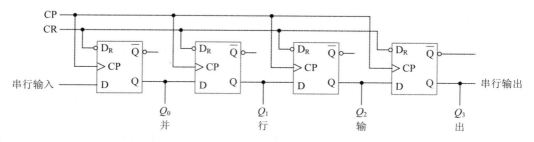

图 7.6.1 边沿 D 触发器构成的 4 位移位寄存器

2. 中规模集成移位寄存器 74LS194

本实验选用 4 位双向移位寄存器 74LS194，其引脚排列图如图 7.6.2 所示，功能表如表 7.6.1 所示。

```
     16   15   14   13   12   11   10    9
   ┌───┬────┬────┬────┬────┬────┬────┬────┐
   │Vcc  Q0   Q1   Q2   Q3   CP   S1   S0  │
   │                                        │
   (           74LS194                      │
   │                                        │
   │CR   SR   D0   D1   D2   D3   SL  GND   │
   └───┴────┴────┴────┴────┴────┴────┴────┘
     1    2    3    4    5    6    7    8
```

图 7.6.2 74LS194 引脚排列图

表 7.6.1 74LS194 功能表

CR	S_1	S_0	CP	SL	SR	D_0	D_1	D_2	D_3	Q_0	Q_1	Q_2	Q_3	工作方式
0	×	×	×	×	×	×	×	×	×	0	0	0	0	清 0
1	1	1	↑	×	×	D_0	D_1	D_2	D_3	D_0	D_1	D_2	D_3	置数
1	0	1	↑	×	SR	×	×	×	×	SR	Q_0^n	Q_1^n	Q_2^n	右移
1	1	0	↑	SL	×	×	×	×	×	QB^n	QC^n	QD^n	SL	左移
1	0	0	×	×	×	×	×	×	×	QA	QB	QC	QD	保持

4 位双向移位寄存器 74LS194 芯片的引脚说明如下：

(1) CP：时钟输入端。

(2) $D_0 \sim D_3$：并行输入端。

（3）SR：右移串行输入端。

（4）SL 左移串行输入端。

（5）S_1、S_0 工作方式控制端。

（6）CR 异步清零输入端。

（7）$Q_0 \sim Q_3$：并行数据输出端，其中 Q_0 为低位，Q_3 为高位。

五、实验内容与步骤

1. 双向移位寄存器 74LS194 功能仿真

首先让 74LS194 工作在并行状态，观察并行输入输出工作过程，然后再让寄存器工作在右移状态，观察串行输出方式的工作过程，列表并记录测试结果。

（1）按图 7.6.3 所示双向移位寄存器 74LS194 功能仿真电路，从 Multisim 仿真软件平台调出所需元件。

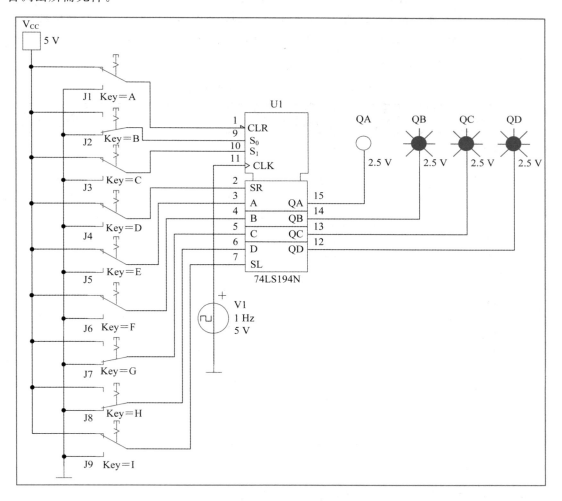

图 7.6.3　双向移位寄存器 74LS194 功能仿真电路

74LS194 集成电路从 place TTL 图标中调出,具体步骤为:Family→74LS;Component→74LS194N。指示灯从 place Indicator 中调出,具体步骤为:Family→PROBE;Component→PROBE-RED。单刀双掷开关从 place Basic 中调出,具体步骤为:Family→SWITCH;Component→SPDT。电源从 place Source 中调出,具体步骤为:Family→POWER-SOURCE;Component→V_{CC},然后双击,将"Value"界面的"Voltage"栏改成 5 V。时钟脉冲从 place Source 中调出,具体步骤为:Family→SIGNAL-VOLTAGE;Component→CLOCK_VOLTAGE,然后双击,设置它的变化频率(Frequency)。

(2)打开仿真开关,根据 74LS194 功能表 7.6.1,用 J1 实现"异步清 0"功能;根据"并行输入"功能要求,将 S_1、S_0 端置于"1""1"状态,QA、QB、QC、QD 数据输入端分别设为"0""0""1""1",将时钟脉冲频率设置为 1 Hz,观察输出端指示灯变化情况,并填写表 7.6.2。

(3)右移状态功能测试。在打开仿真开关的情况下,先给 QA~QD 送数"0011",然后根据 74LS194 功能表 7.6.1 左移功能要求(即 SL=0),观察当 CP 脉冲作用时输出端指示灯变化情况;根据 74LS194 功能表 7.6.1 左移功能要求(即 SL=1),观察当 CP 脉冲作用时输出端指示灯变化情况,并填写表 7.6.2。

表 7.6.2　74LS194 移位寄存器仿真结果

脉冲 CLK	QA	QB	QC	QD
异步清 0				
并行输入				
左移 1				
左移 2				
左移 3				
左移 4				
异步清 0				
并行输入				
右移 1				
右移 2				

2. 串行/并行转换器

串行/并行转换是指串行输入的数码,经转换电路之后变换成并行输出。图 7.6.4 所示是用两片 74LS194 4 位双向移位寄存器组成的 7 位串行/并行数据转换电路。

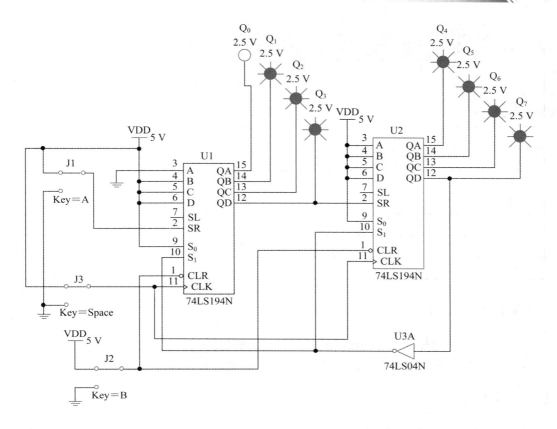

图 7.6.4　74LS194 串行/并行转换器仿真电路

（1）按图 7.6.4 所示 74LS194 串行/并行转换器仿真电路，从 Multisim 仿真软件平台调出所需元件。

74LS194 和 74LS04 集成电路分别从 place TTL 图标中调出，具体步骤为：Family→74LS；Component→74LS194N 和 74LS194N。指示灯从 place Indicator 中调出，具体步骤为：Family→PROBE；Component→PROBE-RED。单刀双掷开关从 place Basic 中调出，具体步骤为：Family→SWITCH，Component→SPDT。电源从 place Source 中调出，具体步骤为：Family→POWER-SOURCE；Component→V_{CC}，然后双击，将"Value"界面的"Voltage"栏改成 5 V。

（2）打开仿真开关，CLR 置低电平，使两片 74LS194 均清 0；此时 $S_1 S_0 = 11$，将 $\overline{CLR}$ 置高电平，74LS194 寄存器执行并行输入工作方式，当第一个 CP 脉冲到来后，串行/并行转换器的输出状态 $Q_0 \sim Q_7$ 为 01111111；当 $Q_7 = 1$ 时，S_1 为 0，即 $S_1 S_0 = 01$，串行/并行转换器执行串行输入右移工作方式，串行输入数据由 U1 的 SR 端加入，随着 CLK 脉冲的依次加入，$Q_0 \sim Q_7$ 的数据不断右移，直至 $Q_7 = 0$ 时，$S_1 = 1$，即 $S_1 S_0 = 11$，串行右移结束，标志着串行输入的数据已转换成并行输出了。观察当 CLK 脉冲作用时输出端指示灯变化情况，并填写表 7.6.3。

表 7.6.3 74LS194 串行/并行转换仿真结果

CLK	Q_1	Q_2	Q_3	Q_4	Q_5	Q_6	Q_7	说 明
0								
1								
2								
3								
4								
5								
6								
7								
8								
9								

六、实验注意事项

(1) 正确在元器件库中选取所需元器件,特别应注意 SPDT 单刀双掷开关的使用。

(2) 在实验过程中,应注意移位寄存器移位方式的设置。

七、实验报告

(1) 根据实验内容,记录数据,分析表 7.6.2 和表 7.6.3 实验结果,总结移位寄存器的逻辑功能。

(2) 分析串行/并行转换器所得结果的正确性。

7.7 可编程逻辑器件仿真

一、实验目的

(1) 熟悉 Quartus Ⅱ 的 VHDL 文本设计流程。

(2) 学习简单组合电路的设计、仿真和硬件测试。

二、实验预习要求

(1) 复习可编程逻辑器件的工作原理。

(2) 熟悉应用 Quartus Ⅱ 软件,使用可编程器件实现多路选择器的方法。

三、实验仪器及组件

装有 Quartus Ⅱ 软件的计算机　　　　1 台

GW48-CK 实验箱　　　　　　　　1 台

GWA1C3 适配板　　　　　　　　　1 块

四、实验原理

　　Quartus Ⅱ 可编程逻辑开发软件是 Altera 公司为其 FPGA/CPLD 芯片设计的集成化专用开发工具，是 Altera 公司最新一代功能更强的集成 EDA 开发软件。利用 Quartus Ⅱ 可完成从设计输入、编译、综合、布局、布线、时序分析、仿真、程序下载的整个电路设计过程。

　　Quartus Ⅱ 设计的主要流程有创建工程、设计输入、编译、仿真验证、下载，其完成数字电路设计的一般流程如图 7.7.1 所示。

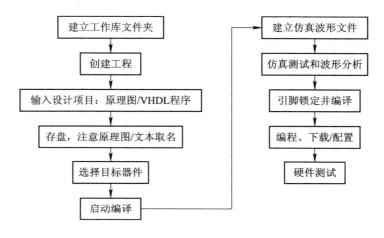

图 7.7.1　Quartus Ⅱ 完成数字电路设计一般流程

1. 2 选 1 选择器的 VHDL 程序

2 选 1 选择器的 VHDL 程序如下：

```
LIBRARY IEEE;
USE IEEE. STD_LOGIC_1164. ALL;
ENTITY mux21 IS
PORT(a, b: IN STD_LOGIC;
        s: IN STD_LOGIC;
        y: OUT STD_LOGIC);
END ENTITY mux21;
ARCHITECTURE one OF mux21 IS
  BEGIN
      y<=a  WHEN  s='0  ELSE
              b;
END ARCHITECTURE one;
```

该 2 选 1 选择器的 VHDL 程序由以下两大部分组成。

（1）以关键词 ENTITY 引导，END ENTITY mux21 结尾的语句部分，称为实体。

VHDL 的实体描述了电路器件的外部情况及各信号端口的基本性质。端口模式 PORT 用于定义端口数据的流动方向和方式,主要有 IN、OUT、INOUT、BUFFER 4 种。

IN 定义的通道为单向只读模式,规定数据只能通过此端口被读入实体中。

OUT 定义的通道为单向输出模式,规定数据只能通过此端口从实体向外流出,或者说将实体中的数据向此端口赋值。

INOUT 定义的通道为双向模式,既可作为输入也可作为输出。

BUFFER 定义的通道具有读输出功能,其功能与 INOUT 类似,区别在于当需要输入数据时,只允许内部回读输出的信号,即允许反馈。例如进行计数器设计时,需将计数器输出的计数信号回读,以作为下一计数值的初值,即 $Q=Q+1$(Q 为计数器的输出端口)。

2 选 1 数据选择器的逻辑符号如图 7.7.2 所示,其中 a、b 是数据输入信号,s 是控制输入信号,y 是输出信号。表 7.7.1 是 2 选 1 数据选择器功能表。

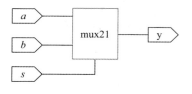

图 7.7.2 2 选 1 数据选择器逻辑符号图

表 7.7.1 2 选 1 数据选择器功能表

s	y
0	a
1	b

(2) 以关键词 ARCHITECTURE 引导,END ARCHITECTURE one 结尾的语句部分,称为结构体。结构体描述了电路器件的内部逻辑功能或电路结构。2 选 1 数据选择器的功能已由表 7.7.1 给出,表中反映出数据选择器的功能是:若 $s=0$ 则 $y=a$,否则 $s=1$,$y=b$。用 VHDL 描述 y 与 s 和 a、b 之间的关系语句为:$y<=a$ WHEN $s='0'$ ELSE b。这些语句是 VHDL 的行为描述,它只描述所涉及电路的功能或电路行为,而没有直接指明或涉及实现这些行为的硬件结构。

2. D 触发器的 VHDL 程序

D 触发器的逻辑符号如图 7.7.3 所示,其中 D 是数据输入信号,CLK 是时钟信号,Q 是输出信号。D 触发器的功能是:如果 CLK 的上升沿到来时(CLK′EVENT AND CLK$='1'$),输出数据输入端的信号(Q1$<=D$);否则,Q1 保持原来状态不变。

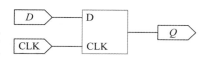

图 7.7.3 D 触发器逻辑符号图

```
LIBRARY IEEE;
USE IEEE. STD_LOGIC_1164. ALL;
ENTITY DFF1 IS
PORT (CLK: IN STD_LOGIC;
        D: IN STD_LOGIC;
        Q: OUT STD_LOGIC);
END ENTITY DFF1;
ARCHITECTURE bhv OF DFF1 IS
SIGNAL Q1: STD_LOGIC;
```

```
BEGIN
PROCESS (CLK，Q1)
  BEGIN
  IF CLK'EVENT AND CLK='1' THEN Q1<=D;
  END IF;
END PROCESS;
  Q<=Q1;
END bhv;
```

在这个结构体中，用了一个进程(PROCESS)描述触发器的行为。其中，输入信号 CLK 和定义的中间信号 Q1 是进程的敏感信号，当它们中的任何一个信号发生变化时，进程中的语句就要重复执行一次。

五、实验内容与步骤

（1）在 Quartus Ⅱ 工具软件环境下，使用 VHDL 硬件描述语言设计 2 选 1 选择器，完成编译、综合、仿真、适配、下载和硬件调试，并记录仿真波形图和硬件下载的结果。

（2）在 Quartus Ⅱ 工具软件环境下，使用 VHDL 硬件描述语言设计 D 触发器，完成编译、综合、仿真、适配、下载和硬件调试，并记录仿真波形图和硬件下载的结果。

六、实验注意事项

（1）设计前应建立一个工程目录(如 D：\myeda)，用于保存各种 VHDL 设计文件。应注意的是，VHDL 源程序的文件名与设计实体名要相同，否则将无法通过编译。

（2）建议在 Quartus 工具软件中选择实验电路模式 5。进行 2 选 1 选择器实验时，电路输入信号 a，b 用不同频率信号控制(如 clock0 和 clock5)，控制输入信号 s 用按键控制，输出信号 y 用扬声器(speaker)控制；进行 D 触发器实验，电路中输入信号 CLK 用 clock0 控制，输入信号 D 用按键控制，输出信号 Q 用带有数码管的译码器控制。

七、实验报告

（1）根据实验内容，给出程序设计、软件编译、仿真分析、硬件测试的详细过程。

（2）分析 2 选 1 选择器实验的仿真和实测结果，并说明电路设计的正确性。

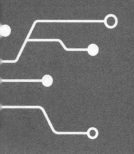

第8章 电子电路综合设计性实验

8.1 电子电路设计概述

一、电子电路设计的原则

1. 功能性原则

电子电路设计的核心任务就是设计出能够实现某一特定功能的电路。任何一个复杂的电子电路都可以逐步划分成几个不同层次、不同功能的子单元，分别进行设计，然后再将各单元电路进行整合，最终形成完整的电子电路设计图。

2. 整体性原则

虽然在进行电子电路设计时可以将电路划分为几个单元分别进行设计，但仍需树立全局意识，从整体出发，通过分析电路中各个部分之间的联系，掌握电路的整体性质，协调好局部与整体之间的关系，保证电路设计的完整性。另一方面，还需要考虑电子电路整体与外部环境之间的关系。

3. 可靠性与稳定性原则

设计电子电路不能只追求高性能指标和过多的功能，还应考虑电路的可靠性与稳定性。影响电子电路可靠性与稳定性的因素是各方面的，且各方面的因素具有随机性。在设计时，对容易受到不可靠因素干扰的薄弱环节应主动地采取可靠性保障措施（如抗干扰技术和容错设计），使电子电路受不可靠因素干扰时能保持稳定。同时，在满足系统的性能和功能指标的前提下，尽可能地简化电子电路结构，以集成块代替分立元件，并贯彻"以软代硬"的原则。

4. 最优化原则

当电子电路的初步设计完成时，电子电路已经能基本实现所需的功能，但由于整体电路是多个子单元电路组装而成的，因此在实际运行的过程中难免会存在某两个单元电路相互配合比较差的情况，从而影响电子电路的功能。这就需要对电子电路各个单元电路或元器件参数进行分析调整，以实现电子电路功能的最优化。

此外，在电路设计时还应考虑高性价比原则以及标准化开发原则（如选用当前流行的、标准化的元器件或接口等）。

二、电子电路设计的内容与步骤

电子电路设计的内容与一般步骤如下：

（1）分析电子电路所要实现的功能，并对其功能进行归类整合，明确输入变量、输出变量以及中间变量。

（2）提出电子电路的功能要求，明确各功能块的功能及之间的连接关系，并进行框图设计。

（3）确定或设计各单元电路，明确其中的主要器件，并给出单元电路图。

（4）整合各单元电路，规范设计统一的供电电路（即电源电路），并做好级联设计。

（5）设计详尽的电路全图，确定全部元器件并给出需用元件清单。

（6）根据元器件和电路图设计 PCB，给出相应的元器件分布图、接线图等。如果是整机电路设计，一般还要提供整机结构图。

（7）实现工艺比较复杂以及有特殊工艺要求的电子电路，需要给出工艺要求说明或工艺设计报告。

（8）对电路进行调试与测试，并记录测试的结果。

（9）撰写设计说明书或设计报告。

8.2　8 路抢答器的设计

一、实验目的

（1）学习 D 触发器的使用。

（2）了解 LED 数码显示管的工作原理与使用方法。

（3）学习掌握设计小型逻辑系统的方法。

（4）学习分析和排除电子电路故障的方法。

二、设计内容及技术指标

1. 设计内容

设计制作一个具备数字显示功能的 8 路抢答器。

2. 设计指标

（1）可有 8 个竞赛组进行抢答，各用 1 个抢答按钮，编号与参赛者的号码对应，分别为"1""2"…"8"。

（2）设置有主持人用的控制开关，可以手动清零复位。

（3）抢答器具有数据锁存功能，并将锁存的数据用 LED 数码管显示出来。即在主持人将系统清零后，若有参赛者按动按钮，则数码管立即显示出最先动作的选手的编号（也可同时用蜂鸣器发出间歇声响），并保持到主持人二次清零前。

（4）当一组抢答成功，封锁其余各组的抢答。即抢答器对抢答选手动作的先后有很强的分辨能力，即使抢答选手的动作仅相差几毫秒，也能分辨出最先抢答者的编号并显示，而不显示后动作的选手编号。

3. 设计要求

（1）根据各项技术指标设计各个单元电路，写出设计过程，并要有方案论证过程。

（2）选择所用元器件的型号，阐述元器件的功能，并列出所用元器件清单。

（3）画出整机原理图，采用 EDA 设计印刷电路板图。

（4）组装电路，并设计调试步骤。

（5）对电路进行调试，并自行排除故障。

（6）思考电路改进方案并给出完整电路图。

（7）撰写设计报告。

三、实验设备及组件

双踪示波器	1 台
双路稳压电源	1 台
数字万用表	1 台
函数信号发生器	1 台

参考元器件如下：

74LS273 八 D 锁存器 1 块。

CH233 数显控制集成电路 1 块。

LTS547R 七段 LED 数码显示器（共阴性）1 块。

KD 型"叮咚"音乐集成电路 1 块。

$R_1 \sim R_{12}$ 均选用 1/4W 碳膜电阻器，其中 $R_1 \sim R_8$ 也可用排阻代替。

C_1 和 C_2 均选用耐压值为 16 V 的电解电容器。

$VD_1 \sim VD_9$ 均选用 1N4148 硅开关二极管或 1N4007 硅整流二极管。

VS 选用电流容量为 0.5A 的晶闸管。

BL 选用 $0.25 \sim 0.5$W、8Ω 电动式扬声器。

S_0 选用动断型按钮，$S_1 \sim S_8$ 选用动合型按钮。

四、设计原理

根据上述设计指标与要求，该 8 路抢答器电路具备优先抢答、音响提示、数字显示等功能，由复位电路（主持人按钮）、抢答触发控制电路（包括 8 个抢答按钮和信号锁存电路）、LED 数码显示电路（包括数显控制集成电路和 LED 数码显示器）和音频电路等组成，其原理框图如图 8.2.1 所示。

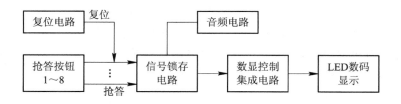

图 8.2.1　8 路竞赛抢答器原理框图

五、设计参考

1. 信号锁存电路

信号锁存电路使用 74LS273 八 D 锁存器实现。74LS273 是具有复位功能、上升沿触发的 8 位数据锁存器，共 20 个引脚，如图 8.2.2 所示。

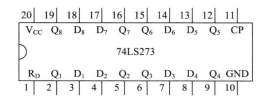

图 8.2.2　74LS273 引脚图

74LS273 各引脚说明如下：

(1) $D_1 \sim D_8$：数据输入端。

(2) $Q_1 \sim Q_8$：数据输出端。

(3) R_D：复位端，低电平有效，$R_D = 0$ 时，$Q_1 \sim Q_8$ 全部输出 0。

(4) CP：锁存控制端，上升沿触发锁存，当 11 脚有一个上升沿，立即锁存 $D_1 \sim D_8$ 的电平状态，并且立即呈现在 $Q_1 \sim Q_8$ 上。

74LS273 功能表见表 8.2.1。由表可知：当 $R_D = 0$ 时，不论 CP、D 如何变化，触发器可实现异步清零，即触发器为“0”态；当 $R_D = 1$ 时，只有在 CP 脉冲上升沿到来时，根据 D 端的取值决定触发器的状态，如无 CP 脉冲上升沿到来，无论有无输入数据信号，触发器保持原状态不变。

表 8.2.1　74LS273 功能表

输　　入			输　　出
R_D	CP	D	Q^{n+1}
0	×	×	0
1	↑	1	1
1	↑	0	0
1	0	×	Q^n

2. 数显控制集成电路 CH233

CH233 是一种与七段数码管配套使用并驱动数码管显示数字的专用数显控制集成电路,能够实现控制和驱动功能,常用于电视机显示频道数及电梯显示楼层数等。CH233 采用双列 18 脚直插式结构,引脚排列如图 8.2.3 所示。

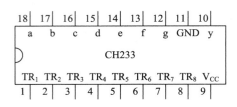

图 8.2.3 CH233 引脚排列

CH233 各引脚说明如下:

(1) $TR_1 \sim TR_8$:控制信号输入端,高电压有效。

(2) y:点驱动信号输出端。

(3) $a \sim g$:为驱动信号输出端,与七段数码管连接并向数码管输送驱动信号,驱动信号为高电压有效。

(4) V_{CC}、GND:分别为电源正极和地。

3. 参考电路

根据上述设计要求与原理分析可知,采用 D 触发器数字集成电路制成的数字显示 8 路抢答器,利用了数字集成电路的锁存特性。该抢答器在单向晶闸管的控制下,实现优先抢答、音响提示和数字显示等功能。结合原理框图,可选择如图 8.2.4 所示的数字集成电路作为 8 路抢答器的参考电路。

复位电路由复位按钮 S_0、二极管 VD_9、电阻器 R_{11} 和电容器 C_1 组成。

抢答触发控制电路由抢答按钮 $S_1 \sim S_8$、电阻器 $R_1 \sim R_8$、隔离二极管 $VD_1 \sim VD_8$、八 D 触发器集成电路 74LS273 和晶闸管 VS 等组成。

LED 数码显示电路由数显控制集成电路 CH233(实现二进制数码转换成十进制数码,该集成电路输出电流大,可直接驱动数码管)和 LED 数码显示器等组成。

音频电路由电容器 C_2、扬声器 BL 和 KD 型"叮咚"音乐集成电路(作为音响提示电路)等组成。

当电路接通电源后,复位电路产生复位电压并加至 74LS273 的 R_D 端,令 74LS273 清零复位。在未按动抢答按钮 $S_1 \sim S_8$ 时,74LS273 的 8 个输入端($D_1 \sim D_8$)和 8 个输出端($Q_1 \sim Q_8$)均为低电平,晶闸管 VS 处于截止状态,LED 数码显示器无显示,扬声器 BL 无声音。

当按动抢答按钮 $S_1 \sim S_8$ 中某只按钮时,与该按钮相接的隔离二极管将导通,使 VS 导通,其阴极变为高电平。该高电平一方面通过 C_2 触发音乐集成电路,使其工作,驱动扬声器 BL 发出"叮、咚"声;另一方面使 74LS273 的 CP 端由低电平变为高电平,使 74LS273 内相应的触发器动作,相应的输出端输出高电平并被锁存。另外,此高电平经 CH233 译码处理后,驱动 LED 数码显示器 LTS547R 显示相应的数字(若按动按钮 S_8,则 74LS273 的 D_8 和 Q_8 端均变为高电平,LED 数码显示器显示数字"8")。

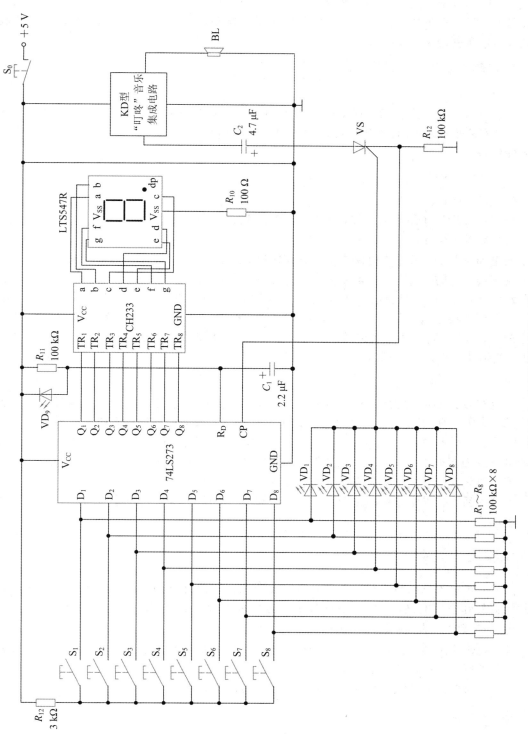

图 8.2.4　8 路抢答器参考电路

一旦电路被触发工作后，再按其他各抢答按钮时，均无法使 74LS273 的输出数据再发生改变，LED 数码显示器中显示的数字也不会变化，扬声器 BL 也不会发声，从而实现了优先抢答。只有在主持人按动一下复位按钮 S_0 后，电路自动复位，LED 数码显示器上的数字消失，才能进行下一轮抢答。

4. 电路的组装、检查与调试

1）电路的组装

按设计好的原理图在面包板上搭接或在 PCB 板上焊接发射电路和接收电路。注意合理布局，先安装集成芯片（注意集成芯片的引脚排列，缺口一律向左），后安装电阻、电容等器件和连接线。

2）电路的检查

（1）直观检查。

仔细检查连接线路有无漏焊、虚焊、错焊、搭桥（短路）等现象。

（2）万用表检查。

通电前，用万用表排查电路中是否存在短路、虚焊或漏焊等问题。首先，调节万用表至电阻测试挡（欧姆挡"Ω"），将集成块的电源正极与万用表正极（红表笔）连接，集成块的电源负极与万用表负极（黑表笔）连接，若阻值不为零，则可排除电源短路问题；然后，用万用表检查其他连接电阻值是否为零，或用通断挡" ⟶⟵ 、∙))"测试有无持续、清晰的蜂鸣声，防止漏焊；最后，将万用表负极接地，测量各集成块对地电阻是否为无穷大，若阻值不是无穷大，则需要与电路图对照进行分析与测量。

3）电路的调试

该电路较为简单，完成上述检查确保无误后，就可以插装芯片和其他元器件，进行通电测试。依次检查按键 $S_1 \sim S_8$ 按下时电路的工作情况，观察是否抢答成功及数码管显数情况。如果抢答后不锁存，检查 74LS273 的 11 引脚（CP 锁存控制端）在抢答按钮按下时是否由低电平变为高电平（上升沿），且在正常抢答状态下，10 引脚（R_D 复位端）为高电平。

测试复位功能，按动复位按钮，观察电路状态，数码管数字应消失。

若抢答后，数码管显示不正确，检查 74LS273、CH233 以及数码管之间的对应连线是是否正确。

六、实验注意事项

（1）本实验为设计性实验，需要根据原理框图自行设计电路，以及根据电路图选择适当的元器件和集成电路，且应提前查找集成芯片有关参数信息（如工作电压、封装等），以提高电气布线设计的合理性和正确性。

（2）焊接质量将直接影响电子设备的性能，所以要在安装前精心准备，在焊接及安装过程中精心操作，尽可能地减少对实验的影响。

（3）集成电路插装或焊接时一定要注意集成电路引脚顺序，不要接错。

七、实验报告

（1）根据电路设计、焊接组装、调试测试等过程撰写实验报告。除实验目的、设计原理等内容，设计报告还要求包含以下内容：

① 设计过程以及方案论证，8 路抢答器各部分功能分析及工作原理。

② 元器件清单，以及元器件的功能、性能以及封装等。

③ 实验过程中遇到的故障，以及故障检测、电路调试的具体过程。

（2）思考并回答以下问题：

① 若想要给 8 路抢答题增加一个计时功能，要求计时电路显示时间精确到秒，计时时间最长限制为 2 min，一旦超出限时，取消抢答权，则电路应如何改进？

② 8 路抢答器设计时选用了 D 触发器，是否可以采用 JK 触发器实现触发锁存电路的功能？若可以的话，具体如何实现？

8.3　交通信号灯控制系统的设计

一、实验目的

（1）熟悉减法计数器、译码器和数码管等的工作原理。

（2）学习 555 定时器的使用方法。

（3）学习门电路的使用方法，掌握设计小型逻辑系统的方法。

（4）学习分析和排除电子电路故障的方法。

二、设计内容及技术指标

1. 设计内容

设计一个十字路口交通信号灯控制系统。

2. 技术指标

（1）主、支干道交替通行，主干道每次放行 30 s，支干道每次放行 20 s。

（2）绿灯亮表示可以通行，红灯亮表示禁止通行。

（3）每次绿灯变红灯时，黄灯先亮 5 s（此时另一干道上的红灯不变）。

（4）十字路口要有数字显示装置，作为时间提示，以便人们更直观地把握时间。要求主、支干道通行时间及黄灯亮的时间均以秒为单位进行减计数。

（5）在黄灯亮时，原红灯按 1 Hz 的频率闪烁。

（6）要求主、支干道通行时间及黄灯亮的时间均可在 0～99 s 内任意设定。

3. 设计要求

（1）根据各技术指标设计各单元电路，写出设计过程，要有方案论证过程。

（2）选择所用元器件的型号，阐述元器件的功能，并列出所用元器件清单。

（3）画出整机原理图，并采用 EDA 设计印刷电路板图。

（4）组装电路，并设计调试步骤。

（5）对电路进行调试，并自行排除故障。

(6)思考电路改进方案并给出完整电路图。

(7)撰写设计报告。

三、实验设备及组件

双踪示波器	1台
双路稳压电源	1台
数字万用表	1台
函数信号发生器	1台

参考元器件如下:

CD4029 中规模集成计数器	3块
74LS2458 路双向三态门	3块
74LS47 七段译码驱动器	2块
74LS00 四 2 输入端与非门	4块
555 定时器	1块
七段 LED 数码显示器	2块

四、设计原理

交通信号灯控制系统的组成框图如图 8.3.1 所示。状态控制器主要用于记录十字路口交通信号灯的工作状态,通过状态译码器分别点亮相应状态的信号灯。秒脉冲发生器产生整个定时系统的时基脉冲,通过减法计数器对秒脉冲减计数,以控制该系统每一种工作状态的持续时间。减法计数器的回零脉冲使状态控制器完成状态转换,同时状态译码器根据系统下一个工作状态决定计数器下一次减计数的初始值。减法计数器的状态由 BCD 译码器译码后,由数码管显示。在黄灯亮期间,状态译码器将秒脉冲引入红灯控制电路,使红灯闪烁。

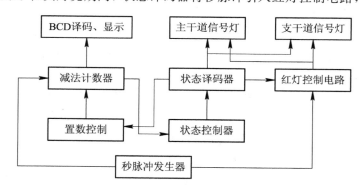

图 8.3.1　交通灯控制系统组成框图

五、设计参考

1. 状态控制器

根据设计要求,各交通信号灯的工作顺序流程如图 8.3.2 所示。交通信号灯 4 种不同

的状态分别用 S_0(主绿灯亮，支红灯亮)、S_1(主黄灯亮，支红灯闪烁)、S_2(主红灯亮，支绿灯亮)、S_3(主红灯闪烁，支黄灯亮)表示，其状态编码及状态转换图如图 8.3.3 所示。

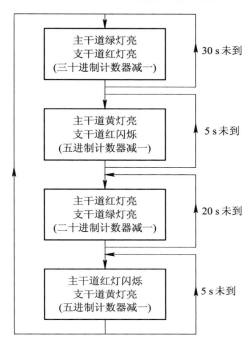

图 8.3.2 交通信号灯顺序流程图

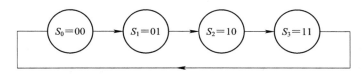

图 8.3.3 交通信号灯状态转换图

显然，状态控制器实际上是一个 2 位二进制计数器，可由中规模集成计数器 CD4029 构成，电路如图 8.3.4。

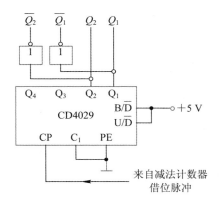

图 8.3.4 交通信号灯控制系统的状态控制器电路

2. 状态译码器

主干道和支干道上的红、黄、绿信号灯的状态主要取决于状态控制器的输出状态。它们之间的关系见表 8.3.1。对于信号灯的状态，"1"表示灯亮，"0"表示灯灭。

表 8.3.1 信号灯真值表

状态控制器输出		主干道信号灯			支干道信号灯		
Q_2	Q_1	红灯(R)	黄灯(Y)	绿灯(G)	红灯(r)	黄灯(y)	绿灯(g)
0	0	0	0	1	1	0	0
0	1	0	1	0	1	0	0
1	0	1	0	0	0	0	1
1	1	1	0	0	0	1	0

根据真值表，可求出各信号灯的逻辑函数表达式为

$$R = Q_2 \cdot \overline{Q_1} + Q_2 \cdot Q_1 = Q_2 \qquad \overline{R} = \overline{Q_2} \qquad (8-3-1)$$

$$Y = \overline{Q_2} \cdot Q_1 \qquad \overline{Y} = \overline{\overline{Q_2} \cdot Q_1} \qquad (8-3-2)$$

$$G = \overline{Q_2} \cdot \overline{Q_1} \qquad \overline{G} = \overline{\overline{Q_2} \cdot \overline{Q_1}} \qquad (8-3-3)$$

$$r = \overline{Q_2} \cdot \overline{Q_1} + \overline{Q_2} \cdot Q_1 = \overline{Q_2} \qquad r = \overline{\overline{Q_2}} \qquad (8-3-4)$$

$$y = Q_2 \cdot Q_1 \qquad \overline{y} = \overline{Q_2 \cdot Q_1} \qquad (8-3-5)$$

$$g = Q_2 \cdot \overline{Q_1} \qquad \overline{g} = \overline{Q_2 \cdot \overline{Q_1}} \qquad (8-3-6)$$

现选择半导体发光二极管模拟交通灯，由于门电路的带灌电流的能力一般比带拉电流的能力强，因此要求门电路输出低电平时，点亮相应的发光二极管。状态译码器的电路组成如图 8.3.5 所示。

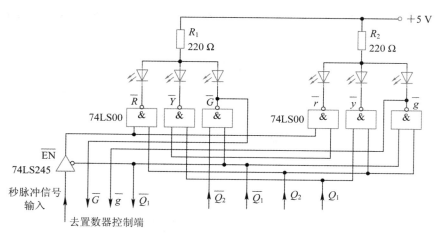

图 8.3.5 交通信号灯控制系统的状态译码器电路

根据设计任务要求，当黄灯亮时，红灯应按 1 Hz 的频率闪烁。从状态译码器真值表中

可以看出，黄灯亮时，Q_1 必为高电平，而红灯点亮信号与 Q_1 无关。现利用 Q_1 信号去控制三态门电路 74LS245（或模拟开关），当 Q_1 为高电平时，将秒脉冲信号输入到驱动红灯的与非门的输入端，使红灯在黄灯亮期间闪烁；反之则将其隔离，红灯信号不受黄灯信号影响。

3. 定时器

根据设计要求，交通灯控制系统要有一个能自动装入不同定时时间的定时器，以完成 30 s、20 s、5 s 的定时任务。该定时器（其电路如图 8.3.6 所示）通过两片 CD4029 构成的 2 位十进制可预置减法计数器实现；时间状态由两片 74LS47 和两只 LED 数码管对减法计数器进行译码显示；预置到减法计数器的时间常数通过 3 片 8 路双向三态门 74LS245 来完成。3 片 74LS245 的输入数据分别接入"30、20、5"3 个不同的数字，任一输入数据到减法计数器的置入由状态译码器的输出信号控制不同 74LS245 的选通信号来实现。例如，当状态控制器在 S_1(Q_2Q_1=01) 或在 S_3(Q_2Q_1=11) 状态时，要求减法计数器按初值 5 开始计数，故采用 S_1、S_2 为逻辑变量而形成的控制信号 Q_1 去控制输入数据接 5 的 74LS245 的选通信号。由于 74LS245 选通信号要求低电平有效，因此 Q_1 经一级反相器后输出接相应 74LS245 的选通信号。同理，输入数据接 30 的 74LS245 的选通信号接主干道绿灯信号 $\overline{G}$；输入数据接 20 的 74LS245 的选通信号接支干道绿灯信号 $\overline{g}$。

4. 秒脉冲发生器

产生秒脉冲信号的电路有多种形式，图 8.3.7 所示是利用 555 定时器组成的秒脉冲发生器。该电路输出脉冲的周期为

$$T \approx 0.7(R_1 + R_2)C \tag{8-3-7}$$

若 T=1 s，令 C_1=10 μF，R_1=39 kΩ，则 $R_2 \approx$ 39 kΩ。在调试电路时，取固定电阻 47 kΩ 与 5 kΩ 的电位器（R_p）相串联代替电阻 R_2，调节电位器 R_p，使输出脉冲周期为 1 s。

5. 电路的组装、检查与调试

1）电路的组装

按设计好的原理图在面包板上搭接或在 PCB 板上焊接发射电路和接收电路。注意合理布局，先安装集成芯片（注意集成芯片的引脚排列，缺口一律向左），后安装电阻、电容等器件和连接线。

2）电路的检查

（1）直观检查。

仔细检查连接线路有无漏焊、虚焊、错焊、搭桥（短路）等现象。

（2）万用表检查。

通电前，用万用表排查电路中是否存在短路、虚焊或漏焊等问题。首先，调节万用表至电阻测试挡（欧姆挡"Ω"），将集成块的电源正极与万用表正极（红表笔）连接，集成块的电源负极与万用表负极（黑表笔）连接，若阻值不为零，则可排除电源短路问题；然后，用万用表检查其他连接电值阻是否为零，或用通断挡"➞⊢、·))"测试有无持续、清晰的蜂鸣声，防止漏焊；最后，将万用表负极接地，测量各集成块对地电阻是否为无穷大，若阻值不是无穷大，则需要与电路图对照进行分析与测量。

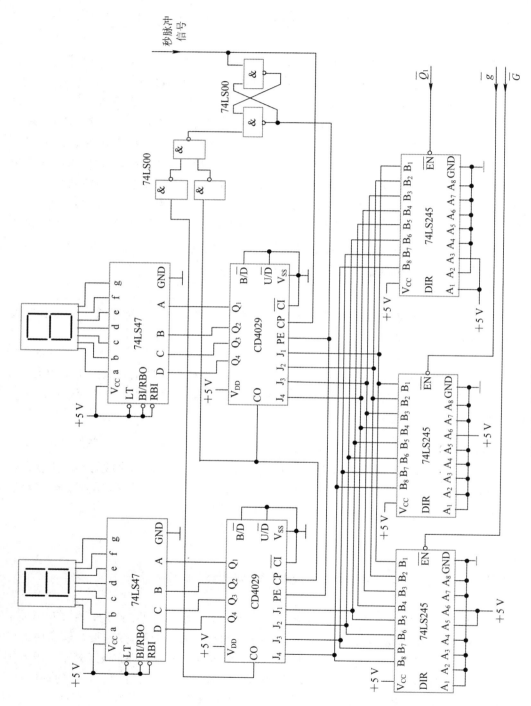

图 8.3.6　交通信号灯定时器电路

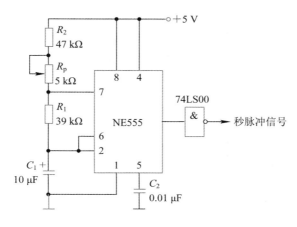

图 8.3.7　555 定时器组成的秒脉冲发生器

3）电路调试

（1）调试秒脉冲发生器电路。用示波器监视秒脉冲发生器的输出，调节电位器 R_p，使输出信号的周期为 1 s。

（2）直接将秒脉冲信号输入到状态控制器脉冲输入端，在该脉冲作用下，模拟主、支干道的三色信号灯按要求依次转换，若转换失败或次序错误，应对照原理图及电路图查找原因。

（3）将秒脉冲信号输入到定时系统电路脉冲输入端，在秒脉冲作用下，将 3 个 74LS245 的置数选通端依次接地，计数器应以 3 个不同的置数输入为进制体制，完成减法计数，此时两位数码管应有相应的显示，否则应查找原因。

（4）把各个单元电路互相连接起来，进行系统通调。

六、实验注意事项

（1）本实验为设计性实验，需要根据原理框图自行设计电路，以及根据电路图选择适当的元器件和集成电路，且应提前查找集成芯片有关参数信息（如工作电压、封装等），以提高电气布线设计的合理性和正确性。

（2）焊接质量将直接影响电子设备的性能，所以要在安装前精心准备，在焊接及安装过程中精心操作，尽可能地减少对实验的影响。

（3）集成电路插装或焊接时一定要注意集成电路引脚顺序，不要接错。

七、实验报告

（1）根据电路设计、焊接组装、调试测试等过程撰写实验报告。除实验目的、设计原理等内容，设计报告还要求包含以下内容：

① 设计过程以及方案论证。

② 元器件清单，以及元器件的功能、性能以及封装等。

③ 实验过程中遇到的故障，以及故障检测、电路调试的具体过程。

（2）思考并回答以下问题。

本实验设计的电路有无需要改进的地方，如何改进？

$$\boxed{\text{8.4}} \quad \textbf{数字电子钟的设计}$$

一、实验目的

(1) 了解计时器主体电路的组成及工作原理。

(2) 掌握异步时序电路设计方法。

(3) 熟悉集成电路及有关电子元器件的使用。

二、设计内容及技术指标

(1) 根据数字电子钟的电路组成方框图和指定器件，完成数字电子钟主体电路设计及调试。

(2) 设计一台能直接显示"时""分""秒""日"十进制数字的石英数字电子钟。秒、分为00~59六十进制计数器，以24小时为一天。周显示用七进制计数器，当计数器运行到23时59分59秒时，秒个位计数器再接收一个秒脉冲信号后，计数器自动显示为00时00分00秒。

(3) 数字电子钟走时精度要求每天误差小于1 s，任何时候可对数字电子钟进行校准。

(4) 在实验板上安装、调试出实验所要求的计数器。

(5) 画出逻辑电路图、时序图，并写出设计报告。

三、实验设备及组件

双踪示波器	1台
直流稳压电源	1台

参考元器件如下：

CD4510 4位十进制同步加/减计数器。

CD4511 4位锁存/七段译码器/驱动器。

CD4060 14位串行计数/振荡器。

CD4013 双D触发器。

七段LED共阴极数码管。

CD4011 四2输入与非门。

晶振频率为32 768 Hz。

电阻、电容、导线、开关若干。

四、设计原理

数字电子钟电路集成了计数器、比较器、振荡器、译码器和驱动等电路，能直接驱动显示器显示时、分、秒、日、月，具有定时、报警等多种功能，被广泛应用于自动化控制、智能化仪表等领域。数字电子钟由石英晶体振荡器和分频器组成的秒脉冲发生器、校时电路、六十进制计数器及二十四进制计数器，以及秒、分、时的译码显示部分等组成，其电路组成方框图如图8.4.1所示。

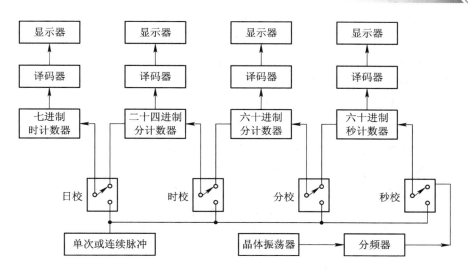

图 8.4.1　数字电子钟电路框图

五、设计参考

对照图 8.4.1 所示方框图，根据设计任务及要求，以下为数字电子钟各部分模块的设计思路。

1. 秒脉冲发生器

石英晶体振荡器的作用是产生一个标准频率信号，然后再由分频器分成时间秒脉冲，振荡器振荡频率的精度与稳定度，决定了计时器的精度和质量。振荡电路由石英晶体、微调电容、反相器构成。图 8.4.2 所示为秒脉冲发生器原理电路。图中 R_f 为反馈电阻（10～100 MΩ），作用是为 CMOS 反相器提供偏置，使其工作在放大状态（而不是作为反相器用）。C_1 是频率微调电容，取值 3/25 pF，C_2 是温度特性校正用电容，电容值一般取 20～50 pF。从时钟精度考虑，晶振频率愈高，计时精度就愈高。这里晶体振荡器使用石英电子手表用的晶振，频率为 32 768 Hz，32 768 是 2 的 15 次方，经过 15 级二分频即可得到 1 Hz（信号）。采用 32 768 Hz 晶振，用 n 位二进制计数器进行分频，要得到 1 s 信号，则 $n=15$。用 CD4060 14 位串行计数器/振荡器来实现分频和振荡，实现 14 级分频，然后外加一级分频，用 CD4013 双 D 触发器来实现，在 CD4060 之前加上非门起整形作用，如图 8.4.2 所示。

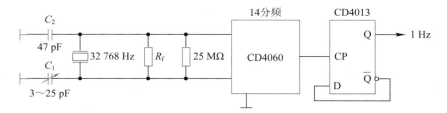

图 8.4.2　秒脉冲发生器电路

2. 计数器

秒、分、时、日分别为六十、六十、二十四和七进制计数器。秒、分均为六十进制，即

显示 00~59 s，它们的个位为十进制，十位为六进制。时为二十四进制计数器，显示 00~
23，个位仍为十进制，但当十位计到 2，同时个位计到 4 时清零。这种计数器的设计可采用
异步反馈置零法，先按二进制计数级联起来构成计数器，当计数状态达到所需的数值后，
经门电路译码、反馈，产生"复位"脉冲将计数器清零，然后重新开始进行下一循环。周的显
示为"日、1、2、3、4、5、6"，所以设计成七进制计数器。

1) 六十进制计数器

秒计数器由秒个位计数器 JS1 和秒十位计数器 JS2 组成，如图 8.4.3 所示。JS1 组成十
进制计数器，JS2 组成六进制计数器。十进制计数器用反馈归零法设计，用 CD4510(4 位十
进制计数器)来设计。六进制计数器的反馈方法是当 CP 输入第 6 个脉冲时，输出状态
"$Q_3Q_2Q_1Q_0=0110$"，用与门将 Q_2Q_1 取出，送到计数器 CR 清零端，使计数器归零，从而
实现六进制计数。采用 CD4510 设计的 60 进制计数器，可作为秒、分计数器使用。

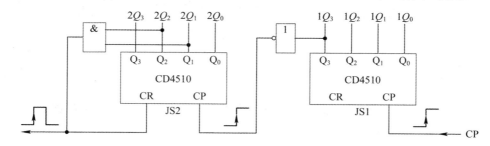

图 8.4.3 采用 CD4510 组成的六十进制计数器

2) 二十四进制计数器

当图 8.4.3 所示计数器个位计数状态为"$Q_3Q_2Q_1Q_0=0100$"、十位计数状态为
"$Q_3Q_2Q_1Q_0=0010$"时，即 24 时，通过把个位 Q_2 和十位 Q_1 相与后的信号送到个位、十位
清零端 CR，使计数器归零，从而实现二十四进制计数，如图 8.4.4 所示。

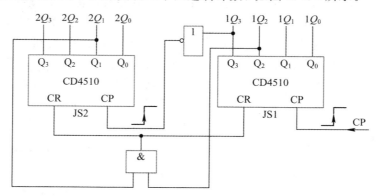

图 8.4.4 采用 CD4510 组成的二十四进制计数器

3) 七进制计数器

一周为 7 天，可根据译码显示器的状态表(如表 8.4.1 所示)设计七进制计数器电路，即
根据六十进制电路和二十四进制电路设计思路进行设计，并完成符合表 8.4.1 所示的连接。

表 8.4.1　译码显示器周状态表

Q_1	Q_2	Q_3	Q_4	显示
1	0	0	0	日
0	0	0	1	1
0	0	1	0	2
0	0	1	1	3
0	1	0	0	4
0	1	0	1	5
0	1	1	0	6

4）译码和显示电路

译码是把给定的代码进行翻译，变成相应的状态。用来驱动 LED 七段码的译码器，常用的是 CD4511，它是 4 位线七段码（带驱动）的中规模集成电路。图 8.4.5 所示为一位 BCD 码显示电路和 LED 七段码的引脚图。

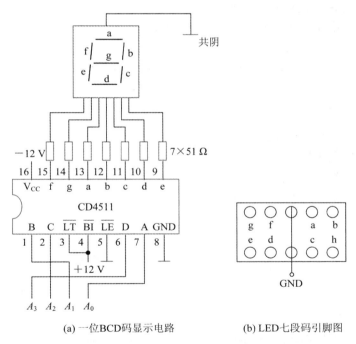

(a) 一位BCD码显示电路　　　(b) LED七段码引脚图

图 8.4.5　一位 BCD 码显示电路和 LED 七段码引脚图

5）校正电路

图 8.4.6 所示的校时电路由 CMOS 电路和 4 只开关（$S_1 \sim S_4$）组成，分别实现对日、时、分、秒的校准。开关选择有"正常"和"校时"两挡。校"日""时""分"的原理比较简单，即当开关打在"校时"状态时，秒脉冲进入个位计数器，实现校对功能。校"秒"时，送入 2 Hz（0.5 s）信号，实现快速校对。图 8.4.6 中与非门电路可采用 CD4011 实现。

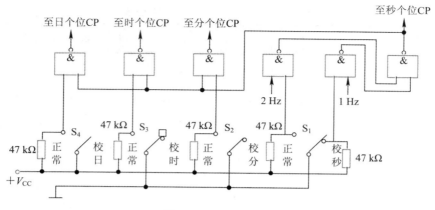

图 8.4.6 校正电路

六、实验注意事项

(1) 本实验为设计性实验,需要根据原理框图自行设计电路,以及根据电路图选择适当的元器件和集成电路,且应提前查找集成芯片有关参数信息(如工作电压、封装等),以提高电气布线设计的合理性和正确性。

(2) 调试过程中注意检查电路是否有虚焊的情况;可以分别测试时、分和秒计数过程,以确保整个计数进程的正确。

(3) 集成电路插装或焊接时一定要注意集成电路引脚顺序,不要接错。

七、实验报告

(1) 整理实验数据,并对实验结果进行分析。
(2) 分析数字电子钟电路各部分功能及工作原理。
(3) 总结数字系统的设计、调试方法。
(4) 分析电路设计过程中出现的故障并总结解决办法。

8.5 电子秒表的设计

一、实验目的

(1) 学习数字电路中基本 RS 触发器,单稳态触发器,时钟发生器及计数、译码显示等单元电路的综合应用。
(2) 学习电子秒表的调试方法。

二、设计内容及技术指标

(1) 以 0.1 s 为最小单位进行计数。
(2) 电子秒表可以显示时间为 9.9 s。

（3）电子秒表具有清零、开始计时、停止计时等功能。

三、实验设备及组件

双踪示波器　　　　　　　　1 台
直流稳压电源　　　　　　　1 台
数字万用表　　　　　　　　1 块
参考元器件如下：
　　数字频率计
　　单次脉冲源
　　连续脉冲源
　　逻辑电平开关
　　逻辑电平显示器
　　译码显示器
　　74LS00 四二输入与非门
　　555 定时器
　　74LS90 异步二-五-十进制计数器
　　电位器、电阻、电容若干

四、设计原理

电子秒表主体电路包括分频、计数、译码和显示等，再加上使能按键，如启动、停止、保存和清除键等，原理框图如图 8.5.1 所示。时钟发生器产生频率较高的脉冲信号以提高系统的计时精度，由于本实验对精度要求不高，所以选用普通器件组成一个方波发生器以产生 50 Hz 的脉冲信号。启动、停止开关控制电路给闸门电路输入一个高电平以打开闸门，则 50 Hz 脉冲信号作为分频电路的时钟输入，若分频电路是一个五进制计数器，则进位输出即为 10 Hz 的时钟脉冲信号。

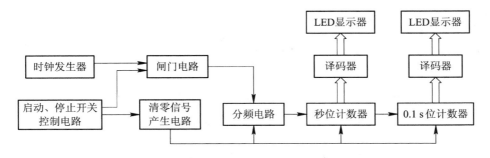

图 8.5.1　电子秒表原理框图

秒位计数器为十进制计数器，进位输出即为秒脉冲信号，可作为 0.1 s 位计数器的时钟。启动、停止开关控制电路在启动端产生一个高电平使闸门打开，同时在它的停止端给清零信号产生电路提供一个启动信号，则清零信号产生电路产生清零信号，使各计数器瞬间清零。当启动、停止开关控制电路在停止端输出高电平时，启动端为低电平以封锁闸门，使各计数器停止计数并保持。

五、设计参考

1. 电路设计

电子秒表电路按功能可分为基本 RS 触发器、单稳态触发器、时钟发生器和计数及译码显示 4 部分单元电路，如图 8.5.2 所示为电子秒表电路图。

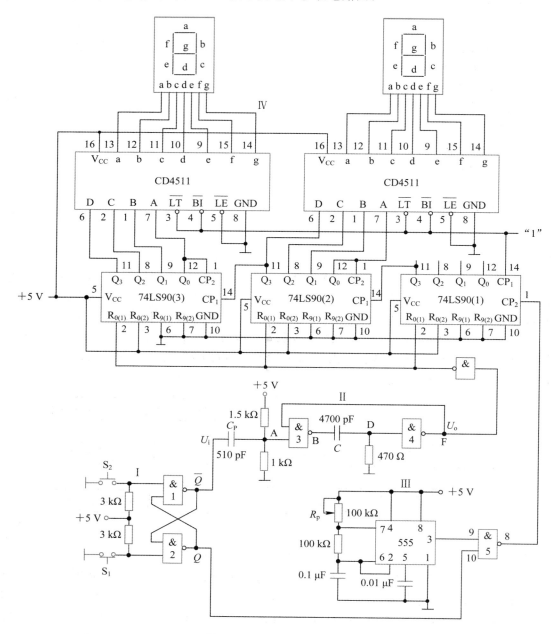

图 8.5.2　电子秒表电路图

1) 基本 RS 触发器

基本 RS 触发器在电子秒表电路中的作用是启动和停止秒表的工作。图 8.5.2 中单元 I 为用集成与非门构成的基本 RS 触发器，它的一路输出 $\overline{Q}$ 作为单稳态触发器的输入，另一路输出 Q 作为与非门 5 的输入控制信号。

按动按钮开关 S_2（接地），则门 1 输出 $\overline{Q}=1$，门 2 输出 $Q=0$，S_2 复位后 Q、$\overline{Q}$ 状态保持不变。再按动按钮开关 S_1，则 Q 由 0 变为 1，门 5 开启，为计数器启动作好准备，同时 $\overline{Q}$ 由 1 变 0，送出负脉冲，启动单稳态触发器工作。

2) 单稳态触发器

单稳态触发器在电子秒表电路中的作用是为计数器提供清零信号。图 8.5.2 中单元 II 为用集成与非门构成的微分型单稳态触发器，图 8.5.3 所示为各点波形图。

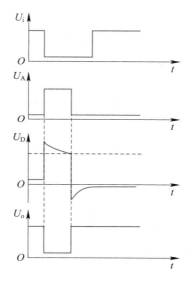

图 8.5.3　单稳态触发器波形图

单稳态触发器的输入触发负脉冲信号 U_i 由基本 RS 触发器 $\overline{Q}$ 端提供，输出负脉冲 U_o 通过非门加到计数器的清除端 $R_{0(1)}$。静态时，门 4 应处于截止状态，故电阻 R 必须小于门 4 的关门电阻 R_{off}。定时元件 RC 取值不同，输出脉冲宽度也不同。当触发脉冲宽度小于输出脉冲宽度时，可以省去输入微分电路的 R_P 和 C_P。

3) 时钟发生器

图 8.5.2 中单元 III 为用 555 定时器构成的多谐振荡器，是一种性能较好的时钟源。调节电位器 R_p，可在 555 定时器输出端 3 获得频率为 50 Hz 的矩形波信号。当基本 RS 触发器 $Q=1$ 时，门 5 开启，此时 50 Hz 脉冲信号通过门 5 作为计数脉冲加于计数器 74LS90(1) 的计数输入端 CP_2。

4) 计数及译码显示

二-五-十进制加法计数器 74LS90 构成电子秒表的计数单元，如图 8.5.2 中单元 IV 所示。其中,计数器 74LS90(1)接成五进制形式,对频率为 50 Hz 的时钟脉冲进行五分频,在其输出端 Q_3 输出周期为 0.1 s 的矩形脉冲,作为计数器 74LS90(2)的时钟输入。计数器 74LS90(2)及计数器 74LS90(3)接成 8421 码十进制形式,其输出端与译码显示单元相应的输入端连接,可显示 0.1~0.9 s,1~9.9 s 计时时间。

2. 系统调试

按照实验任务的顺序,先对各单元电路逐个进行接线和调试,即分别测试基本 RS 触发器、单稳态触发器、时钟发生器及计数器的逻辑功能,待各单元电路工作正常后,再将有关电路逐级连接起来对整个电路及其功能进行测试。

1) 基本 RS 触发器的测试

测试方法请参照第 6 章 6.4 节双稳态触发器相关内容。

2) 单稳态触发器的测试

(1) 静态测试。用数字万用表的电压挡测量电路中 A、B、D、F 各点电位值,并记录。

(2) 动态测试。单稳态触发器输入端接 1 kHz 连续脉冲源,用示波器观察并描绘 D 点 (U_D)、F 点 (U_o)波形。如果单稳态触发器输出脉冲持续时间太短,难以观察,则可适当加大微分电容 C 容值(如改为 0.1 μF),待测试完毕,再恢复为 4700 pF。

3) 时钟发生器的测试

用示波器观察时钟发生器输出电压波形并测量其频率,调节 R_p,使其输出矩形波频率为 50 Hz。

4) 计数器的测试

(1) 计数器 74LS90(1)接成五进制形式,$R_{0(1)}$、$R_{0(2)}$、$R_{9(1)}$、$R_{9(2)}$ 端接逻辑开关输出插口,CP_2 接单次脉冲源,CP_1 接高电平“1”,$Q_3 \sim Q_0$ 端接译码显示输入端 D、C、B、A,测试其逻辑功能,并记录。

(2) 计数器 74LS90(2)及计数器 74LS90(3)接成 8421 码十进制形式,方法同 74LS90 (1)进行逻辑功能测试,并记录。

(3) 将计数器 74LS90(1)、74LS90(2)、74LS90(3)级联,进行逻辑功能测试,并记录。

5) 电子秒表的整体测试

电子秒表各单元电路测试正常后,按照图 8.5.2 所示把几个单元电路连接起来,进行电子秒表的总体测试。

先按一下按钮开关 S_2,此时电子秒表不工作,再按一下按钮开关 S_1,则计数器清零后便开始计时,观察数码管显示计数情况是否正常。如不需要计时或暂停计时,则需按一下开关 S_2,计时立即停止,但数码管保留所计时之值。

6) 电子秒表准确度的测试

利用电子钟或手表的秒计时功能对电子秒表进行校准。

六、实验注意事项

（1）本实验为设计性实验，需要根据原理框图自行设计电路，以及根据电路图选择适当的元器件和集成电路，且应提前查找集成芯片有关参数信息（如工作电压、封装等），以提高电气布线设计的合理性和正确性。

（2）焊接质量将直接影响电子设备的性能，所以要在安装前精心准备，在焊接及安装过程中精心操作，尽可能减少对实验的影响。

（3）集成电路插装或焊接时一定要注意集成电路引脚顺序，不要接错。

七、实验报告

（1）整理实验数据，对实验结果进行分析。

（2）总结电子秒表电路调试过程。

（3）分析电子秒表电路调试过程中发现的问题并总结故障排除方法。

8.6　拔河游戏机电路的设计

一、实验目的

（1）学习数字电路中译码器、计数器构成单元电路的测试方法，巩固和加深所学电子技术课程的基本知识，提高运用所学知识解决工程实际问题的能力。

（2）掌握常用仪器设备的正确使用方法，学会简单电路的调试方法和整机指标的测试方法。

二、设计内容及技术指标

（1）设计一个拔河游戏机电路。

（2）电路中使用 9 个发光二极管，开机后只有中间一个发亮，此灯即为拔河的中心点。

（3）游戏双方各持一个按钮，迅速不断地按动，产生脉冲，谁按得快，亮点就向谁的方向移动，每按一次，亮点移动一次。

（4）亮点移到其中一方的终端二极管时，这一方就获胜，此时双方按钮均不再起作用，输出保持，只有复位后才能使亮点回到中心点。

（5）用数码管显示获胜者的获胜次数。

三、实验设备及组件

双踪示波器	1 台
直流稳压电源	1 台

数字万用表　　　　　　　　　1 块

参考元器件如下：

　　单次脉冲源

　　连续脉冲源

　　逻辑电平开关

　　逻辑电平显示器

　　74LS00 四 2 输入与非门

　　74LS08 四 2 输入与门

　　74LS86 四 2 输入异或门

　　74LS192 同步十进制可逆计数器

　　74LS193 4 位二进制同步加/减计数器

　　74LS154 4 线-16 线译码器

　　74LS47 BCD 七段译码器

　　共阳极数码管

　　电阻若干

四、设计原理

拔河游戏机原理框图如图 8.6.1 所示，由输入整形电路、选择开关、计数器编码电路、控制电路、译码器电路和计分显示电路(包括取胜计数器和取胜显示电路)等组成。拔河游戏机使用 9 个(或 15 个)发光二极管排列成一行，开机后只有中间一个发光二极管点亮，以此作为拔河的中心点。游戏双方各持一个按键(A 和 B)，迅速、不断地按动，产生两个脉冲信号，经整形后分别加到计数器编码电路上，计数器编码电路输出代码经译码器译码后驱动发光二极管点亮并产生位移，当亮点移到其中一方终端后，由于控制电路的作用，使这一状态被锁定，而对后续输入脉冲不起作用，此时另一路计数器(取胜计数器)记录比赛结果。只有按动复位键，亮点才会回到中心点位置，比赛可重新开始。

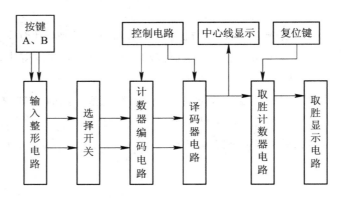

图 8.6.1　拔河游戏机电路原理框图

五、设计参考

拔河游戏机电路如图 8.6.2 所示。

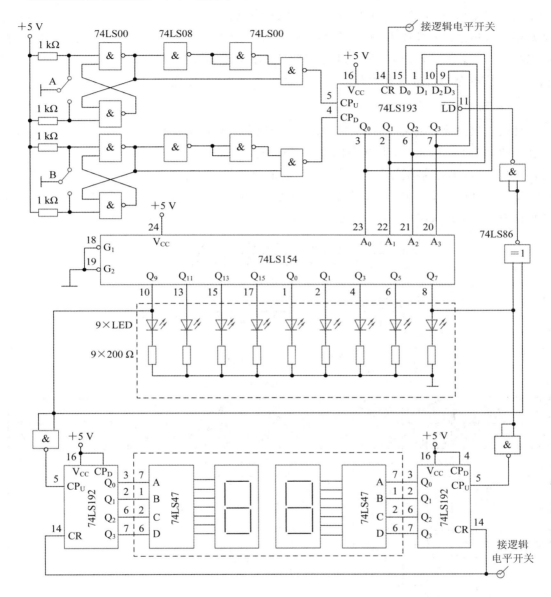

图 8.6.2　拔河游戏机电路图

1. 输入整形电路

输入整形电路由 74LS00 与非门、74LS08 与门组成。其中 4 个与非门接成两个 RS 触发器，用于防止开关状态变化时信号产生抖动。其余与非门和与门连接成能产生脉冲微延迟的电路结构，可得到占空比较大的脉冲，减少某一计数过程中另一计数脉冲输入为低电平的可能性,确保每按一次键都可进行有效计数。

2. 计数器编码电路

计数器编码电路由一片 74LS193 双时钟同步可逆计数器组成,它的两个时钟脉冲输入分别对应甲方信号(加法计数)和乙方信号(减法计数),4 个输出端接至译码器输入,通过加减法计数控制译码器输出(电子绳)的 LED 显示。清零端接逻辑电平开关,比赛开始前输入高电平清零复位,开始后输入低电平正常计数。鉴于某方胜利后 LED 保持不动(即 4 个输出端保持不变)的需要,需要将 4 个输出端与 4 个置数端相连。

3. 译码器电路

译码器电路使用的是 4-16 线 74LS154 译码器。图 8.6.3 所示是 74LS154 的引脚图,其功能表如表 8.6.1 所示。译码器的输出端 $Q_0 \sim Q_{15}$ 分接 9 个(或 15 个)发光二极管,二极管的负端接地,而正端接译码器;这样,当输出为高电平时发光二极管点亮。比赛准备,译码器输入为 0000,Q_0 端输出为"1",中心点处二极管首先点亮,当编码器进行加法计数时,亮点向右移,进行减法计数时,亮点向左移。

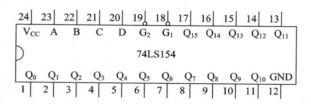

图 8.6.3   74LS154 引脚图

表 8.6.1   74LS154 功能表

\multicolumn{6}{输入}							\multicolumn{16}{输出}															
G_1	G_2	D	C	B	A	Q_0	Q_1	Q_2	Q_3	Q_4	Q_5	Q_6	Q_7	Q_8	Q_9	Q_{10}	Q_{11}	Q_{12}	Q_{13}	Q_{14}	Q_{15}
0	0	0	0	0	0	0	1	1	1	1	1	1	1	1	1	1	1	1	1	1	1
0	0	0	0	0	1	1	0	1	1	1	1	1	1	1	1	1	1	1	1	1	1
0	0	0	0	1	0	1	1	0	1	1	1	1	1	1	1	1	1	1	1	1	1
0	0	0	0	1	1	1	1	1	0	1	1	1	1	1	1	1	1	1	1	1	1
0	0	0	1	0	0	1	1	1	1	0	1	1	1	1	1	1	1	1	1	1	1
0	0	0	1	0	1	1	1	1	1	1	0	1	1	1	1	1	1	1	1	1	1
0	0	0	1	1	0	1	1	1	1	1	1	0	1	1	1	1	1	1	1	1	1
0	0	0	1	1	1	1	1	1	1	1	1	1	0	1	1	1	1	1	1	1	1
0	0	1	0	0	0	1	1	1	1	1	1	1	1	0	1	1	1	1	1	1	1
0	0	1	0	0	1	1	1	1	1	1	1	1	1	1	0	1	1	1	1	1	1

续表

输入						输出															
G_1	G_2	D	C	B	A	Q_0	Q_1	Q_2	Q_3	Q_4	Q_5	Q_6	Q_7	Q_8	Q_9	Q_{10}	Q_{11}	Q_{12}	Q_{13}	Q_{14}	Q_{15}
0	0	1	0	1	0	1	1	1	1	1	1	1	1	1	1	0	1	1	1	1	1
0	0	1	0	1	1	1	1	1	1	1	1	1	1	1	1	1	0	1	1	1	1
0	0	1	1	0	0	1	1	1	1	1	1	1	1	1	1	1	1	0	1	1	1
0	0	1	1	0	1	1	1	1	1	1	1	1	1	1	1	1	1	1	0	1	1
0	0	1	1	1	0	1	1	1	1	1	1	1	1	1	1	1	1	1	1	0	1
0	0	1	1	1	1	1	1	1	1	1	1	1	1	1	1	1	1	1	1	1	0
0	1	×	×	×	×	1	1	1	1	1	1	1	1	1	1	1	1	1	1	1	1
1	0	×	×	×	×	1	1	1	1	1	1	1	1	1	1	1	1	1	1	1	1
1	1	×	×	×	×	1	1	1	1	1	1	1	1	1	1	1	1	1	1	1	1

4. 控制电路

为了指示出谁胜谁负，拔河游戏机电路需要一个控制电路来实现。控制电路的功能为：当亮点移到其中一方的终端时，判该方为胜，此时双方的按键均宣告无效。此电路可用异或门 74LS86 和与非门 74LS00 来实现。将双方终端二极管的正极接至异或门的两个输入端，当获胜一方为"1"，而另一方则为"0"时，异或门输出为"1"，经非门产生低电平"0"，再送到 74LS193 计数器的置数端 LD，于是计数器停止计数，处于预置状态，由于计数器数据端 $D_3 \sim D_0$ 和输出端 $Q_3 \sim Q_0$ 对应相连，从而使计数器对输入脉冲不起作用。

5. 计分显示电路

计分显示电路将双方终端二极管正极经非门后的输出分别接到两个 74LS192 计数器（74LS192 的引脚图如图 8.6.4 所示，功能表与 74LS193 类似）的 CP_U 输入端，同时 74LS192 的两组 4 位 BCD 码分别接到两组显示译码器 74LS47 的 A、B、C、D 输入端。当一方取胜时，该方终端二极管发亮，产生一个上升沿，使相应的计数器进行加 1 计数，于是就得到了双方取胜次数并显示在数码管显示屏上，若一位数不够，可通过级联实现两位数的显示。

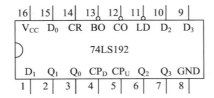

图 8.6.4　74LS192 引脚图

六、实验注意事项

(1) 该实验项目中使用的集成电路应根据实验室现有器件实现,并查阅相关器件引脚和功能表。

(2) 当选用共阳极 LED 数码管时,应使用低电平有效的七段译码器驱动(如 7446、7447);当选用共阴极 LED 数码管时,应使用高电平有效的七段译码器驱动(如 7448、7449)。通常 1 英寸(2.54 cm)以上的显示器每个发光段由多个二极管组成,需要较大的驱动电流,由于 TTL 集成电路的低电平驱动能力比高电平驱动能力大得多,所以常选用低电平有效的七段译码器。

七、实验报告

(1) 总结拔河游戏机电路的实现方案和设计原理。

(2) 若译码器 74LS154 输出使用 15 个发光二极管,则电路该如何连接?

(3) 记录心得体会及其他事项。

8.7　乒乓球游戏机电路的设计

一、实验目的

(1) 学习使用 Quartus 软件设计并实现乒乓球游戏机的基本功能。

(2) 学习"自顶向下"的电子电路设计思想,应用层次化、模块化的设计方法完成乒乓球游戏机电路整体设计,并对其进行仿真和硬件测试。

二、设计内容及技术指标

1. 设计内容

使用 VHDL 语言设计乒乓球游戏机的电路。

2. 设计指标

(1) 根据乒乓球游戏机的原理,设计其电路顶层以及各模块的 VHDL 文件,包括模拟乒乓球行进路径的发光二极管亮灯控制模块,乒乓板接球控制模块,失球计数器的高、低位计数模块,乒乓球行进方向控制模块,失球提示发声模块。

(2) 在 Quartus Ⅱ 软件平台上完成上述所有模块编译、综合和仿真,给出仿真波形和完整的电路原理图。

(3) 程序编译仿真正确后,下载到可编程逻辑器件中,完成乒乓球游戏机功能的硬件测试。

3. 设计要求

(1) 根据各项技术指标设计各单元模块,并完成编译、仿真。

（2）根据生成的 RTL 逻辑电路图，完成输入输出端口锁定。

（3）对整体设计进行编译、调试和仿真，并分析其逻辑功能。

（4）思考设计方案并给出完整设计程序及输出结果。

（5）撰写设计报告。

三、实验设备及组件

装有 Quartus Ⅱ软件的计算机	1 台
GW48-CK 实验箱	1 台
GWA3C40 适配板	1 块

四、设计原理

乒乓球游戏采用 11 球制，比赛双方两球换发，如果有一方没有成功击中球，另一方就得分，比分至 11∶N 时，比赛结束（若 N 大于 9，则比赛继续进行，直至比分拉开两分），得分多者获胜。乒乓球游戏流程图如图8.7.1 所示。

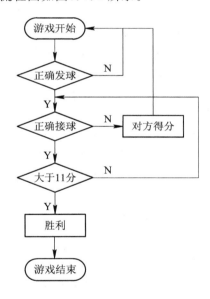

图 8.7.1　乒乓球游戏流程图

乒乓球游戏原理如图 8.7.2 所示。游戏开始阶段，双方等待发球，确定发球方后，通过判断甲方和乙方是否正确接发球实现游戏的得分。电路用 8 个发光二极管表示乒乓球的运动轨迹，使用两个按钮表示甲乙两个球员的球拍。当一方发球后，球以固定速度向另一方运动（发光二极管依次点亮），即：对甲方，二极管由第 1 盏灯亮向第 8 盏灯；对乙方，则是从第 8 盏亮向第 1 盏灯。当球达到最后一个发光二极管时，对方击球（按下按钮），球向相反方向运动，其他时候击球视为犯规。

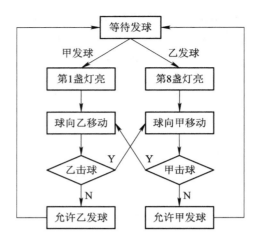

图 8.7.2　乒乓球游戏原理图

五、设计参考

1. 建立工程文件，完成顶层文件和各模块的编译运行

该工程文件包含 8 个模块：模块 TENNIS 是顶层设计文件，在 Quartus Ⅱ 软件中可设其为工程文件；ball 是模拟乒乓球行进路径的发光二极管亮灯控制模块(也称乒乓球灯模块)，在此游戏中，以一排发光管交替发光指示乒乓球的行进路径，其行进的速度可由输入的时钟信号 clk 控制；ballctrl 是总控制模块；board 是乒乓球拍接球控制模块(简称乒乓球拍模块)，即当发光二极管最后一个亮的瞬间，若检测到对应的表示球拍的键的信号，立即将"球"反向运行，如果此瞬间没有检测到键的信号，将给出出错鸣叫，同时为对方记 1 分，并将计分显示出来；cou4 和 cou10 分别是失球计数器的高、低位计数模块；mway 是乒乓球行进方向控制模块，主要由发球键控制；sound 是失球提示发声模块。各模块 VHDL 描述如下。

(1) 乒乓球游戏顶层设计文件 VHDL 描述。

```
library ieee;
use ieee. std_logic_1164. all;
entity TENNIS is
port(bain, bbin, clr, clk, souclk: in std_logic;
     ballout: out std_logic_vector(7 downto 0);
     countah, countal, countbh, countbl: out std_logic_vector(3 downto 0);
     lamp, speaker: out std_logic);
end;
architecture ful of TENNIS is
component sound
port (clk, sig, en: in std_logic;
     sout: out std_logic);
```

```vhdl
    end component;
    component ballctrl
    port(clr, bain, bbin, serclka, serclkb, clk: in std_logic;
        bdout, serve, serclk, ballclr, ballen: out std_logic);
    end component;
    component ball
    port(clk, clr, way, en: in std_logic;
        ballout: out std_logic_vector(7 downto 0));
    end component;
    component board
    port (ball, net, bclk, serve: in std_logic;
        couclk, serclk: out std_logic);
    end component;
    component cou10
    port(clk, clr: in std_logic;
        cout: out std_logic;
        qout: out std_logic_vector(3 downto 0));
    end component;
    component cou4
    port(clk, clr: in std_logic;
        cout: out std_logic;
        qout: out std_logic_vector(3 downto 0));
    end component;
    component mway
    port(servea, serveb: in std_logic;
        way: out std_logic);
    end component;
    signal net, couclkah, couclkal, couclkbh, couclkbl, cah, cbh: std_logic;
    signal serve, serclka, serclkb, serclk, ballclr, bdout, way, ballen: std_logic;
    signal bbll: std_logic_vector( 7 downto 0);
    begin
    net<=bbll(4); ballout<=bbll; lamp<=clk;
    uah: cou4 port map (couclkah, clr, cah, countah);
    ual: cou10 port map (couclkal, clr, couclkah, countal);
    ubh: cou4 port map (couclkbh, clr, cbh, countbh);
    ubl: cou10 port map (couclkbl, clr, couclkbh, countbl);
    ubda: board port map (bbll(0), net, bain, serve, couclkal, serclka);
    ubdb: board port map (bbll(7), net, bbin, serve, couclkbl, serclkb);
    ucpu: ballctrl port map (clr, bain, bbin, serclka, serclkb, clk, bdout, serve,
serclk, ballclr, ballen);
    uway: mway port map (serclka, serclkb, way);
    uball: ball port map (clk, ballclr, way, ballen, bbll);
```

```
usound: sound port map(souclk, ballen, bdout, speaker);
end;
```

(2) 发声模块 VHDL 描述。

```
library ieee;
use ieee.std_logic_1164.all;
entity sound is
port (clk: in std_logic; ------------发声时钟
    sig: in std_logic; -----------正确接球信号
    en: in std_logic; ------------ 球拍接球脉冲
    sout: out std_logic); ------------ 提示声输出,接小喇叭
end sound;
architecture ful of sound is
begin
    sout<=clk and (not sig) and en; --------- 球拍接球,没接到时,发提示声
end;
```

(3) 总控制模块 VHDL 描述。

```
library ieee;
use ieee.std_logic_1164.all;
entity ballctrl is
    port(clr: in std_logic; ------------系统复位
    bain: in std_logic; ------------左球拍
    bbin: in std_logic; ------------右球拍
    serclka: in std_logic; ------------左球拍准确接球或发球
    serclkb: in std_logic; ------------右球拍准确接球或发球
    clk: in std_logic; ------------乒乓球灯移动时钟
    bdout: out std_logic; ------------球拍接球脉冲
    serve: out std_logic; ------------发球状态信号
    serclk: out std_logic; ------------球拍正确接球信号
    ballclr: out std_logic; ------------乒乓球灯清零信号
    ballen: out std_logic); ------------乒乓球灯使能
end ballctrl;
architecture ful of ballctrl is
signal bd: std_logic;
signal ser: std_logic;
begin
bd<=bain or bbin;
ser<=serclka or serclkb;
serclk<=ser; ------------球拍正确接球信号
```

```
        bdout<=bd； -------------球拍接球脉冲
        process(clr，clk，bd)
        begin
        if(clr='1') then------------系统复位
            serve<='1'； -------------系统处在发球状态
            ballclr<='1'； ------------乒乓球灯清零
        else------------系统正常
            if(bd='1')then ------------球拍发球或接球时
            ballclr<='1'； ------------乒乓球灯清零
            if(ser='1') then------------球拍发球或准确接球
                ballen<='1'； ------------乒乓球灯使能允许
                serve<='0'； ------------系统处在接球状态
            else
                ballen<='0'；
                serve<='1'； ------------系统处在发球状态
            end if；
            else ballclr<='0'； ------------没发球或接球时乒乓球灯不清零
            end if；
        end if；
        end process；
        end；
```

（4）乒乓球灯模块 VHDL 描述。

```
        library ieee；
        use ieee. std_logic_1164. all；
        use ieee. std_logic_unsigned. all；
        entity ball is
        port(clk: in std_logic； ------------乒乓球灯前进时钟
            clr: in std_logic； ------------乒乓球灯清零
            way: in std_logic； ------------乒乓球灯前进方向
            en: in std_logic； ------------乒乓球灯使能
            ballout: out std_logic_vector(7 downto 0))； ------------乒乓球灯
        end ball；
        architecture ful of ball is
        signal lamp: std_logic_vector(9 downto 0)；
        begin
        process(clk，clr，en)
        begin
        if(clr='1') then------------清零
            lamp<="1000000001"；
        elsifen='0' then
            elsif (clk'event and clk='1') then -----使能允许，乒乓球灯前进时钟上升沿
```

```
        if(way='1') then------------乒乓球灯右移
            lamp(9 downto 1)<=lamp(8 downto 0);
            lamp(0)<='0';
        else
            lamp(8 downto 0)<=lamp(9 downto 1);
            lamp(9)<='0'; ------------乒乓球灯左移
        end if;
    end if;
    ballout<=lamp(8 downto 1);
    end process;
    end;
```

(5) 乒乓球拍模块 VDHL 描述。

```
library ieee;
use ieee. std_logic_1164. all;
entity board is
port (ball: in std_logic; ------------接球点，也就是乒乓球灯的末端
      net: in std_logic; ------------乒乓球灯的中点，乒乓球过中点时，counclk、
                                     serclk 复位
      bclk: in std_logic; ------------球拍接球信号
      serve: in std_logic; ------------发球信号
      couclk: out std_logic;
      serclk: out std_logic);
end board;
architecture ful of board is
begin
process(bclk, net)
begin
    if(net='1')then
        serclk<='0';
        couclk<='0'; ------------乒乓球过中点时，counclk、serclk 复位
    elsif(bclk'event and bclk='1')then------------球拍接球时
        if(serve='1')then
            serclk<='1'; ----------系统处于发球状态时，即发球成功
        else------------系统处于接球状态
        if(ball='1') then
            serclk<='1'; --------乒乓球刚落在接球点上，接球成功
        else
            serclk<='0';
            couclk<='1';
            end if;
        end if;
    end if;
```

```
    end process;
  end;
```

（6）用十进制计数器进行失球低位计数的 VHDL 描述。

```
    library ieee;
    use ieee. std_logic_1164. all;
    use ieee. std_logic_unsigned. all;
    entity cou10 is
    port(clk, clr: in std_logic;
        cout: out std_logic;
        qout: out std_logic_vector(3 downto 0));
    end cou10;
    architecture ful of cou10 is
    signal qqout: std_logic_vector(3 downto 0);
    begin
        process(clr, clk)
        begin
         if(clr='1') then
           qqout<="0000";
            cout<='0';
         elsif(clk'event and clk='1') then
         if(qqout>"1000")THEN
             qqout<="0000";
              cout<='1';
        else
          qqout<=qqout+'1';
          cout<='0';
        end if;
       end if;
        qout<=qqout;
        end process;
    end;
```

（7）用四进制计数器进行失球高位计数的 VHDL 描述。

```
    library ieee;
    use ieee. std_logic_1164. all;
    use ieee. std_logic_unsigned. all;
    entity cou4 is
    port(clk, clr: in std_logic;
        cout: out std_logic;
        qout: out std_logic_vector(3 downto 0));
    end cou4;
    architecture ful of cou4 is
```

```
signal qqout: std_logic_vector(3 downto 0);
  begin
    process(clr, clk)
    begin
      if(clr='1') then
        qqout<="0000";
        cout<='0';
    elsif(clk'event and clk='1') then
      if(qqout>"0010")THEN
      qqout<="0000";
      cout<='1';
  else
  qqout<=qqout+'1';
  cout<='0';
    end if;
    end if;
    qout<=qqout;
  end process;
  end;
```

(8) 乒乓球行进方向控制模块 VHDL 描述。

```
library ieee;
use ieee.std_logic_1164.all;
entity mway is
port(servea: in std_logic; --------左选手发球模块
     serveb: in std_logic; -------右选手发球模块
     way: out std_logic); -------乒乓球灯前进方向信号
end mway;
architecture ful of mway is
begin
process(servea, serveb)
begin
if(servea='1') then
    way<='1'; -------左选手发球方向向右
elsif(serveb='1') then
    way<='0'; -------右选手发球方向向左
end if;
end process;
end;
```

2. 电路仿真

将工程的端口信号节点选入波形编辑器中,如图 8.7.3 所示。根据各模块的 VHDL 描述,完成全部设计,包括编译、综合和仿真操作,给出仿真波形,如图 8.7.4 所示。

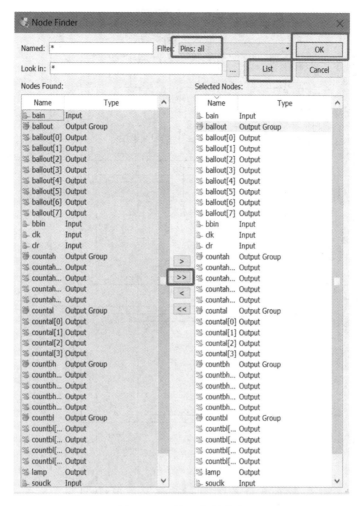

图 8.7.3　端口信号节点

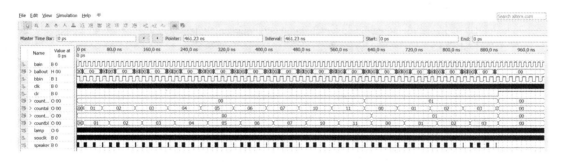

图 8.7.4　工程仿真图

3. 硬件测试

根据生成的 RTL 逻辑电路图(如图 8.7.5 所示,即硬件接口设计),完成输入输出端口锁定,如图 8.7.6 所示。

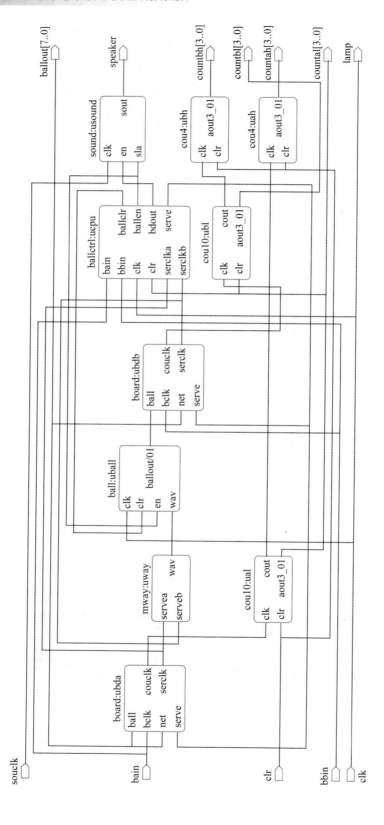

图 8.7.5　RTL逻辑电路图

Node Name	Direction	Location
bain	Input	PIN_43
ballout[7]	Output	PIN_44
ballout[6]	Output	PIN_45
ballout[5]	Output	PIN_46
ballout[4]	Output	PIN_49
ballout[3]	Output	PIN_50
ballout[2]	Output	PIN_51
ballout[1]	Output	PIN_52
ballout[0]	Output	PIN_55
bbin	Input	PIN_18
clk	Input	PIN_149
clr	Input	PIN_41
countah[3]	Output	PIN_113
countah[2]	Output	PIN_112
countah[1]	Output	PIN_80
countah[0]	Output	PIN_78
countal[3]	Output	PIN_76
countal[2]	Output	PIN_73
countal[1]	Output	PIN_70
countal[0]	Output	PIN_69
countbh[3]	Output	PIN_132
countbh[2]	Output	PIN_131
countbh[1]	Output	PIN_128
countbh[0]	Output	PIN_127
countbl[3]	Output	PIN_137
countbl[2]	Output	PIN_135
countbl[1]	Output	PIN_134
countbl[0]	Output	PIN_133
lamp	Output	PIN_160
souclk	Input	PIN_150
speaker	Output	PIN_164

图 8.7.6　端口锁定

电路模式选择电路结构图 NO.3(实验电路的结构编号),bain 和 bbin 分别为左右球拍控制信号,分别由键 8 和键 1 控制;clr 是清 0 控制,可由键 7 控制;clk 是乒乓球的行进速度时钟(即发光二极管的亮灯传递速度),可接 clock2,频率为 4 Hz;souclk 是失球提示发声时钟,可接 clock5,频率为 1024 Hz;ballout[7..0]指示球路行进情况,可用 8 个发光管实现,即用发光管 VD_1、VD_2、$\cdots$、VD_8 实现;countbh[3..0]和 countbl[3..0]可接数码管 7 和 6,分别指示左边球手的得分高位和低位;countah[3..0]和 countal[3..0]可接数码管 3 和 2,分别指示右边球手的得分高位和低位;lamp 接数码管 7 的一个段,指示 clock2 的速度;speaker 接蜂鸣器,提供失球提示音。

将这些引脚锁定信息存储后再编译一次,就可以将编译好的 SOF 文件下载到实验系统的 FPGA 中,如图 8.7.7 所示。

图 8.7.7　下载窗口

六、实验注意事项

(1) 对 FPGA 开发板进行程序下载、固化以及工程调试时，需要将 USB-Blaster 的 USB 接口插到电脑上，更新驱动程序后，完成硬件下载测试。

(2) 选电路模式 NO.3(用琴键方式)；clock5 接 1024 Hz 频率信号，为失球提示提供声响频率；clock2 接 4 Hz 频率信号，为乒乓球行进提供时钟信号；选手甲的模拟球拍为键 8，选手乙的模拟球拍为键 1，可由一方先发球(按键)；双方失球分数分别显示于数码管 3 与 2 和数码管 7 与 6 上。

七、实验报告

(1) 完成乒乓球游戏机各模块的编译和仿真，给出模拟乒乓球行进路径的发光二极管亮灯控制模块，乒乓球拍模块，失球计数器的高、低位计数模块，乒乓球行进方向控制模块，失球提示发声模块的输入输出功能仿真波形。

(2) 根据乒乓球游戏原理，在 Quartus II 软件平台上完成编译、综合、仿真和硬件下载，给出仿真波形和完整的电路原理图，并测试其实现功能的正确性。

(3) 完善上述设计，使之更符合乒乓球运动的各项规则。

8.8 三分量阵列感应测井装置电路的设计

一、实验目的

(1) 学习功率放大电路的功能、特点，以及典型功率放大电路的组成及工作原理。
(2) 学习四阶巴特沃斯低通滤波器的设计方法。
(3) 学习比较复杂的电子电路的调试方法，验证并掌握所涉及电路的功能及各单元电路的作用。

二、设计内容及技术指标

(1) 发射电路正弦波输出信号频率为 20 kHz，发射电压大于 10 V，发射电流大于 0.5 A，频率稳定度为 10 ppm。
(2) 接收电路数据采集精度达到 16 bit。

三、实验设备及组件

双踪示波器　　　　　1 台
双路稳压电源　　　　1 台
数字万用表　　　　　1 台
函数信号发生器　　　1 台

参考元器件：

TMS320F2812 定点 DSP 芯片

AD9833 低功耗 DDS

AD8221 可变增益仪用放大器

AD8421 低功率仪表放大器

AD8253 数字可编程增益仪表放大器

AD4062 运算放大器

AD7606 同步采样 AD 芯片

EP4CE6E22C8 可编程逻辑器件

电阻、电容、二极管和三极管若干

四、设计原理

1. 发射电路设计

由发射模块产生一定频率的正弦波，经功率放大电路后到达发射线圈，根据电磁感应原理，接收线圈将感应出的微弱接收信号经放大和滤波后输出。如图 8.8.1 所示为三分量阵列感应测井装置电路结构示意图。

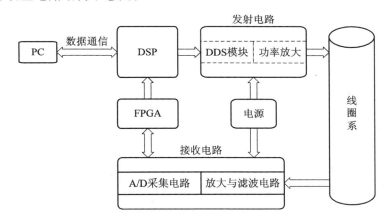

图 8.8.1　三分量阵列感应测井装置电路结构示意图

2. 接收电路设计

根据电磁感应原理，交变电流在井眼周围产生交变电磁场，同时，交变电磁场在导电地层中感应出环形涡流，它所建立的二次交变电磁场在接收线圈中产生感生电动势，此时的信号是非常微弱的，经过前置放大、滤波、A/D 采集，以并行方式将数据发送给 FPGA，此时 DSP 以并口方式读取数据，通过串行通信将数据上传给 PC，如图 8.8.2 所示。

图 8.8.2　接收电路框图

五、设计参考

使用主控芯片 TMS320F2812 控制 DDS 集成芯片 AD9833 产生频率为 6 kHz 和 18 kHz 的正弦波,作为三分量阵列感应测井装置电路的信号源,如图 8.8.3 所示为 AD9833 与 TMS320F28 接口电路图。电路设计过程中考虑到输出功率大和非线性失真等问题,采用两级放大电路,如图 8.8.4 所示。第一级是电压放大,由带电流源偏置的差分放大电路 V_1、V_2 和 V_4 组成。为方便调节放大倍数,选取电位器 R_6 和 C_1 组成反馈电路,通过并联电容 C_1,降低高频阻抗,进一步保证了电路的稳定。第二级是电流放大,由 V_6 和 V_7 的互补对称功率放大电路和两组 6 个相同的大功率三极管组成的互补放大电路构成。

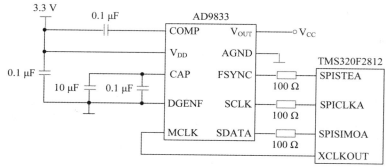

图 8.8.3　AD9833 与 TMS320F2812 接口电路图

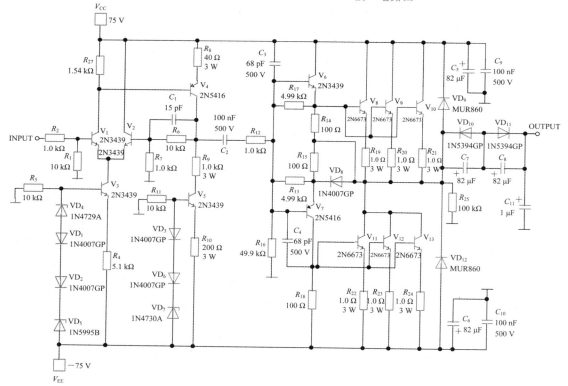

图 8.8.4　两级功率放大电路

接收信号是包含强噪声的微弱信号，前置放大电路采用高输入阻抗、高共模抑制比和低噪声的 AD8253 和增益可调的 AD8421 组成两级放大的高增益放大电路。AD8421 将 AD8253 的差分输出信号转化为单端信号并将其接入低通滤波器中。为防止高频噪声干扰 ADC 采样，设计电路时采用了截止频率为 60 kHz 的四阶巴特沃斯低通滤波器，如图 8.8.5 所示。

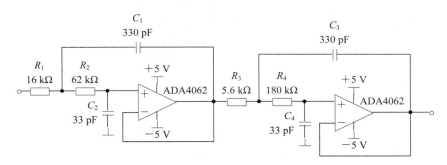

图 8.8.5　四阶巴特沃斯低通滤波器

FPGA 使用 Altera 公司 Cyclone 系列的 EP4CE6E22C8 芯片实现下述功能：① 开辟对采集数据的缓存区域，当 FIFO 存满时，以中断的方式通知 DSP 读取数据；② 与 TMS320F2812 连接，通知 DSP 读取数据，一直循环直至采集的数据满足要求。图 8.8.6 所示是 DSP 和 FPGA 进行数据通信的硬件连接图。16 位数据线 XD[15：0]分别与 FPGA 的 I/O 口相连，片选信号 $\overline{XZCS2}$、读选通信号 $\overline{XRD}$ 和写选通信号 $\overline{XWE}$ 分别接到 FPGA 的 I/O 口；DSP 引脚 GPIOA0 和 GPIOA1 与 FPGA 的 I/O 口相连作为读写中断标志。

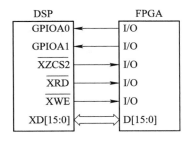

图 8.8.6　DSP 和 FPGA 进行数据通信硬件连接图

三分量感应线圈系的设计是整个三分量阵列感应测井装置的关键环节，它的探测性能及稳定性直接决定此测量装置的成败。此测量装置采用紧凑的轴向线圈共位缠绕的设计思想。如图 8.8.7(a)所示是垂直方向线圈系(又称为共轴线圈系)的布置。图 8.8.7(b)所示是水平方向线圈系的布置，由 x 方向和 y 方向组成，其中发射、屏蔽和接收线圈共面放置，我们也将水平线圈系称为共面线圈系。

接收信号强度同时受发射线圈和接收线圈间距和匝数的影响，与线圈间距的三次方成反比，与匝数成正比。为较好地抵消接收线圈中的直耦信号，屏蔽线圈与接收线圈的匝数比约等于它们与发射线圈距离比的三次方。参数如下：发射线圈为 80 匝，接收线圈为 8 匝，屏蔽线圈为 5 匝；发射线圈与接收线圈间距为 0.19 m，与屏蔽线圈间距为 0.16 m；水平方向线圈间距和匝数的布置与垂直方向一致。

                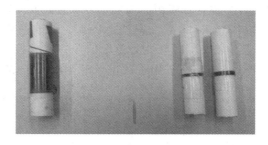

(a) 垂直方向   (b) 水平方向

图 8.8.7 线圈系布置

六、实验注意事项

(1) 认真阅读实验原理及设计要求,核对各个元件的型号,并将全部元件按照原理图连接好。

(2) 对各个部分的电路分别进行测试,并检查各个部分电路功能是否符合设计要求。

(3) 在各个部分电路测试正常以后,将全部电路连接成一个完整的发射电路,进行整体调试。

(4) 如果在调试的过程中发现错误,应检查是否有虚焊、短路、断路及元件连接错误,直到全部调试完毕。

七、实验报告

(1) 总结阵列感应测井发射电路和接收电路的整个设计原理和方案。

(2) 分析电路调试中发现的问题并总结故障排除方法。

(3) 记录心得体会及其他事项。

附录A GW48 EDA/SOPC 实验系统电路结构图说明

1. 实验电路信号资源符号图说明

GW48 EDA/SOPE 实验系统电路结构图中出现的信号资源符号如附图 A.1 所示,功能说明如下。

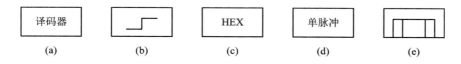

附图 A.1 实验电路信号资源符号图

(1) 附图 A.1(a)是十六进制七段全译码器,它有 7 位输出,分别接七段数码管的 7 个显示输入端 a、b、c、d、e、f 和 g;它的输入端为 D、C、B、A,其中 D 为最高位,A 为最低位。例如,若所标输入的口线为 PIO19～PIO16,表示 PIO19 接 D、PIO18 接 C、PIO17 接 B、PIO16 接 A。

(2) 附图 A.1(b)是高低电平发生器,每按键一次,输出电平由高到低,或由低到高变化一次,且输出为高电平时,所按键对应的发光二极管点亮,反之不亮。

(3) 附图 A.1(c)是十六进制码(8421 码)发生器,由对应的键控制输出 4 位二进制构成的 1 位十六进制码,数码的范围是 0000～1111。每按键一次,输出递增 1,且输出进入目标芯片的 4 位二进制数将显示在该键对应的数码管上。

(4) 附图 A.1(d)是单次脉冲发生器,每按一次键,输出一个脉冲,与此键对应的发光二极管也会闪亮一次,时间为 20 ms。

(5) 附图 A.1(e)是琴键式信号发生器,当按下键时,输出为高电平,对应的发光二极管点亮;当松开键时,输出为低电平,此键可用于手动控制脉冲的宽度。具有琴键式信号发生器的实验结构图是 NO.3。

2. GW48 EDA/SOPE 实验系统各实验电路结构图特点与适用范围简述

通过模式选择按键,可在 GW48 EDA/SOPC 实验系统中依次选择 10 种不同的实验电路模式,如附图 A.2(a)～A.2(j)所示。各实验电路结构说明如下。

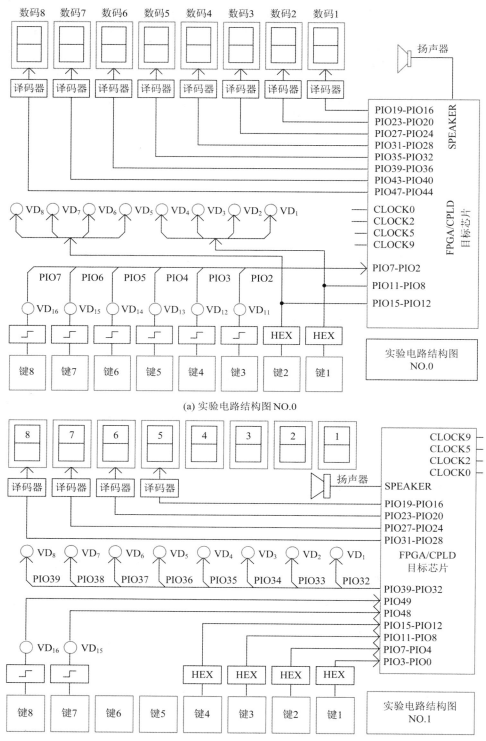

(a) 实验电路结构图 NO.0

(b) 实验电路结构图 NO.1

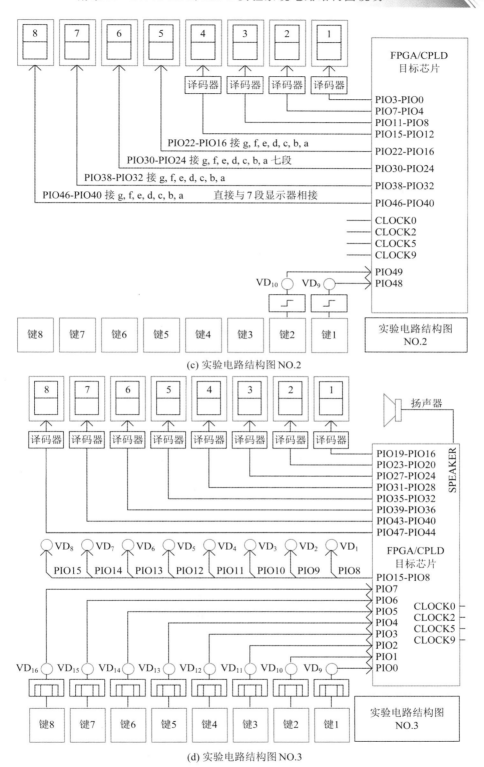

(c) 实验电路结构图 NO.2

(d) 实验电路结构图 NO.3

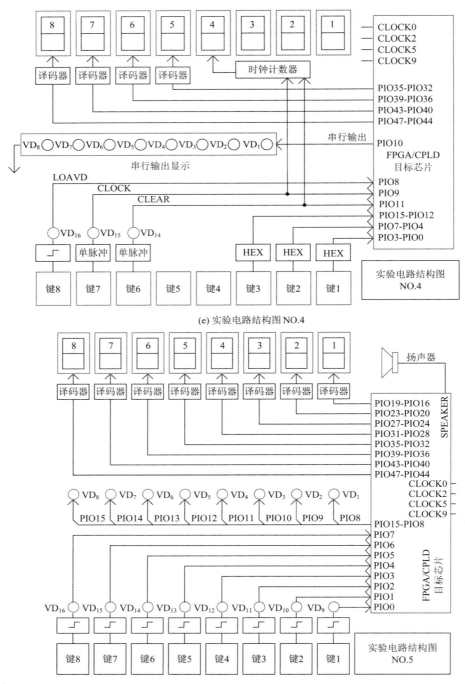

(e) 实验电路结构图 NO.4

(f) 实验电路结构图 NO.5

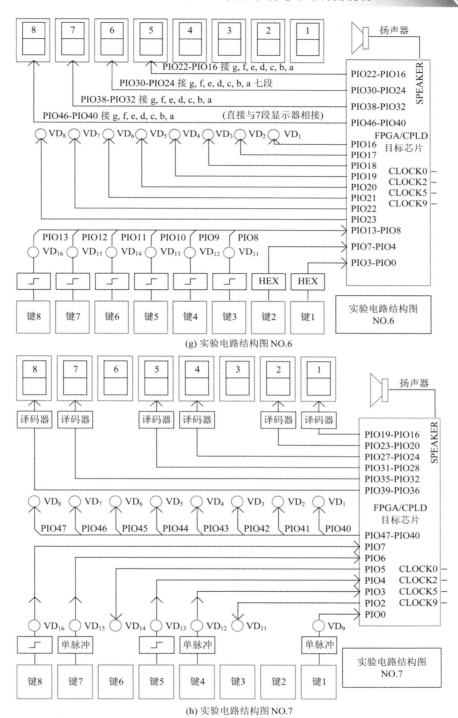

(g) 实验电路结构图 NO.6

(h) 实验电路结构图 NO.7

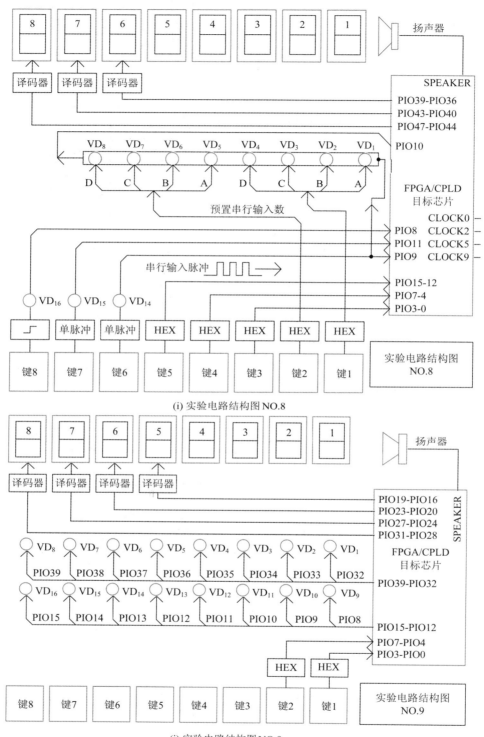

(i) 实验电路结构图 NO.8

(j) 实验电路结构图 NO.9

附图 A.2 实验电路结构图

（1）结构图 NO.0：目标芯片的 PIO16 至 PIO47 共有 8 组 4 位二进制码输出，经外部的七段译码器可显示于实验系统中的 8 个数码管上。键 1 和键 2 可分别输出两个 4 位二进制码。一方面这 4 位码输入目标芯片的 PIO11～PIO8 和 PIO15～PIO12，另一方面，可以观察发光二极管 VD$_1$ 至 VD$_8$ 来了解输入二进制的数值。例如，当键 1 控制输入 PIO11～PIO8 的数为"B"时，则发光管 VD$_4$ 和 VD$_2$ 亮，VD$_3$ 和 VD$_1$ 灭。电路的键 8 至键 3 分别控制一个高低电平信号发生器向目标芯片的 PIO7 至 PIO2 输入高电平或低电平，扬声器接在"SPEAKER"引脚上，具体接在哪一引脚要看目标芯片的类型。如目标芯片为 EP1C6/12，则扬声器接在"174"引脚上。目标芯片的时钟输入未在图上标出时，需查阅引脚对照表。又如，该芯片的时钟信号有 CLOCK0、CLOCK2、CLOCK5 和 CLOCK9，共 4 个可选的输入端，其中 CLOCK0、CLOCK9 对应的引脚为 28 或 29。具体的输入频率，可参考主板频率选择模块。此电路可用于设计频率计，周期计，计数器等。

（2）结构图 NO.1：适用于作为加法器、减法器、比较器或乘法器等。例如，设计加法器时，可利用键 4 和键 3 输入 8 位加数，键 2 和键 1 输入 8 位被加数，输入的加数和被加数将显示于键对应的数码管 4～1，相加的和显示于数码管 6 和 5，并可令键 8 与键 7 控制此加法器的最低位进位。

（3）结构图 NO.2：可用于 VGA 视频接口逻辑设计，或使用数码管 8 至数码管 5 共 4 个数码管进行七段显示译码方面的实验，而数码管 4 至数码管 1 共 4 个数码管可作为译码后显示，键 1 和键 2 可输入高低电平；也可直接与七段数码管相连便于对七段显示译码器进行设计学习。以图 NO.2 为例，如图所标"PIO46-PIO40 接 g、f、e、d、c、b、a"表示 PIO46、PIO45、……、PIO40 分别与数码管的七段输入端 g、f、e、d、c、b、a 相接。

（4）结构图 NO.3：特点是有 8 个琴键式键控发生器，可用于设计八音琴等电路系统，也可以产生时间长度可控的单次脉冲。该电路结构同结构图 NO.0 一样，有 8 个译码输出显示的数码管，以显示目标芯片的 32 位输出信号，且 8 个发光管也能显示目标器件的 8 位输出信号。

（5）结构图 NO.4：适合于设计移位寄存器、环形计数器等。电路特点是：当在所设计的逻辑电路中有串行二进制数从 PIO10 输出时，若利用键 7 作为串行输出时钟信号，则 PIO10 的串行输出数码可以在发光二极管 VD$_8$ 至 VD$_1$ 上逐位显示出来，这样就能很直观地看到串行输出的数值。

（6）结构图 NO.5：8 个键输入高、低电平，目标芯片的 PIO19 至 PIO44 共 8 组 4 位二进制码输出，经外部的七段译码器可显示于实验系统中的 8 个数码管上。

（7）结构图 NO.6：此电路与 NO.2 相似，但增加了两个 4 位二进制数发生器，数值分别输入目标芯片的 PIO7～PIO4 和 PIO3～PIO0。例如，当按键 2 时，输入 PIO7～PIO4 的数值将显示于对应的数码管 2 上，以便了解输入的数值。

（8）结构图 NO.7：此电路适合于设计时钟、定时器、秒表等，因为可利用键 8 和键 5 分别控制时钟的清零和设置时间的使能，利用键 7、键 5 和键 1 进行时、分、秒的设置。

（9）结构图 NO.8：此电路适用于并进/串出或串进/并出等工作方式的寄存器、序列检测器、密码锁等逻辑设计。它的特点是利用键 2、键 1 能预置 8 位二进制数，而键 6 能输出串行输入脉冲，每按键一次，即送出一个单脉冲，则此 8 位预置数的高位在前，向 PIO10 串行输入一位数，同时能从 VD8～VD$_1$ 的发光二极管上看到串行左移的数据，十分形象直观。

（10）结构图 NO.9：若欲验证交通灯控制等类似的逻辑电路，可选此电路结构。

当 GW48 EDA/SOPC 实验系统上的"模式指示"数码管显示"A"时，系统将变成一台频率计，数码管 8 将显示"F"，数码 6～数码 1 显示频率值，最低位单位是 Hz。测频输入端为系统板右下侧的插座。

结构图上的信号名	GWAC 6 EP1C6/12Q240 Cyclone	GWAC 3 EP1C3TC144 Cyclone	GWA 2C5 EP2C5 TC144 Cyclone II	GWA 2C8 EP2C8QC208 Cyclone II	GW2C35 EP2C35FB GA484C8 Cyclone II	WAK 30/50 EP1K30/50TQC144 ACEX	GW3C40 EP3C40 Q240C8N Cyclone III	GWXS200 XC3S200 SPARTAN
	引脚号	引脚号	引脚号	引脚号	引脚号	引脚号	引脚号	引脚号
PIO0	233	1	143	8	AB15	8	18	21
PIO1	234	2	144	10	AB14	9	21	22
PIO2	235	3	3	11	AB13	10	22	24
PIO3	236	4	4	12	AB12	12	37	26
PIO4	237	5	7	13	AA20	13	38	27
PIO5	238	6	8	14	AA19	17	39	28
PIO6	239	7	9	15	AA18	18	41	29
PIO7	240	10	24	30	L19	19	43	31
PIO8	1	11	25	31	J14	20	44	33
PIO9	2	32	26	33	H15	21	45	34
PIO10	3	33	27	34	H14	22	46	15
PIO11	4	34	28	35	G16	23	49	16
PIO12	6	35	30	37	F15	26	50	35
PIO13	7	36	31	39	F14	27	51	36
PIO14	8	37	32	40	F13	28	52	37
PIO15	12	38	40	41	L18	29	55	39
PIO16	13	39	41	43	L17	30	56	40
PIO17	14	40	42	44	K22	31	57	42
PIO18	15	41	43	45	K21	32	63	43
PIO19	16	42	44	46	K18	33	68	44
PIO20	17	47	45	47	K17	36	69	45
PIO21	18	48	47	48	J22	37	70	46

结构图上的信号名	GWAC 6 EP1C6/12Q240 Cyclone	GWAC 3 EP1C3TC144 Cyclone	GWA 2C5 EP2C5 TC144 Cyclone Ⅱ	GWA 2C8 EP2C8QC208 Cyclone Ⅱ	GW2C35 EP2C35FB GA484C8 Cyclone Ⅱ	WAK 30/50 EP1K30/50TQC144 ACEX	GW3C40 EP3C40 Q240C8N Cyclone Ⅲ	GWXS200 XC3S200 SPARTAN
	引脚号	引脚号	引脚号	引脚号	引脚号	引脚号	引脚号	引脚号
PIO22	19	49	48	56	J21	38	73	48
PIO23	20	50	51	57	J20	39	76	50
PIO24	21	51	52	58	J19	41	78	51
PIO25	41	52	53	59	J18	42	80	52
PIO26	128	67	67	92	E11	65	112	113
PIO27	132	68	69	94	E9	67	113	114
PIO28	133	69	70	95	E8	68	114	115
PIO29	134	70	71	96	E7	69	117	116
PIO30	135	71	72	97	D11	70	118	117
PIO31	136	72	73	99	D9	72	126	119
PIO32	137	73	74	101	D8	73	127	120
PIO33	138	74	75	102	D7	78	128	122
PIO34	139	75	76	103	C9	79	131	123
PIO35	140	76	79	104	H7	80	132	123
PIO36	141	77	80	105	Y7	81	133	125
PIO37	158	78	81	106	Y13	82	134	126
PIO38	159	83	86	107	U20	83	135	128
PIO39	160	84	87	108	K20	86	137	130
PIO40	161	85	92	110	C13	87	139	131
PIO41	162	96	93	112	C7	88	142	132
PIO42	163	97	94	113	H3	89	143	133
PIO43	164	98	96	114	U3	90	144	135
PIO44	165	99	97	115	P3	91	145	137
PIO45	166	103	99	116	F4	92	146	138
PIO46	167	105	100	117	C10	95	159	139
PIO47	168	106	101	118	C16	96	160	140
PIO48	169	107	103	127	G20	97	161	141

续表二

结构图上的信号名	GWAC 6 EP1C6/12Q240 Cyclone	GWAC 3 EP1C3TC144 Cyclone	GWA 2C5 EP2C5 TC144 Cyclone II	GWA 2C8 EP2C8QC208 Cyclone II	GW2C35 EP2C35FB GA484C8 Cyclone II	WAK 30/50 EP1K30/50TQC144 ACEX	GW3C40 EP3C40 Q240C8N Cyclone III	GWXS200 XC3S200 SPARTAN
	引脚号	引脚号	引脚号	引脚号	引脚号	引脚号	引脚号	引脚号
PIO49	173	108	104	128	R20	98	162	143
PIO60	226	131	129	201	AB16	137	226	2
PIO61	225	132	132	203	AB17	138	230	3
PIO62	224	133	133	205	AB18	140	231	4
PIO63	223	134	134	206	AB19	141	232	5
PIO64	222	139	135	207	AB20	142	235	7
PIO65	219	140	136	208	AB7	143	236	9
PIO66	218	141	137	3	AB8	144	239	10
PIO67	217	142	139	4	AB11	7	240	11
PIO68	180	122	126	145	A10	119	186	161
PIO69	181	121	125	144	A9	118	185	156
PIO70	182	120	122	143	A8	117	184	155
PIO71	183	119	121	142	A7	116	183	154
PIO72	184	114	120	141	A6	114	177	152
PIO73	185	113	119	139	A5	113	176	150
PIO74	186	112	118	138	A4	112	173	149
PIO75	187	111	115	137	A3	111	171	148
PIO76	216	143	141	5	AB9	11	6	12
PIO77	215	144	142	6	AB10	14	9	13
PIO78	188	110	114	135	B5	110	169	147
PIO79	195	109	113	134	Y10	109	166	146
SPEAKER	174	129	112	133	Y16	99	164	144
CLOCK0	28	93	91(CLK4)	23	L1	126	152	184
CLOCK2	153	17	89(CLK6)	132	M1	54	149	203
CLOCK5	152	16	17(CLK0)	131	M22	56	150	204
CLOCK9	29	92	90(CLK5)	130	B12	124	151	205

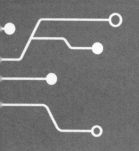

附录 C　常用集成电路引脚图

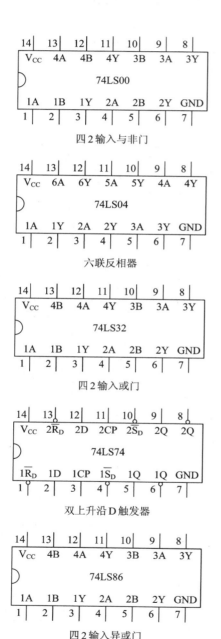

四 2 输入与非门

六联反相器

四 2 输入或门

双上升沿 D 触发器

四 2 输入异或门

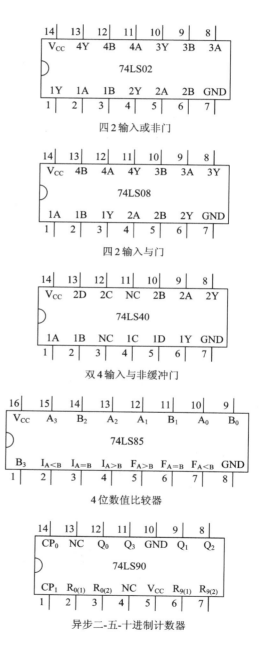

四 2 输入或非门

四 2 输入与门

双 4 输入与非缓冲门

4 位数值比较器

异步二-五-十进制计数器

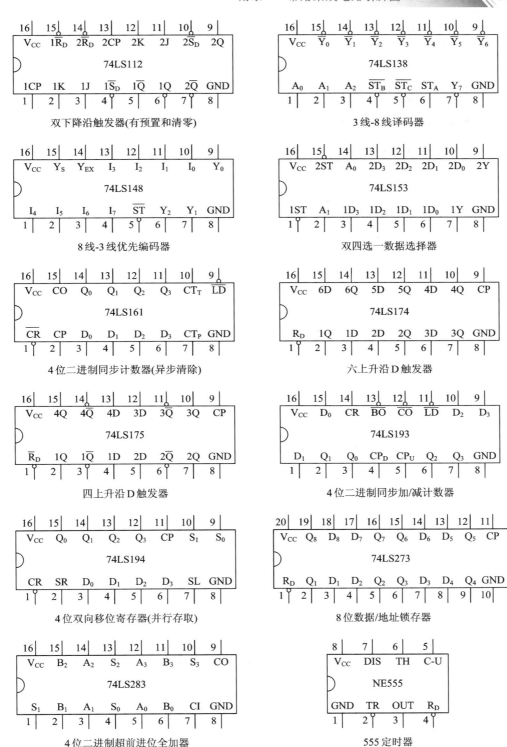

双下降沿触发器(有预置和清零)

3线-8线译码器

8线-3线优先编码器

双四选一数据选择器

4位二进制同步计数器(异步清除)

六上升沿 D 触发器

四上升沿 D 触发器

4位二进制同步加/减计数器

4位双向移位寄存器(并行存取)

8位数据/地址锁存器

4位二进制超前进位全加器

555 定时器

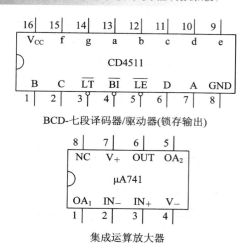

BCD-七段译码器/驱动器(锁存输出)

专用数显控制集成电路

集成运算放大器

参 考 文 献

[1] 李瀚荪. 电路分析基础. 上册[M]. 4 版. 北京：高等教育出版社，2006.

[2] 李瀚荪. 电路分析基础. 下册[M]. 4 版. 北京：高等教育出版社，2006.

[3] 童诗白，华成英. 模拟电子技术基础[M]. 5 版. 北京：高等教育出版社，2015.

[4] 赵进全，杨拴科，马积勋，等. 模拟电子技术基础[M]. 3 版. 北京：高等教育出版社，2019.

[5] 阎石. 数字电子技术基础[M]. 5 版. 北京：高等教育出版社，2006.

[6] 赵进全，张克农，宁改娣，等. 数字电子技术基础[M]. 3 版. 北京：高等教育出版社，2020.

[7] 肖志红. 电工电子技术. 上册[M]. 2 版. 北京：机械工业出版社，2016.

[8] 肖志红. 电工电子技术. 下册[M]. 2 版. 北京：机械工业出版社，2016.

[9] 黄继昌，郭继忠. 电子元器件应用手册[M]. 北京：人民邮电出版社，2004.

[10] 贺晓华，李嘉安娜. 电子测量仪器与应用[M]. 北京：北京理工大学出版社，2016.

[11] 王学屯，王墅敏. 电子电路识图边学边用[M]. 北京：化学工业出版社，2015.

[12] 潘松，黄继业，曾毓. SOPC 技术使用教程[M]. 北京：清华大学出版社，2005.

[13] 伍爱联，万家佑，朱光波，等. 电路与电子技术实验教程[M]. 武汉：华中科技大学出版社，2006.

[14] 党宏社. 电路、电子技术实验与电子实训[M]. 北京：电子工业出版社，2008.

[15] GB/T 2471—1995，电阻器和电容器优先数系[S]. 北京：中国标准出版社，1995.

[16] GB/T 2470—1995，电子设备用固定电阻器，固定电容器型号命名方法[S]. 北京：中国标准出版社，1995.

[17] CNS 9080—1994，电子设备用固定电阻器色码[S]. 北京：中国标准出版社，2016.

[18] 国家标准总局. GB/T5729—2003 电子设备用固定电阻器第 1 部分；总规范. 北京：中国标准出版社，2003.

[19] 国家标准总局. GB/T2693—86 电子设备用固定电容器第 1 部分：总规范. 北京：中国标准出版社，2001.

[20] GB/T 15298—1994，电子设备用电位器第 1 部分：总规范[S]. 北京：中国标准出版社，1994.

[21] 李丽蓉. 电子线路实训教程[M]. 西安：西安地图出版社，2004.

[22] 姚福安. 电子电路设计与实践[M]. 山东：山东科学技术出版社，2005.

[23] GB/T 249—2017. 半导体分立器件型号命名方法[S]. 北京：中国标准出版社，2017.

[24] GB/T 3430—1989. 半导体集成电路型号命名方法[S]. 北京：中国标准出版社，1989.